EISENBAHN UND KRAFTWAGEN

GESAMTBERICHT

ZUM PROBLEM DER

„ARBEITSTEILUNG UND ZUSAMMENARBEIT VON EISENBAHN UND KRAFTWAGEN“

HERAUSGEGEBEN VOM ÖSTERREICHISCHEN KURATORIUM FÜR WIRTSCHAFTLICHKEIT (ÖKW)

WIEN • VERLAG VON JULIUS SPRINGER • 1936

ISBN-13: 978-3-7091-9540-6 e-ISBN-13: 978-3-7091-9787-5
DOI: 10.1007/978-3-7091-9787-5

Vorwort.

Voraussetzung für die „Wirtschaftlichkeit im Verkehr“ ist eine zweckdienliche Arbeitsteilung und Zusammenarbeit der verschiedenen Verkehrsmittel. Ihre Herbeiführung ist Hauptaufgabe der modernen Verkehrswirtschaft. Innerhalb dieses Fragenkomplexes kommt dem Konkurrenzproblem „Eisenbahn—Kraftwagen“ ganz besondere volkswirtschaftliche Bedeutung zu. Aus diesem Grunde hat das Kuratorium vorerst gerade zu diesem besonders aktuellen und verkehrswirtschaftlich bedeutungsvollen Problem von seinem die Gesamtwirtschaft berücksichtigenden Standpunkt aus Stellung genommen.

Daß es diese Absicht durch die vorliegende Veröffentlichung verwirklichen konnte, dankt es der Mitarbeit einer Reihe von Fachmännern, die ihre Arbeitskraft dem Kuratorium in uneigennützigster Weise zur Verfügung stellten. Das Wirtschaftskuratorium gedenkt in Trauer des verstorbenen ersten Obmannes seines „Verkehrsausschusses“, Unterstaatssekretär Sektionschef Ing. Bruno v. Enderes. Aufrichtigen Dank sagt das Kuratorium Herrn Prof. Ing. Dr. Leopold Örley, dem jetzigen Leiter dieser Arbeiten, und den Mitgliedern des Referentenbeirates für deren unermüdliche und wertvolle Tätigkeit, sowie Herrn Hofrat Hugo Lachner, dem Leiter des legislativen Informationsdienstes der Wiener Handelskammer, der durch die Herbeischaffung des umfassenden ausländischen Gesetzesmaterials und dessen quellengetreue, klare Darstellung den Arbeitszweck des Ausschusses wesentlich förderte. Besonderer Dank gebührt dem Generalberichterstatter Herrn Min.-Rat a. D. Ing. Josef Altmann, dessen Arbeiten die Grundlage für die in vorliegendem Bericht empfohlene Regelung bildeten. Schließlich gebührt unser Dank allen Mitarbeitern und Fachleuten, die dem Ausschuß bei seinen Arbeiten Hilfe und Unterstützung gewährt haben.

Im Zusammenhange mit den vorliegenden Vorschlägen zur Lösung des österreichischen Problems „Eisenbahn—Kraftwagen" soll besonders darauf hingewiesen werden, daß auch die Internationale Handelskammer sich mit der Regelung dieser volkswirtschaftlich so bedeutsamen Fragen schon seit Jahren befaßt und zu folgenden Grundsätzen für die Lösung dieses Problems gekommen ist:

a) Die gegenseitige Abhängigkeit der verschiedenen Verkehrsmittel voneinander macht in jedem Lande eine einheitliche Verkehrspolitik notwendig.

b) Das wesentliche Ziel einer solchen Politik muß sein, durch Koordination aller Verkehrsmittel jedem Verkehrsmittel den Verkehr zu sichern, den es am besten bedient.

c) Maßnahmen im öffentlichen Interesse werden notwendig, sobald die Leistungsfähigkeit der einzelnen Verkehrsmittel infolge des gegenseitigen Wettbewerbes gefährdet wird.

d) Der Staat hat alle erforderlichen Bedingungen zur Sicherung der größtmöglichen Leistungsfähigkeit aller Verkehrsmittel zu schaffen und deren Entwicklung im Interesse des Allgemeinwohls und des technischen Fortschrittes zu fördern.

e) Dieses Ziel läßt sich nur durch eine Reihe von Maßnahmen erreichen, deren Art und Tragweite im einzelnen von den besonderen Bedingungen eines jeden Landes abhängig sind.

Die in dieser Veröffentlichung enthaltenen Regelungsvorschläge für Österreich bewegen sich auch im Rahmen dieser Grundsätze.

Der seit Jahren geführte erbitterte, manchmal der Sachlichkeit entbehrende Kampf zwischen den Interessentengruppen hat uns volle Klarheit darüber gegeben, daß die Herausgabe dieser Schrift sich als ein Wagnis darstellt, denn die Erfahrung lehrt, daß in kritischen Fragen der Versuch der Einhaltung einer mittleren Linie zumeist mit Angriffen von beiden Seiten endet. Wenn das Kuratorium mit dieser Schrift dennoch in die Öffentlichkeit tritt, so kann es darauf verweisen, daß es trotz des zu Beginn dieser Arbeiten fast völlig fehlenden Unterlagenmateriales, insbesonders über die Gesetzgebung anderer Staaten auf diesem Gebiete, nach Kräften bemüht war, diese Grundlagen aus eigenem zu schaffen und auf dieser Basis die Lösung des Problems durch neutrale, anerkannte Fachleute zu versuchen. Das Kuratorium gibt der Hoffnung Ausdruck, daß die nunmehr veröffentlichte Arbeit, und zwar sowohl das Gedankengut der Regelungsvorschläge als auch die in derart umfassender Weise bisnun erstmalig erfolgte Zusammenstellung der bezüglichen gesetzlichen Maßnahmen der wichtigsten europäischen Staaten die Grundlage für die endgültige Lösung des Problems bilden wird. So übergibt das Kuratorium den Gesamtbericht über diese Arbeiten der Öffentlichkeit, im Interesse und zu Nutzen beider Verkehrsmittel, zu Nutzen der österreichischen Gesamtwirtschaft.

Wien, im Februar 1936.

Österreichisches
Kuratorium für Wirtschaftlichkeit

Organisation.

Ausschuß „Kooperation im Verkehr".

Stand Jänner 1936.

Obmann:

Ing. Dr. Leopold Örley, o. ö. Prof. der Techn. Hochschule.

Generalberichterstatter:

Min.-Rat a. D. Ing. Josef Altmann.

Referentenbeirat:

Ing. Dr. Leopold Örley, o. ö. Prof. der Techn. Hochschule (Vorsitzender).
Ing. Josef Altmann, Min.-Rat a. D. (Generalberichterstatter).
Dr. Ferdinand Graf Degenfeld-Schonburg, o. ö. Univ.-Prof.
Franz Dörfel, o. ö. Prof. der Hochschule für Welthandel.
Ing. Robert Findeis, o. ö. Prof. der Techn. Hochschule, Hofrat.

Ausschußmitglieder:

Dr. Engelbert Fallmann, Hofrat, Syndikus der Ö. B. B.
Dr. Karl Fritz, Präsident der Post-Dion. f. Wien, N.-Ö. u. Bgld.
Franz Geißberger, Min.-Rat a. D.
Dr. Heinrich v. Grünebaum-Bruckwall, Min.-Rat.
Dr. Georg Hanel, Rechtsanwalt, Geschäftsführer des Verbandes der Automobilindustrie.
Max v. Henriquez, Präsident, Obstlt. a. D.
Dr. Josef Hroch, Min.-Rat.
Dr. Richard Katziantschitsch, Min.-Rat.
Dr. Karl Klofetz, Reg.-Rat, Leit. Kammersekretär.
Ing. Otto Korwik, Hofrat, Generaldirektor der D. D. S. G.
Dr. Erhard Mazelle, Leit. Kammersekretär.
Johann E. Pittner, Präsident des Österr. Flugtechnischen Vereines.
Heinrich Rosenberg, Kammer- und Kommerzialrat.
Dr. Friedrich Rucker, Min.-Rat.
Dr. Hermann Sommerfeldt, Zentralinspektor der Ö. B. B.

Dr. Jakob Stoiber, Generalsekretär.
Ing. Oskar Taussig, Dir. a. D. der Ö. B. B.
Ing. Dr. Jessy Weldler, Oberbaurat i. R.
Dr. Emil Zdrubek, wirkl. Hofrat, Leiter des Verkehrsamtes der Polizei-Dion.

Gäste:

Viktor Hornik, Kommerzialrat, Vorstandsmitglied des österreichischen Verkehrsbundes.
Ing. Ludwig Spängler, Dir. a. D., Vorstandsmitglied des österreichischen Verkehrsbundes.
Franz Stuiber, Mitglied des Kraftfahrbeirates.
Dr. Anton Wolprecht, Innungssekretär.

Generaldelegierte der Bundesministerien beim ÖKW:

Bundeskanzleramt:
Min.-Rat Dr. Emil Freiherr v. Waldstätten.
Bundesministerium für Finanzen:
Min.-Rat Friedrich André.
Bundesministerium für Handel und Verkehr:
Min.-Rat Dr. Hans Kuttelwascher.
Bundesministerium für Landesverteidigung:
Oberst-Intendant Erwin Schönauer.
Bundesministerium für Land- und Forstwirtschaft:
Min.-Rat Dr. Alexander Reichmann.
Bundesministerium für soziale Verwaltung:
Min.-Rat Dr. Anton Hoffmann.
Bundesministerium für Unterricht:
Min.-Rat Dr. Ludwig Haberer.

ÖKW-Beirat:

Vizekanzler a. D. Walter Breisky.
Generalintendant a. D. Nikolaus Levnaić-Iwański v. Iwanina.
Sektionschef a. D. Dr. Johann v. Weinczierl.

Geschäftsstelle des Österreichischen Kuratoriums für Wirtschaftlichkeit:

Geschäftsführer: Dr. u. Ing. Günther Bandat, Generalsekretär u. Vorstandsmitglied des ÖKW., Rechtskonsulent der Kammer für Handel, Gewerbe und Industrie in Wien.
Beamte: Margarethe Weidner.
Helene Ludwig.

Inhaltsverzeichnis.

III. Hauptstück.

Seite

Anlagenverzeichnis.

Einleitung.

Im Rahmen seiner satzungsgemäßen Aufgaben hat das Österreichische Kuratorium für Wirtschaftlichkeit auch einen Ausschuß für „Wirtschaftlichkeit im Verkehrswesen“ eingesetzt, der am 27. November 1931 seine konstituierende Sitzung abgehalten und mehrere Unterausschüsse für Sonderfragen des Verkehrswesens gebildet hat, darunter auch einen Ausschuß für „Kooperation im Verkehr“.

Dieser Ausschuß hat in seiner Sitzung am 16. Februar 1933 einer Anregung des geschäftsführenden Vorsitzenden zugestimmt, seine Tätigkeit zunächst auf die Hauptfrage zu beschränken, nämlich auf die Frage der Verbesserung der Wirtschaftlichkeit in den durch den Wettbewerb zwischen Eisenbahn und Kraftwagen geschaffenen Verhältnissen. Er hat ferner, die außerordentliche Bedeutung dieser Angelegenheit erkennend, die dringliche Erstattung eines Gutachtens empfohlen.

Das zur Erstattung dieses Gutachtens vom Präsidium des Kuratoriums eingesetzte Gutachter-Komitee nahm seine Tätigkeit in der Sitzung vom 23. November 1933 auf.

Diesem Gutachter-Komitee lagen folgende, aus dem Kreise der Mitglieder des Ausschusses erstattete Referate vor:

1. Zwei Referate: „Arbeitsteilung und Kooperation zwischen Eisenbahn und Kraftwagen“ vom Oktober 1932 bzw. vom Jänner 1933 von Min.-Rat a. D. Ing. Josef Altmann.

2. Ein Referat: „Allgemeine Grundlagen zur Klärung und Lösung des Wettbewerbes Eisenbahn—Kraftwagen“ vom September 1933 von Unterstaatssekretär und Sekt.-Chef a. D. Ing. Bruno v. Enderes.

Während die beiden erstgenannten Referate konkrete Vorschläge zur Lösung des Problems in Österreich enthielten, setzte sich das zweitgenannte Referat die Gewinnung allgemein gültiger Erkenntnisse für die Behandlung des Problems zum Ziele.

Da das Gutachter-Komitee glaubte, sich im wesentlichen auf die Beurteilung österreichischer Verhältnisse beschränken zu sollen, baute es seine Vorschläge auf den beiden erstgenannten, im Laufe der Beratungen entsprechend erweiterten

Referaten auf und beschloß gleichzeitig, dem Präsidium des Kuratoriums zu empfehlen, in die Veröffentlichung sowohl das Referat v. Enderes zur Klärung des Problems im allgemeinen, als auch die auf die Regelung des Verkehrsproblems Eisenbahn—Kraftwagen abzielenden gesetzlichen Bestimmungen der wichtigsten fremden Staaten aufzunehmen.

Zunächst wurde ein Entwurf der Vorschläge samt Erläuterungen vom Kuratorium sowohl dem Ausschuß „Kooperation" als auch den im Ausschuß nicht vertretenen Körperschaften auf dem Gebiete des Kraftfahrwesens zur Stellungnahme übermittelt. Bei dieser Stellungnahme traten die gegensätzlichen Wünsche betreffend die Regelung des gewerblichen Lastkraftfahrverkehres und des Werksverkehres neuerlich zutage:

Die Vertreter der gewerblichen Lastkraftbetriebe sprachen sich gegen die Einführung der Beschränkung der Transportberechtigung auf einzelne Verkehrsgebiete (Konzessionsgebiete) aus und betonten grundsätzlich das Recht auf volle Freizügigkeit des gewerblichen Lastkraftwagentransportes. Die Vertreter des Werksverkehres verlangten die Auflassung der bestehenden Beschränkung der Transportlänge im Werksverkehr. Die Vertreter der Eisenbahnen und der gewerblichen Lastkraftbetriebe sprachen sich gegen die volle Freizügigkeit des Werksverkehres aus. Unter Berücksichtigung aller dieser Stellungnahmen sollte nunmehr eine endgültige Formulierung der Vorschläge erfolgen.

Ehe diese Arbeit in Angriff genommen werden konnte, traf das Gutachter-Komitee ein schwerer Verlust durch den Tod seines Vorsitzenden, des Herrn Sektionschefs Ing. Bruno v. Enderes. Herr Prof. Ing. Dr. Leopold Örley, der nunmehr über Ersuchen des Kuratoriums-Präsidiums die Leitung der Arbeiten übernahm, empfahl im weiteren Verlauf dem Komitee, seine Arbeiten nicht als Gutachter-Komitee, sondern als Referentenbeirat fortzusetzen. Dies deshalb, weil diese Bezeichnung der Tätigkeit des Komitees besser entspreche und weil die zu behandelnde Materie die Berücksichtigung der auf verkehrspolitischem Gebiete gegebenen Verhältnisse verlange, was die Abgabe eines wissenschaftlichen Gutachtens sehr erschwere.

Auf Grund der verfügbaren statistischen Unterlagen konnte nur eine grundsätzliche Lösung des Problems durch Aufstellung allgemeiner Richtlinien für die Art der Arbeitsteilung und Zusammenarbeit zwischen Eisenbahn und Kraftwagen empfohlen werden. Die ins einzelne gehende endgültige Lösung des Problems wird — ähnlich liegt die Situation auch in anderen Staaten — nur schrittweise und vornehmlich auf empirischem Wege dadurch herbeigeführt werden können, daß den beiden Verkehrsmitteln durch gesetzliche Maßnahmen vorerst die Möglichkeit geboten wird, eine Arbeitsteilung und insbesonders eine Zusammenarbeit einzuleiten, um dann in richtig geleiteter weiterer Entwicklung zu jener verkehrspolitisch erstrebten Lösung zu gelangen, die einen Erfolg für beide Teile und damit auch für die Gesamtwirtschaft sichert.

Die Regelungsvorschläge wurden in zwei Abschnitten zusammengefaßt, deren ersterer die grundlegenden Ergebnisse der Untersuchung des Problems in Form von Richtlinien enthält, während der zweite Abschnitt die gesetzlichen Maßnahmen zur Herbeiführung einer den Richtlinien entsprechenden besonderen Arbeitsteilung und Zusammenarbeit zwischen den Eisenbahnen und den öffentlichen Kraftfahrbetrieben in Österreich betrifft. Diese Vorschläge enthalten die Grundlagen für eine Kompromißlösung, die diesen Namen aber nicht im Sinne eines Interessenausgleiches zwischen den Ansprüchen beider Verkehrsmittel verdienen will, sondern im Sinne eines Arbeits-Ausgleiches.

Wenn die Vertreter des Eisenbahnverkehres und des Kraftfahrverkehres auf der vorgeschlagenen Grundlage zur Erkenntnis kommen, daß die bei der Grenzziehung erforderlichen Zugeständnisse nicht zugunsten des anderen Verkehrsmittels verlangt werden, sondern zugunsten der gesamten Wirtschaft, deren Diener beide Verkehrsmittel sind, und wenn sie durch diese Erkenntnis zu einer fruchtbaren Zusammenarbeit veranlaßt werden, dann ist durch diese Arbeiten die wichtigste Voraussetzung für die wirtschaftliche Lösung des vielumstrittenen Problems Eisenbahn und Kraftwagen geschaffen.

I. HAUPTSTÜCK.

Allgemeine Grundlagen zur Klärung des Wettbewerbproblems „Eisenbahn—Kraftwagen."

Verfaßt von Unterstaatssekretär und Sektionschef a. D. Ing. Bruno v. Enderes †.

1. Die gesamtwirtschaftlichen Grundlagen des Wettbewerbsproblems.

(1) Es ist erforderlich, zunächst jene für die vorliegende Frage erheblichen Tatsachen aufzuzählen, die notorisch feststehen oder die sich zahlenmäßig beweisen lassen; solche Tatsachen sind:

(2) Jede Erleichterung, Verbesserung, Beschleunigung und Verbilligung des Verkehres wirkt auf die Gesamtwirtschaft belebend und kräftigend. Die Gesamtwirtschaft bemächtigt sich daher erfahrungsgemäß schleunigst jedes einschlägigen Fortschrittes. Da dies in sämtlichen Kulturländern gleichzeitig geschieht, so muß ein Land, das den Fortschritt im Verkehr nicht ausnützt, im Wettbewerb gegenüber allen anderen Ländern zurückbleiben. Schlagende Beweise für die Richtigkeit dieser Ansicht, also für die erstaunliche Geschwindigkeit, mit der die führenden Kulturländer sich des zuerst in England eingeführten Eisenbahnwesens bemächtigt haben und für die Erfolge, welche diejenigen Länder erzielten, sind besonders die Vereinigten Staaten, das Deutsche Reich und Frankreich, die hierbei vorangingen. Schlagende Beispiele für die großen Nachteile derjenigen, die sich der Eisenbahn zu langsam bemächtigten und dadurch in der wirtschaftlichen und technischen Entwicklung zurückblieben, bieten viele Übersee-

länder, in Europa aber auch Spanien, Italien und die Balkanländer.

(3) Seit dem Beginn des 20. Jahrhunderts und insbesondere unter dem Einfluß des Weltkrieges und seiner Folgeerscheinungen hat sich der Kraftwagen, der bis dahin hauptsächlich ein Sportgerät war, in ein überaus beliebtes und allgemein benütztes Verkehrsmittel verwandelt, das heute mit weit über 30 Millionen Fahrzeugen in seiner Gesamtheit ein Großverkehrsmittel ersten Ranges darstellt. Der Kraftwagen hat sich in einem beschränkten Ausmaß selbst neuen Verkehr geschaffen, insbesondere in Form von Vergnügungs- und Luxusreisen. Aber weitaus der größte Teil des heutigen Kraftwagenverkehres ist von älteren Verkehrsmitteln abgewandert. Diese Abwanderung drängt unaufhaltsam das pferdebespannte Fuhrwerk zurück und wird es mit der Zeit fast ganz verdrängen, verringert aber auch den Verkehr der Eisenbahn. Wenn auch unzweifelhafte Feststellungen über die Zahl der von den Eisenbahnen zum privaten Kraftwagen und zum Kraftstellwagen abgewanderten Reisenden und über die Menge der von der Eisenbahn auf den Lastkraftwagen übergegangenen Güter fast in keinem Land zu erhalten sind, so lassen doch gewisse Ergebnisse der Eisenbahnstatistik in vielen Ländern wenigstens größenordnungsmäßig einen Schluß auf den Umfang dieser Abwanderung zu.

(4) So steht z. B. die Tatsache, daß die nordamerikanischen Hauptbahnen seit dem Höchststand ihres Personenverkehres im Jahre 1920 einen stetigen Rückgang der Zahl der beförderten Reisenden, und zwar bis zum Jahre 1929 — unter Berücksichtigung der inzwischen erfolgten Vermehrung der Bevölkerung — um 40% zu verzeichnen und gleichzeitig fast ihren ganzen Stückgutverkehr verloren haben, zweifellos in Zusammenhang damit, daß der Bestand von Kraftfahrzeugen in den Vereinigten Staaten von rund 9,2 Millionen Stück im Jahre 1920 auf rund 32 Millionen im Jahre 1928 angewachsen ist.

(5) Es ist nicht zu leugnen, daß mindestens seit dem Krieg ein Wettbewerb zwischen Eisenbahn und Kraftwagen besteht, der in den meisten Ländern schon die Formen eines immer schärfer werdenden Kampfes angenommen hat, in dem besonders Tarifunterbietungen ein beliebtes Kampfmittel sind.

(6) In der letzten Zeit hat sich auch innerhalb des Kraftfahrwesens ein Wettbewerb zu entwickeln begonnen, z. B. zwi-

schen dem gewerblichen Lastfuhrwerk und dem privaten Nutzkraftwagen, ferner zwischen regelmäßigen Kraftomnibuslinien und dem Wagen für gelegentliche Überlandfahrten.

(7) Eine gesunde Entwicklung des Verkehrswesens ist unerläßlich für eine gesunde Entwicklung der Gesamtwirtschaft. Zu einer gesunden Entwicklung jeder wirtschaftlichen Betätigung trägt sicher das Vorhandensein eines Wettbewerbes bei. Aber zügellose Wettbewerbskämpfe zwischen den Verkehrsmitteln bringen wohl vorübergehend einzelnen oder vielleicht sogar einer großen Anzahl einzelner erhebliche Vorteile; sie schädigen jedoch die Verkehrsmittel selbst empfindlich und zwingen sie, nach Abschluß des Wettbewerbskampfes das Verlorene vielfach wieder einzubringen, was der Gesamtwirtschaft dauernde Nachteile bringt.

(8) Es liegt im Vorteil der Gesamtwirtschaft, daß jedes Verkehrsmittel alle diejenigen Verkehrsleistungen vollbringt und nur die Verkehrsleistungen, für die es nach seiner technischen, kaufmännischen und organisatorischen Eigenart am besten geeignet ist, und daß es alle übrigen Verkehre den dafür besser geeigneten Verkehrsmitteln überläßt. Zwei große geschichtliche Beispiele erhärten die Richtigkeit dieses Satzes.

(9) Das erste Beispiel ist der wilde Wettbewerbskampf zwischen den neu entstandenen Eisenbahnen und den alten Schiffahrtskanälen in England im zweiten Viertel des 19. Jahrhunderts. Gesetzgebung und Verwaltung standen dem neuen Verkehrsmittel ohne Erfahrung hilflos gegenüber. Infolgedessen war es den Eisenbahnen möglich, manche Kanalunternehmungen durch Unterbietung wirtschaftlich zugrunde zu richten, ihre Kanäle aufzukaufen und stillzulegen. Damit haben sie zahllosen Wirtschaftssubjekten, für die der Kanalverkehr aus irgendwelchen Gründen unentbehrlich war, eine Grundlage ihres Gedeihens entzogen. Außerdem kamen sie dadurch in die Lage, allen Wirtschaftssubjekten gegenüber ihre durch die Stillegung der Kanäle verstärkte Monopolstellung auszunützen und die im Wettbewerbskampfe gebrachten Opfer vielfach wieder einzubringen. Es bedurfte jahrelanger Anstrengung der Gesetzgebung und Verwaltung, um dem Staat einen hinreichenden Einfluß auf das Verkehrswesen zu verschaffen und eine zweckmäßige Arbeitsteilung und ergänzende Zusammenarbeit der Eisenbahnen und Kanäle herbeizuführen.

(10) Das zweite Beispiel betrifft die Niederlande, in denen sich in einer viel ruhigeren Entwicklung eine Verkehrsteilung

zwischen Eisenbahn und Binnenschiffahrt herausgebildet hat, deren wichtigstes Kennzeichen darin besteht, daß die Binnenschiffahrt vorwiegend den Massengüterverkehr, die Eisenbahn vorwiegend den Personen- und Stückgutverkehr besorgt.

(11) Wenn auch Österreich infolge seiner wirtschaftlichen Beengtheit bei weitem nicht so reich mit Kraftwagen ausgestattet ist wie etwa England und Frankreich oder gar die Vereinigten Staaten, und wenn auch infolgedessen der Wettbewerb zwischen Eisenbahn und Kraftwagen noch lange nicht einen solchen Umfang angenommen hat wie in Nordamerika, so ist doch auch hier schon deutlich zu ersehen, daß er die Rentabilität der Eisenbahnen schmälert. Dieser Wettbewerb wird sich zweifellos verstärken, und zwar ganz besonders dann, wenn eine Besserung in der Lage der Weltwirtschaft und der österreichischen Wirtschaft kräftig einsetzt.

(12) Daß das Aufkommen neuer Verkehrsmittel die alten schädigt, ist eine von der wirtschaftlichen Entwicklung nicht trennbare, gesetzmäßige Erscheinung. Zielbewußte Verkehrspolitik aber muß verhindern, daß die Schädigung einen Umfang annimmt, der nicht durch den Nutzen aufgewogen wird, und daß die Schädigung der alten Verkehrsmittel mangels einer genügenden Gegenpost zu einer Schädigung der Gesamtwirtschaft führt.

2. Die jetzige Lage im Wettbewerb „Eisenbahn—Kraftwagen".

(13) Um das Wesen und die wirtschaftliche Bedeutung des Wettbewerbes zwischen Eisenbahn und Kraftwagen klarzustellen, ist es notwendig, die wichtigsten Eigenheiten dieser beiden Verkehrsmittel kurz zu skizzieren. Dabei kommen insbesondere ihre konstruktiven Einzelheiten in Betracht, ferner gewisse Besonderheiten, die sich durch Gewohnheit, gesetzliche Bestimmungen und Verwaltungsmaßnahmen herausgebildet haben.

a) Stellung der Eisenbahn im Verkehrswesen.

(14) Vor Einführung der Dampfbahnen bediente sich der Landverkehr der Landstraße, der Binnenwasserstraßen und in Ländern an der See auch der Küstenschiffahrt. Im Laufe der

Zeiten hat zwischen diesen Verkehrswegen und dem Schienenweg eine Arbeitsteilung Platz gegriffen, die bis um die Jahrhundertwende in allen Ländern zu einem ihren besonderen geographischen, klimatischen und wirtschaftlichen Eigenheiten ziemlich entsprechenden Gleichgewichtszustand geführt hat.

(15) Für den Landverkehr in Österreich kommt die Seeschiffahrt gar nicht, die Binnenschiffahrt nur in sehr geringem Maße, nämlich auf der Donau in Frage; in Österreich wickelt sich der größte Teil des Landverkehres mit Hilfe der Eisenbahn und des Kraftwagens ab.

(16) Diese beiden Verkehrsmittel unterscheiden sich schon durch ihre technische Eigenart sehr auffallend.

(17) Gegenüber der Straße stieg bei Einführung der Eisenbahnen die Geschwindigkeit der Beförderung sprunghaft im Güterverkehr ungefähr auf das Zehnfache, im Personenverkehr auf das Vier- bis Fünffache, gegenüber den Kanälen auf das Zehnfache.

(18) Die Höchstgrenze des Gewichtes der beförderbaren Lasten rückte sehr bedeutend nach oben: ein zweispänniges Straßenfuhrwerk befördert etwa 3 bis 4 t Lasten. Die Eisenbahngüterwagen der ersten Zeit etwa 6 bis 8 t, also ungefähr das Doppelte. Das Gewicht der auf der Dampfbahn mit einer Verkehrshandlung gleichzeitig beförderten Güter betrug anfangs 60 bis 80 t, also das Zwanzigfache gegenüber der Straße, während sich in diesem Punkt gegenüber der Binnenschiffahrt kein wesentlicher Fortschritt ergab.

(19) Die Kosten dieser bedeutend beschleunigten Beförderung betrugen anfangs nur den dritten Teil der Straßenfracht und des Postfahrpreises.

(20) Ein zahlenmäßig nicht bewertbarer, für Handel, Gewerbe und Industrie aber ungeheuer wichtiger Vorteil ergab sich daraus, daß die Eisenbahnen viel weniger als Kanäle und Straßen von den Witterungsverhältnissen abhängig sind und daher die Regelmäßigkeit der Beförderung und die Sicherheit der Güter gegen Beschädigung weit besser gewährleistet sind.

(21) Alle diese Vorteile stehen in engem Zusammenhang mit der konstruktiven Eigenart der Eisenbahn: Die eiserne Fahrbahn mit Zwangsführung der Fahrzeuge gestattete das hohe Transportgewicht und die große Geschwindigkeit bei vollkommener Sicherheit; der Antrieb der Lokomotiven durch Dampf ermöglichte eine beliebige Steigerung ihrer Leistungsfähigkeit. Auf der anderen Seite ergaben sich aber eben

aus dieser technischen Eigenart gewisse Beschränkungen: Die zwangsläufige Bewegung der Fahrzeuge bindet diese unlösbar an das Gleis und damit an den nach der ersten Erbauung fast völlig unverrückbaren Bahnkörper; die Eigenart der Lokomotive ermöglicht deren wirtschaftliche Verwendung, also Billigkeit der Beförderung, nur für ganze Züge. Beide Beschränkungen zusammen machen weitgehende Individualisierung der Beförderung unmöglich.

(22) Die Vorteile der Eisenbahn zogen alsbald einen großen Teil des Landverkehres von Kanälen und Straßen auf die Eisenbahnen hinüber. Noch größer aber war der Anteil der Eisenbahn an dem durch die Hebung der Allgemeinwirtschaft rasch entstehenden neuen Verkehr.

(23) Die Verhältnisse, die sich dabei entwickelten, verdienen nun darum besondere Aufmerksamkeit, weil sie ein geschichtliches Seitenstück zum heutigen Wettbewerbskampf zwischen Eisenbahn und Kraftfahrzeug bilden. Schon beim Entstehen der allerersten Dampfbahnen in England erkannten sowohl die Kanal- als auch die Straßeninteressenten, daß ihnen aus dieser Neueinführung eine große Gefahr erwachsen müsse. Sie haben darum alle Mittel angewendet, um die öffentliche Meinung und die Regierung und ganz besonders das Parlament, von dessen Zustimmung die Errichtung neuer Eisenbahnen abhängig war, gegen diese einzunehmen.

(24) Aber dieser Kampf erlahmte verhältnismäßig bald, und zwar nicht nur deswegen, weil die meisten Wirtschaftstätigen als Benützer der Eisenbahnen deren Vorteile vollkommen klar erkannten und ihre Übermacht den Angriffen der Straßeninteressenten entgegenstellten, sondern insbesondere auch deshalb, weil der Entgang, der sich auf der Straße im Fernverkehr zeigte, sehr bald aufgewogen wurde durch einen unaufhaltsam ansteigenden Zuwachs im Nahverkehr. Denn die Landstraße war sogleich als Zubringer und Verteiler des Verkehres mit der Eisenbahn in einer klar durchsichtigen Weise dadurch verknüpft, daß der größte Teil des Eisenbahnverkehres auch die Straße befruchten mußte. Zwischen Eisenbahn und Straße entwickelte sich demnach in verhältnismäßig kurzer Zeit und ohne bemerkenswerte planmäßige Eingriffe der öffentlichen Gewalt an Stelle des Wettbewerbes eine beide Teile befriedigende Zusammenarbeit.

(25) Weniger schmerzlos entwickelten sich die Beziehungen zwischen Eisenbahn und Binnenschiffahrt. Die Eisen-

bahn von Liverpool nach Manchester zog durch die Schnelligkeit, besonders aber durch die Billigkeit der Beförderung einen sehr großen Teil der bisher auf den dortigen Kanälen beförderten Güter und Reisenden an sich. Die weitesten Kreise der Wirtschaft waren mit diesem Erfolg außerordentlich zufrieden. und zwar nicht nur diejenigen, welche vom Kanal zur Eisenbahn abgewandert waren, sondern auch diejenigen, welche die Kanäle weiterhin benützten, da sich unter dem Druck der Eisenbahnfrachten auch die Kanaltarife ermäßigten.

(26) Die glänzenden finanziellen Erfolge der Eisenbahn Liverpool—Manchester brachten alsbald neue Eisenbahnpläne zur Reife: Manchester—Birmingham, Birmingham—London und London—Plymouth. Überall, wo Eisenbahn und Kanal miteinander in Wettbewerb traten, bewirkte die technische und wirtschaftliche Überlegenheit der ersteren eine rasche Abwanderung des Verkehres vom Schiff zur Bahn.

(27) Der Wettbewerb zwischen diesen beiden Verkehrsmitteln verbreitete sich bald über das ganze Land und nahm immer schärfere Formen an. Bald zeigte sich aber auch die Kehrseite der Medaille. Die verzweifelten Anstrengungen der Kanalbesitzer, von ihrem Verkehr zu retten, was zu retten war, bereiteten den Eisenbahnen ein höchst lästiges Hindernis hinsichtlich der Erstellung ihrer Tarife. Es lag außerordentlich nahe, daß die Eisenbahnen auf den Gedanken kamen, sich des lästigen Wettbewerbes der Binnenschiffahrt womöglich gänzlich zu entledigen. In wildem Konkurrenzkampf unterboten sie die Kanäle so lange, bis deren Besitzer mürbe wurden und sie den Eisenbahnen verkauften. Dann legten die Eisenbahnen den Kanal still und hatten nun volle Freiheit in der Ausnützung ihrer Monopolstellung.

(28) Für die Gesamtwirtschaft ergaben sich aus diesem Sieg der Eisenbahnen im Wettbewerbskampf mit den Kanälen höchst unerwünschte Folgen. Die Eisenbahn konnte ihre Tarife bis zu den vom Parlament vorgeschriebenen Höchstfrachtsätzen steigern: Verteuerung des Verkehres. Eine Menge von Leuten, die durch die Lage ihres Geschäftes und jahrzehntelangen Anpassung an den Kanalverkehr auf diesen angewiesen waren, verloren diese Verkehrsmöglichkeit, was den Ruin eines blühenden Geschäftes bedeuten konnte: Unterbindung altgewohnter Verkehrsbeziehungen. Die Gesamtheit erlitt in diesen Wettbewerbskämpfen noch eine dritte schmerzliche Wunde durch die Entwertung der bedeutenden,

in den Kanälen investierten Kapitalien: Weitgehende Vernichtung von Volksvermögen.

(29) Die Verhältnisse verwickelten sich noch dadurch, daß angesichts der glänzenden Erträgnisse der ersten Dampfbahnen sich sehr bald Kapitalisten fanden, die Konkurrenzbahnen errichteten. Es entstand ein Wettbewerbskampf zwischen den Eisenbahnen untereinander, der natürlich genau dieselben Folgen nach sich zog wie der Wettbewerb zwischen Eisenbahnen und Kanälen.

(30) Diesen Verhältnissen standen Regierung und Parlament anfangs ratlos gegenüber, da die englische Gesetzgebung und Verwaltung keine Vorsorge für die Mißstände getroffen hatten, die sich aus dem Entstehen des neuen Verkehrsmittels ergaben. Mehr als $1^1/_2$ Jahrzehnte hat es gedauert, bis endlich Gesetzgebung und Verwaltung auf Grund schmerzlicher Erfahrungen durch gesetzgeberische und Verwaltungsmaßnahmen in dieses Wirtschaftschaos die unerläßliche Ordnung brachten.

(31) Es ist äußerst lehrreich, welche wüsten Ausbrüche diese Wettbewerbskämpfe gezeitigt und welche Wunden sie der englischen Wirtschaft zugefügt haben. Bald nach der Eröffnung der ersten Dampfbahn (1830) begann ein sich rasch steigerndes Eisenbahnfieber; 1836 bewilligte das Parlament 35 neue Eisenbahnkonzessionen. Aber schon in diesen wenigen Jahren hatten sich derartige Mißbräuche herausgestellt, daß die erste englische Eisenbahnkrise einsetzte und fast ein Jahrzehnt lang die Entwicklung des Eisenbahnwesens lähmte. Da aber die älteren Eisenbahnen fortfuhren, 10 bis 15% Dividende abzuwerfen, so vergaß man bald die trüben Erfahrungen und wandte sich angesichts einer allgemeinen Besserung der Wirtschaftslage wieder mit Feuereifer dem Eisenbahnwesen zu. 1844 lagen dem Parlament schon wieder 66 Konzessionsansuchen vor, 1845 deren 248 und 1846 sogar 815. Die Länge der damals projektierten Eisenbahnen hätte über 15.120 km betragen und eine Kapitalsumme von mehr als $8^1/_2$ Milliarden Schilling erfordert.[1]) Es bedarf gar keiner Hervorhebung, daß derartige Auswüchse zu einer neuen furchtbaren Krise führen mußten, daß der größte Teil der geplanten Eisenbahnen gar nicht zur Ausführung kam und die vertrauensseligen Aktionäre um ungezählte Millionen gebracht wurden.

---

[1]) Röll: Enzyklopädie des Eisenbahnwesens, 2. Aufl., Verlag Urban und Schwarzenberg, Wien-Berlin 1911—23, Bd. 5: Großbritanniens und Irlands Eisenbahnen.

(32) Diese furchtbare Katastrophe war aber der Anlaß, daß Regierung und Parlament sich endlich ihrer Pflicht entsannen und Ordnung machten.

(33) Es ist höchst bezeichnend, daß man damals in dem Lande größter politischer und wirtschaftlicher Freiheit, das grundsätzlich jede staatliche Bevormundung der privatwirtschaftlichen Initiative abzulehnen geneigt ist, recht kräftige Eingriffe des Staates in die Privatwirtschaft vorgenommen hat, z. B. die zwangsweise Zusammenlegung lebensunfähiger Eisenbahnunternehmungen, Ausschluß unerwünschten Wettbewerbes durch parallel laufende Eisenbahnen und ähnliches mehr. Auf diesen Vorgang muß das Österr. Kuratorium für Wirtschaftlichkeit aus drei Gründen besonderen Nachdruck legen:

(34) a) weil diese staatlichen Eingriffe in die Privatwirtschaft sich bewährt und ihre wohltätige Wirkung dauernd beibehalten haben;

(35) b) weil die englische Regierung, als nach dem Weltkrieg die Eisenbahnen in eine krisenhafte Lage geraten waren, sich wieder genötigt gesehen hat, entgegen den privatwirtschaftlich gerichteten Idealen englischen Denkens die Ordnung im Eisenbahnwesen zwangsweise herzustellen, z. B. durch die heute noch bestehende Zusammenfassung der englischen Bahnen in vier große Gruppen;

(36) c) weil, wenn Regierung und Parlament in England schon in den Dreißigerjahren eine Ordnung und Organisation in das Verkehrswesen gebracht hätten, der Volkswirtschaft mindestens zu einem Teil die Erschütterungen der beiden Eisenbahnkrisen und viele Millionen Pfund Sterling erspart geblieben wären.

(37) Es liegt sehr nahe, daß sich auch in Österreich ähnliche Folgen wie in England zur Zeit der beiden Eisenbahnkrisen zeigen müßten, wenn Gesetzgebung und Verwaltung einem ungeregelten Wettbewerb zwischen Eisenbahn und Kraftwagen untätig zusähen.

(38) Vorerst aber ist es nötig, noch einige die jetzige Stellung der Eisenbahn im Verkehrswesen Österreichs kennzeichnende Feststellungen zu machen:

(39) Bis zum Auftauchen des Kraftwagens im Verkehr hatten die Eisenbahnen in Österreich, wo es fast keine Binnenwasserstraßen gibt, ein tatsächliches Monopol für den Gesamtverkehr innerhalb der von ihnen bedienten Gebiete, das auch gegen den Wettbewerb anderer Bahnen durch die Konzes-

sionsbestimmungen geschützt war. Allerdings hat dieser Schutz nicht verhindert, daß zwischen weit voneinander entfernten Endpunkten eine zweite oder dritte Eisenbahnverbindung konzessioniert wurde, wenn auf der dazwischen liegenden Strecke wichtige Punkte in den Verkehr einbezogen wurden. So waren z. B. die Franz-Joseph-Bahn, die Nordwestbahn und die Linie der ehemaligen Staatseisenbahngesellschaft zwischen Wien und Prag zweifellos als Wettbewerbslinien anzusehen; aber sie bedienten zwischen diesen beiden weit entfernten Punkten ohne Wettbewerb Gebiete, die sonst ohne Eisenbahnverbindung hätten bleiben müssen.

(40) In allen Ländern sind solche Linien, die auf mehrere 100 km hinaus voneinander ganz unabhängig waren, aber doch mindestens hinsichtlich ihrer Endpunkte einander als Wettbewerberinnen gegenüberstanden, in mehr oder weniger scharfe Wettbewerbskämpfe geraten. Unseren Zeitgenossen sind noch die Kämpfe in Erinnerung, die um die Jahrhundertwende zwischen den großen nordamerikanischen Bahnen getobt haben. Wenn damals diese Bahnen in besinnungslosem Kampfeseifer ihre Personenfahrpreise für 1000 englische Meilen auf einen Dollar herabsetzten, so war das für den einzelnen Bahnbenützer im Augenblicke gewiß ein Vorteil, aber die Bahnen haben sich untereinander mit derartigen Kampftarifen förmlich zerfleischt und die Wirtschaft hat schließlich hohe Heilungskosten zahlen müssen. In den europäischen Ländern hat man derartige Dinge im großen und ganzen zu verhindern gewußt. Sicherlich haben nicht nur die staatliche Tarifhoheit und das Bestreben der Regierung, die Anlagekapitalien der Bahnen als wertvolle Teile des Volksvermögens vor zeitweiser oder dauernder Schädigung oder Vernichtung zu bewahren, sondern auch die Besonnenheit der Kapitalisten dazu geführt, daß die Eisenbahnen hinsichtlich solcher Verkehrsbeziehungen, die von mehreren Bahnen bedient werden können, gütliche Vereinbarungen trafen und an Stelle eines zügellosen Wettbewerbes eine geregelte Zusammenarbeit aller beteiligten Bahnen setzten.

(41) Der wichtigste Grundgedanke dabei ist die vereinbarungsgemäße Teilung des Verkehres in der Form, daß jeder für die Wettbewerbsstrecke in Betracht kommenden Eisenbahn ein bestimmter Hundertsatz des Verkehres zugewiesen und eine entsprechende Verkehrsleitung verabredet wird, die zwar nicht den Anspruch des Benützers auf Berechnung der Fracht für den billigsten Weg berührt, wohl aber die Eisen-

bahnen untereinander verpflichtet. Nach verabredeten Zeiträumen wird untersucht, ob die tatsächlich vollbrachten Leistungen der einzelnen Bahnen der Vereinbarung entsprechen; soweit dies der Fall ist, behält jede der Bahnen ihren vollen Verdienst. Hat sie durch Überschreitung ihres vereinbarungsmäßigen Anteils eine andere Bahn verkürzt, so hat sie dieser den entgangenen Gewinn nach vertragsmäßig festgestellter Berechnungsweise zu vergüten.

(42) Es ist ohne weiteres klar, daß als Grundlage für derartige Vereinbarungen eine genaue, vereinbarungsmäßig ausgearbeitete Statistik der einschlägigen Verkehrsleistungen jeder einzelnen Eisenbahn erforderlich ist; daß gegenseitiges Vertrauen dabei eine große Rolle spielt und durch die Möglichkeit gegenseitiger Kontrolle gesichert werden muß.

(43) So sehr es einerseits erwünscht ist, daß die Eisenbahnen sich gegenseitig nicht übertriebenen Wettbewerb machen, ebenso erwünscht ist es anderseits, daß die Eisenbahnen verhindert werden, ihre Monopolstellung zur Ausbeutung der Benützer zu mißbrauchen.[1]) Infolgedessen haben sich auch Länder, in denen privatwirtschaftliche Betätigung von allen Fesseln nach Möglichkeit befreit bleibt, genötigt gesehen, Vorkehrungen gegen eine Ausbeutung der Monopolstellung seitens der Eisenbahnen zu treffen.

(44) Zu diesem Zwecke hat man den Eisenbahnen mancherlei gesetzliche Bindungen auferlegt, welche ihre Handlungsfreiheit mehr einschränken als die allgemeinen gewerbe- und handelsrechtlichen Bestimmungen. Die wichtigsten derartigen Einschränkungen der kaufmännischen Handlungsfreiheit der Eisenbahnen sind:

a) Beförderungspflicht,

b) Tarifpflicht, d. h. die Verpflichtung, für gleichartige Leistungen unter gleichen Verhältnissen von jedem Benützer das gleiche Entgelt einzuheben;

c) Tarifveröffentlichungspflicht, die die Sicherheit der kaufmännischen Preisberechnung und durch Festsetzung entsprechender Kundmachungsfristen größere Stetigkeit gewährleistet.

(45) Über diese grundsätzlichen Bindungen hinaus haben sich die meisten Staaten auch einen Einfluß auf die zahlen-

---

[1]) Diese Gefahr besteht nicht nur in Ländern mit Privatbahnsystem, da deren Erwerbssinn in fiskalischem Geist staatlicher Eisenbahnverwaltung ein unter Umständen äußerst ähnliches Seitenstück finden kann.

mäßige Höhe der Tarife gesichert, hauptsächlich um die Maßregeln der staatlichen Wirtschaftspolitik, insbesondere der inneren und äußeren Handelspolitik vor Störungen durch die Tarifpolitik der Eisenbahnen zu bewahren. Ferner nötigt der Staat die Eisenbahnen zu starken sozialpolitischen Leistungen, belastet sie mit verschärfter Haftpflicht usw.

(46) Seit dem Beginn des 20. Jahrhunderts hat sich der Kraftwagen sowohl in den Personen-, als auch in den Güterverkehr eingeschoben. Seit dem Krieg haben technische und wirtschaftliche Umstände die Entwicklung des Kraftwagens hinsichtlich Bau und Betrieb derart begünstigt, daß er heute als erfolgreicher Wettbewerber der Eisenbahn dasteht und ihre von 1830 bis zum Jahre 1914 bestandene tatsächliche Monopolstellung schwer erschüttert hat. Trotzdem sind die Eisenbahnen in den meisten Ländern noch mit den verkehrsgesetzlichen Beschränkungen belastet, die nur durch das tatsächliche Monopol voll gerechtfertigt waren und heute vielleicht teilweise ihre Berechtigung verloren haben. Diese Bindungen verhindern die Eisenbahnen häufig, ihre Einnahmen zu erhöhen, nötigen sie zu größeren Ausgaben und erhöhen ihre Selbstkosten für die Verkehrsleistungen.

(47) Es ist hier nötig, auch ein wenig auf die Preisbildung der Eisenbahnen einzugehen, da deren Eigenheiten im Wettbewerb Eisenbahn—Kraftwagen und bei der Auswahl der zur Herbeiführung einer endgültigen Lösung geeigneten Maßnahmen eine wichtige Rolle spielen.

(48) Die im Wirtschaftsleben sonst so häufige einfache Art der Preisbildung aus den Selbstkosten plus bürgerlichem Gewinn ist für die einzelnen Verkehrsleistungen der Eisenbahnen unanwendbar.

(49) Ein sehr großer Teil, nämlich fast drei Viertel der Betriebsausgaben einer Eisenbahn, ist von der Verkehrsdichte unabhängig. Es wird demnach von diesen „festen" Kosten auf die einzelnen Verkehrsleistungen ein ganz verschiedener Betrag entfallen, je nachdem in der betreffenden Beobachtungsperiode die Zahl der Verkehrsleistungen groß oder klein war. Die Berücksichtigung dieser Verhältnisse in den Tarifen ist unmöglich, da diese im vorhinein festgestellt werden und mehr oder weniger lange Zeit ungeändert in Geltung bleiben, so daß sich innerhalb ihrer Geltungszeit die Ausgabenanteile der einzelnen Verkehrsleistungen erheblich verschieben.

(50) Es kann sich demnach bei der Annahme von Selbst-

kosten für eine Verkehrsleistung stets nur um Zahlen handeln, die man aus der Teilung der für die Vergangenheit ermittelten Gesamtausgaben durch die Gesamtzahlen der Verkehrsleistungen, gemessen nach Gewicht, Entfernung usw., gewinnt und denen man je nach der Eigenart verschiedener Verkehrsgeschäfte gewisse Beträge zu- oder abschlägt, d. h. also um Zahlen, deren Größe nicht errechnet, sondern geschätzt ist.

(51) Aber selbst wenn es gelänge, die Selbstkosten jeder einzelnen Verkehrsleistung genau zu ermitteln, so wäre damit noch immer keine brauchbare Grundlage für die Tarifbildung in der Praxis gegeben, denn die Eisenbahn muß aus verschiedenen Gründen auch solche Leistungen vollbringen, bei denen die Höchstgrenze des einzuhebenden Entgeltes unter, ja manchmal sogar ziemlich weit unter den ermittelten oder geschätzten Selbstkosten liegt.

(52) Solches ergibt sich wie in jedem anderen Geschäft mitunter aus dem Streben, durch eine Vermehrung der Geschäftsfälle den Kostenanteil des einzelnen Geschäftsfalles an den festen Ausgaben zu drücken und somit den Gewinn zu erhöhen (z. B. Gewinnung von Rückfrachten durch Tarifermäßigungen, ermäßigte Rückfahrkarten).

(53) Manchmal nötigt die staatliche Tarifhoheit die Eisenbahn, bestimmte Waren unter ihren eigenen Selbstkosten zu befördern, z. B. um deren Ausfuhr oder Einfuhr zu beleben. Wäre eine Eisenbahn nur ein Geschäftsunternehmen, wie es in den allerersten Zeiten des Eisenbahnwesens in der Regel und häufig auch späterhin noch in manchen Ländern der Fall gewesen ist, so kämen solche Fälle wohl kaum häufig vor. Tatsächlich haben aber fast alle Länder erkannt, daß der Wert der Eisenbahnen für sie durchaus nicht nur in der direkten Rentabilität liegt, also in der Fähigkeit, die eigenen Ausgaben durch die eigenen Einnahmen zu decken und noch einen Gewinn abzuwerfen, sondern daß für sie die sogenannte „indirekte Rentabilität" oder der „volkswirtschaftliche Nutzen" der Eisenbahn mindestens ebenso wichtig oder noch wichtiger ist. Es ist dies der Nutzen, den die Eisenbahnen durch Belebung und Hebung der Gesamtwirtschaft und der Steuerkraft der Bevölkerung dem Staate leisten. Ein unentbehrlicher Bestandteil dieses Nutzens ist es aber, daß die Eisenbahnen auch solche Verkehrsleistungen vollbringen, an denen sie wenig oder nichts verdienen oder sogar etwas verlieren.

(54) Es ist klar, daß die Eisenbahnen, seien sie nun Privat- oder Staatsbahnen, die Ausfälle in ihren Einnahmen, die

sich durch die Festsetzung außergewöhnlich niedriger, sogar vielleicht die Selbstkosten unterschreitender Tarife ergeben, auf irgendeine Weise hereinbringen müssen. Dies geschieht in der Regel dadurch, daß die Eisenbahnen die Tarife für Güter höheren Wertes erheblich höher ansetzen, als nach dem Maß der durchschnittlichen Selbstkosten gerechtfertigt wäre.

(55) Diese Tatsache ist von geradezu ausschlaggebender Bedeutung für eine gesamtwirtschaftlich zweckmäßige Lösung der Wettbewerbsfrage Eisenbahn—Kraftwagen; denn alle Wahrscheinlichkeit spricht dafür, daß der Kraftwagen der Eisenbahn gerade solche Güter abspenstig macht, die auf der Eisenbahn einen verhältnismäßig höheren Tarif zu bezahlen haben. Wandern solche Güter in erheblichem Maße von der Eisenbahn zum Kraftwagen ab, so verringert sich der durch die höheren Tarife gesicherte Überschuß der Einnahmen gegenüber den Selbstkosten der Eisenbahn, und zwar nicht etwa nach dem Verhältnis des abgewanderten Teiles des Verkehres zum Gesamtverkehr, sondern in weit höherem Maß. Je weiter dieser Prozeß fortschreitet, d. h. je geringer die Einnahmen werden, die den Eisenbahnen zur Kompensierung der Verluste bei den außergewöhnlich niedrig tarifierten Frachten dienen, desto stärker wird der Anreiz, ja die Notwendigkeit, die Frachtsätze für die besonders billigen Verkehre zu erhöhen.

(56) Vom Standpunkt der Gesamtwirtschaft betrachtet, lag also die Sache bisher so, daß diejenigen Benützer der Bahn, welche durch Beförderung sehr hochwertiger Güter aus ihren Geschäften mit diesen Gütern noch höheren Gewinn zogen, der Eisenbahn durch Bezahlung unverhältnismäßig hoher Frachten die Möglichkeit gaben, auch Güter viel geringeren, ja sogar sehr geringen Wertes zu genügend niedrigen Frachtsätzen zu befördern. Die Verfrächter hochwertiger Güter haben demnach aus eigenen Mitteln dazu beigetragen, daß Güter minderen Wertes versandfähig blieben. Sie haben also eine in den hohen Frachtsätzen versteckte Steuer bezahlt, die zur Niedrighaltung anderer Frachtsätze verwendet wurde.

(57) Staat und Wirtschaft haben letzten Endes den eigentlichen Nutzen aus dieser Sachlage gezogen. Denn hätten die Eisenbahnen nicht überhöhte Einnahmen von den hochwertigen Gütern gehabt, so wären ihnen aus der Beförderung minderwertiger Güter Verluste erwachsen, die die Eisenbahnen —

und zwar ist es hier gleichgültig, ob Privat- oder Staatsbahnen — auf die Dauer nicht hätten tragen können.

(58) Es gibt hier nur zwei Auswege:

entweder zahlt jemand, also vermutlich der Staat, unter dessen tarifhoheitlichem Einflusse sich solche Dinge entwickeln und vollziehen, den Eisenbahnen Zuschüsse, oder

die Eisenbahnen müssen die Tarife für minderwertige Güter erhöhen.

Im ersteren Falle zahlen die Steuerträger klar und deutlich die Zeche. Im zweiten Falle werden die erhöhten Tarife die Verfrachtung minderwertiger Güter erschweren, verringern, vielleicht ganz verhindern. Geschäftliche Unternehmungen, für die die Verfrachtung dieser minderwertigen Güter Lebensbedingung ist, werden verkümmern oder zugrundegehen, der Staat verliert Steuereingänge. Außerdem werden aber auch alle diejenigen, die in irgendeiner Weise aus der Verfrachtung minderwertiger Güter einen Nutzen gezogen haben, also sowohl ihre Erzeuger als ihre Verbraucher und die damit befaßten Händler, durch die Erhöhung der Frachtkosten für diese Güter oder durch die Unmöglichkeit ihrer Verfrachtung um einen Teil ihres Gewinnes kommen, Staat und Wirtschaft werden also weiteren Schaden erleiden.

(59) Die Notwendigkeit, den Verkehr minderwertiger Güter durch den Verkehr hochwertiger Güter zu erleichtern, ja überhaupt erst möglich zu machen, ist eine der wichtigsten von den wirtschaftlichen Tatsachen, die bei der Frage des Wettbewerbes zwischen Eisenbahn und dem Kraftwagen berücksichtigt werden müssen (siehe auch Punkt 95).

b) Stellung des Kraftwagens im Verkehrswesen.

(60) Die Stellung des Kraftwagens in der Verkehrswirtschaft gründet sich zunächst auf seine konstruktive Eigenart, für die insbesondere folgende Punkte kennzeichnend sind:

(61) 1. Der Kraftwagen kommt der Eisenbahn an Fahrgeschwindigkeit ungefähr gleich. In rein sportlicher Verwendung auf außergewöhnlich guten, geraden und ebenen Straßen und unter besonderen Vorsichtsmaßnahmen kann der Kraftwagen sogar die übliche Fahrgeschwindigkeit der Eisenbahnzüge erheblich überschreiten, das ist aber für die Frage des Wettbewerbes Eisenbahn—Kraftwagen, der sich ja nicht

unter außergewöhnlich günstigen, sondern unter durchschnittlichen Bedingungen abwickelt, ebenso belanglos, wie die Tatsache, daß die heute übliche Geschwindigkeit der Eisenbahn unter besonders günstigen Verhältnissen versuchsweise weit überschritten wurde, in seltenen Ausnahmsfällen sogar tatsächlich im regelmäßigen Betrieb überschritten wird, z. B. in dem neu geschaffenen Schnellverkehr zwischen Berlin und Hamburg. Für die uns vorliegende Frage genügt die Annahme, daß der Kraftwagen auf einer für seinen Verkehr geeigneten Landstraße Geschwindigkeiten von 50 km im Frachtenverkehr und 80 bis 100 km im Personenverkehr auf längere Zeit einhalten kann, d. h. ungefähr dieselbe Geschwindigkeit wie die Eisenbahn. Der Kraftwagen hat damit für sich den Geschwindigkeitsvorsprung der Eisenbahn gegenüber dem bespannten Fuhrwerk unwirksam gemacht.

(62) 2. Die Bauart des Kraftwagens und seiner Maschinerie sowie die Bauart der neuzeitlichen Straßen ermöglicht es, mit dem Kraftwagen annähernd jene Lasten zu befördern, welche auf der Eisenbahn eine Halbwagenladung bis eine Wagenladung bilden. Der Kraftwagen hat also auch hier den großen Unterschied zwischen dem einzelnen Pferdefuhrwerk und dem einzelnen Eisenbahngüterwagen aus der Welt geschafft.

(63) 3. Für die Beurteilung der Bedeutung der Betriebskosten für den wirtschaftlichen Vergleich der Verkehrsmittel „Eisenbahn und Kraftwagen" sei auf den Aufsatz von Prof. Dr. Konrad Mellerowicz, „Zusammenarbeit der Verkehrsmittel"[1]) hingewiesen. Soweit ein Vergleich der Betriebskosten bei den heutigen statistischen Unterlagen überhaupt möglich ist, wäre die Beförderung von Stückgütern auf der Eisenbahn bei Entfernungen bis zu 40 km fünffach, bei Entfernungen bis 10 km sogar fünfzehnfach teurer als mit dem Kraftwagen. Dagegen blieben die Kosten je ein Tonnenkilometer für Wagenladungen auf der Eisenbahn schon bei einer Entfernung von 20 km an sehr wesentlich hinter jenen eines Kraftwagens mit einer Ladefähigkeit von 2,5 t bzw. von 40 km hinter denen eines fünfzehntonnigen Lastkraftwagens zurück.

(64) 4. Der Kraftwagen hat gegenüber der Eisenbahn einen unschätzbaren Vorteil insofern, als seine Bauart ihm gestattet, auf jeder nicht allzu schlechten Straße, ja unter günstigen Verhältnissen sogar ohne gebahnten Weg,

[1]) In Nr. 8 der Wirtschaftshefte der Frankfurter Zeitung, Frankfurt 1932.

z. B. auf Steppen und in Wüsten zu verkehren. Der Kraftwagen kann daher den Reisenden oder das Gut meist am wirklichen Abgangsort, d. h. vor der Tür seiner Wohnung, im Hof der Erzeugungsstätte, aufnehmen und kann sie bis zur Haustür oder zum Warenlager des Bestimmungshauses befördern. Der Kraftwagen erspart seinen Benützern die Zu- und Abfuhr zu und von der Bahn, wiederholte Lade- und Entladekosten, vermindert die Gefahr der Schädigung und Minderung der Güter beim Umladen, kann daher dem Benützer einen erheblichen Teil der hohen Verpackungsspesen ersparen und er verkürzt die Gesamtbeförderungszeit bei geringen Entfernungen sehr beträchtlich.

(65) 5. Der Kraftwagen ist, gut gewartet, jederzeit betriebsbereit und damit gegenüber der an den Fahrplan gebundenen Eisenbahn außerordentlich im Vorteil, da er die Wünsche des Benützers bezüglich Abfahrts- und Ankunftszeiten, ferner bezüglich Zwischenaufenthalten u. dgl. restlos erfüllen kann.

(66) 6. Hierzu trägt auch noch bei, daß der Kraftwagen schon mit einer oder wenigen Personen und mit geringen Mengen von Gütern eine eigene Verkehrshandlung ermöglicht, während dies auf der Eisenbahn bisher ungeheure Kosten (Sonderzug!) verursacht hat. Allerdings ist den Eisenbahnen heutzutage die Möglichkeit geboten, durch Einführung von Triebwagen diesen Mangel zu vermindern, vielleicht sogar ganz zu beheben (siehe Punkt 209).

(67) Die angeführten Punkte führen sofort zu dem Schluß, daß der Kraftwagen überall dort seinen Wettbewerb mit der Eisenbahn erfolgreich aufnehmen kann, wo es sich darum handelt, individuelle Wünsche des Benützers zu befriedigen und wo irgendwelche Gründe, z. B. Empfindlichkeit des Gutes gegen wiederholte Umladung oder gegen Verzögerung der Reise, Hitze- und Kälteempfindlichkeit oder leichte Verderblichkeit des Gutes (Obst, Milch, Fleisch, Bier u. dgl.) eine individuelle Beförderung erwünscht machen.

(68) Dagegen wird die Wettbewerbsfähigkeit des Kraftwagens gegenüber der Eisenbahn ihre Grenzen finden, wenn es sich handelt

a) um die Beförderung von Gütern in einem die Tragfähigkeit stärkster Lastkraftwagen, der Straßendecken und der Straßenbrücken übersteigenden Gewicht;

b) um die Beförderung von Gütern, die auf der Eisenbahn sehr niedrige Tarife finden;

c) die Wettbewerbsfähigkeit des Kraftwagens sinkt ferner beträchtlich auf Entfernungen, die an einem Fahrttage nicht bewältigt werden können und Wechsel des Wagens oder der Mannschaft erfordern und dadurch die Selbstkosten steigern.

(69) Zusammenfassend läßt sich sagen, daß der Kraftwagen gegenüber der Eisenbahn in günstiger Lage ist bei der Beförderung auf nicht zu große Entfernungen und nicht zu minderwertiger Güter, denen weniger zahlungskräftige Reisende gleichzustellen sind (Schülerkarten, Arbeiterwochenkarten u. dgl. Fahrpreisermäßigungen können vom Kraftwagen nicht in dem Ausmaß wie von der Eisenbahn gewährt werden).

3. Der beginnende Wettbewerb zwischen den verschiedenen Zweigen im Kraftfahrwesen.

(70) Wir haben gesehen, daß in England bald nach Einführung der Eisenbahnen und als diese soeben erst in den Wettbewerb mit den Kanälen und Straßen eingetreten waren, auch ein Wettbewerb zwischen den Eisenbahnen untereinander entstand und daß Gesetzgebung und Verwaltung besondere Maßnahmen treffen mußten, um die gemeinschädlichen Wirkungen solchen Wettbewerbes aufzuheben oder doch zu verringern.

(71) Wir können jetzt im Kraftfahrwesen eine ganz ähnliche Entwicklung wie ehemals bei den Eisenbahnen feststellen. Der Kraftwagen ist erst vor kurzer Zeit zu einem brauchbaren Großverkehrsmittel geworden und steht seit einigen Jahren im Wettbewerb mit der Eisenbahn. Schon beginnen sich aber innerhalb des Kraftfahrwesens selbst Interessengegensätze zu entwickeln.

(72) In Österreich gibt es derzeit rund 15.000 Lastkraftwagen. Von diesen stehen rund 3000 im gewerblichen Kraftwagenverkehr, 12.000 im sogenannten Werksverkehr. Die Werkswagen erhalten fast nur in einer Fahrtrichtung volle Auslastung. Wenn beispielsweise eine Brauerei mit einem eigenen Werkswagen volle Bierfässer im Gewicht von 5 t absendet, so erhält sie regelmäßig nur die leeren Gebinde in gleicher Zahl, d. h. etwa zwei Fünftel des Gewichtes zurück. Der Wagen ist demnach auf der Rückfahrt nur zu 40 v. H. ausgenützt. Ganz ähn-

liches ergibt sich für den Wagen einer ländlichen Großmolkerei, die Milch nach Wien schickt usw.

(73) Der Gedanke liegt außerordentlich nahe, in solchen Fällen regelmäßige Rückfracht zu suchen, und er läßt sich auch ohne allzu große Schwierigkeiten verwirklichen, wenn z. B. eine Wiener Brauerei mit ländlichen Molkereien zusammenarbeitet, wobei man unter günstigen Verhältnissen nicht einmal einen geldlichen Ausgleich zu pflegen braucht, sondern sich mit einem Naturalausgleich behelfen kann.

(74) Wo sich so günstige Verhältnisse nicht finden, besteht für die Besitzer von Werkskraftwagen der Anreiz, diese auch gewerblich auszunützen, soweit dies nach Befriedigung des eigenen Verkehrsbedürfnisses möglich ist.

(75) Beide Fälle führen zu Beschwerden sowohl der Eisenbahnen als auch der gewerblichen Lastkraftwagenbetriebe.

(76) Man kann ruhig vorhersagen, daß sich in nächster Zeit für den Staat die Notwendigkeit ergeben wird, hier eine Verkehrs- und Wirtschaftspolitik auf weite Sicht zur Geltung zu bringen. Soweit es sich dabei um den Interessengegensatz Eisenbahn—Werkskraftwagen handelt, liegt nur eine Sonderform des allgemeinen Wettbewerbes Eisenbahn—Kraftwagen vor, die im Rahmen der Gesamtfrage behandelt werden muß.

(77) Sofern es sich um den Wettbewerb zwischen verschiedenen Zweigen des Kraftverkehres handelt, ist aber die Sache, vom Standpunkt der Gesamtwirtschaft aus betrachtet, weit weniger dringlich als der Wettbewerb des Kraftwagens mit der Eisenbahn, und wir können sie bei diesen Betrachtungen zunächst beiseite lassen.

4. Kritik des gegenwärtigen Zustandes.

(78) Für die Arbeiten des Österreichischen Kuratoriums für Wirtschaftlichkeit ist in jeder einzelnen Angelegenheit entscheidend, wie diese vom Standpunkt der Gesamtwirtschaft aus zu beurteilen ist. Alle anderen Gesichtspunkte, so die nur einzelwirtschaftlichen, ferner alle aus bureaukratischer Betrachtungsweise sich ergebenden Kompetenzrücksichten, alle Bestrebungen von Behörden, Körperschaften und Wirtschaftsgruppen nach Erhaltung oder Erweiterung des eigenen Einflußfeldes muß das ÖKW. (schon unter Hinweis auf § 1 seiner Satzungen) ablehnen, wenn es sich auch bewußt ist, daß in solchen Dingen praktisch oft nicht die Logik, sondern die

Macht den Ausschlag gibt. Auch den Wettbewerb zwischen Eisenbahn und Kraftwagen kann und darf das ÖKW. nur vom Standpunkt der Gesamtwirtschaft aus beurteilen. Man kann aber den Standpunkt der Beurteilung nicht willkürlich irgendwo wählen, sondern man muß ihn auf dem festen Boden der gegebenen Verhältnisse und innerhalb der Wirtschaft selbst suchen.

(79) Es dürfte zweckmäßig sein, zunächst versuchsweise gewisse Standpunkte zu wählen, obwohl sie für die Gesamtwirtschaft wegen der ihnen anhaftenden Einseitigkeit unbefriedigend sind. Fügt man aber die von verschiedenen einseitigen Standpunkten aus gewonnenen Bilder zusammen, so kann man ein Ergebnis erzielen, wie bei der gleichzeitigen Betrachtung zweier zueinander passender Stereoskopbilder. Die versuchsweise einzunehmenden Standpunkte müssen daher so gewählt werden, daß die von ihnen aus sichtbaren Bilder sich in ähnlicher Weise ergänzen wie Stereoskopbilder. Diese Forderung wird vielleicht erfüllt, wenn man folgende Standpunkte behufs vorläufiger einseitiger Beurteilung der Sachlage auswählt:

1. den Standpunkt der Eisenbahnen;
2. den Standpunkt der Kraftwageninteressenten,
3. den Standpunkt jener Wirtschaftskreise, die am Gedeihen der Eisenbahn besonders interessiert sind,
4. den Standpunkt derjenigen Wirtschaftskreise, die aus einem kräftigen Aufblühen des Kraftfahrwesens besondere Vorteile ziehen,
5. das Urteil derjenigen Wirtschaftskreise, denen an möglichst günstigen Beförderungsmöglichkeiten liegt, denen aber die Art, wie dieses Bedürfnis befriedigt wird, vollkommen gleichgültig ist.

(80) Aus der Zusammenfügung dieser verschiedenen Ansichten ergibt sich dann fast von selbst ein Urteil vom Standpunkt der Gesamtwirtschaft aus.

a) Kritik vom Standpunkt der Eisenbahnen.

(81) Für die Beurteilung des gegenwärtigen Zustandes vom Standpunkt der Eisenbahn aus ist es ziemlich nebensächlich, ob es sich um Privat- oder Staatsbahnen handelt; denn die Verwaltung jeder Eisenbahn trachtet bei gewisserhafter Auffassung ihrer Pflichten, den eigenen wirtschaftlichen Erfolg möglichst günstig zu gestalten; ob es sich bei diesem wirt-

schaftlichen Erfolg um die Ausschüttung einer Dividende an Aktionäre oder nur um die Verzinsung und Tilgung der Anlageschulden oder gar nur darum handelt, die staatlichen Zuschüsse zu einer passiven Betriebswirtschaft möglichst niedrig zu halten, ist grundsätzlich vollkommen gleichgültig. Allerdings findet die praktische Betätigung dieses Erwerbsstrebens bei einer Staatsbahnverwaltung viel eher unüberschreitbare Grenzen als bei einer in dieser Hinsicht viel freieren Privatbahnverwaltung. Gerade darum aber, weil sich die Staatsbahnverwaltung gegenüber dem Wettbewerb des Kraftwagens unfreier fühlt als die Privatbahn, empfindet sie ihn doppelt lästig. Wir werden daher bei der Beurteilung des jetzigen Zustandes vom Standpunkt der Gesamtwirtschaft aus die merkwürdige Tatsache feststellen können, daß die vielleicht objektivsten Vorschläge zur Abhilfe von Privatbahnbeamten gemacht worden sind. Es ist übrigens nicht schwer, diese im ersten Augenblick verblüffende Tatsache psychologisch zu erklären. Der Privatbahnbeamte steht dem privatwirtschaftlichen Denken der Wirtschaftstätigen naturgemäß näher als der Staatsbahnbeamte, dem nur allzu leicht „behördliche" Gedankengänge vorschweben.

(82) Vom Standpunkt der Eisenbahnen aus betrachtet, ist der jetzige Zustand unerträglich, weil er dem Kraftwagen günstige Möglichkeiten bietet, Verkehre an sich zu ziehen, die bisher von den Eisenbahnen bedient wurden. Jede Eisenbahnverwaltung empfindet die Entwicklung des Kraftfahrwesens als einen Einbruch in ein ihr gehöriges Arbeitsfeld, auf dessen Früchte sie einen durch hundertjähriges Herkommen gegebenen und durch allerlei Gesetzes- und Verwaltungsvorschriften auch bis zu einem gewissen Grad anerkannten Anspruch zu besitzen glaubt. Aus der vermeintlichen Verletzung dieses Anspruches leiten die Eisenbahnverwaltungen ihre Forderung ab, daß der Staat sie gegen den Einbruch des neuen Wettbewerbes durch Gesetzgebung und Verwaltungsmaßnahmen zu schützen habe. Die von den Eisenbahnen selbst verfaßten Denkschriften, die Bücher und Broschüren, die von Fachleuten im Auftrage der Eisenbahn veröffentlicht wurden, und die Aufsätze in Tages- und Fachblättern, die diese Beschwerden der Eisenbahnen der Öffentlichkeit zu vermitteln bestimmt sind, bilden heute schon ein so umfangreiches Schrifttum, daß der einzelne es kaum mehr beherrschen kann. Im übrigen sind die von den Eisenbahnen aller Länder vorgebrachten Beschwerden einander so ähnlich, wie ein Ei dem

anderen und lassen sich grundsätzlich auf einige wenige Punkte zusammendrängen. Im nachfolgenden seien die wichtigsten dieser Punkte aufgezählt:

(83) Die Eisenbahnen legen besonderen Nachdruck darauf, daß sie im Wettbewerb gegenüber dem Kraftwagen von vornherein eine ungünstigere Stellung einnehmen, weil sie die Herstellungs- und Erhaltungskosten ihres Fahrweges, deren Tilgung und Verzinsung auf Heller und Pfennig selbst zu bezahlen haben, während der Kraftwagen die auf Kosten der Allgemeinheit erbaute und erhaltene Straße benütze. Da nun die Kosten für die Verzinsung, Tilgung und Erhaltung des eigenen Fahrweges bei den Eisenbahnen in regelmäßigen Zeitläuften etwa ein Viertel ihrer Jahresausgaben ausmachen, so seien sie genötigt, ihre Tarife bei sonst gleichen Bedingungen um 20 bis 25% höher zu halten, als wenn ihnen die Fahrbahn — wie dem Kraftwagen — unentgeltlich zur Verfügung stünde. In diesem Zusammenhange ist besonders die schon im Punkt (49) berührte Tatsache von Bedeutung, daß ein sehr großer Teil der Selbstkosten der Eisenbahn auf die sogenannten „festen Kosten“ entfällt, so daß das bekannte Paradoxon entstehen konnte: „Bei der Eisenbahn bestimmen nicht die Selbstkosten den Frachtsatz, sondern der Frachtsatz bestimmt die Selbstkosten.“ Der wahre Kern dieses Satzes liegt darin, daß die Eisenbahn imstande ist, durch Senkung ihrer Tarife die Beförderungsmengen — innerhalb der durch das überhaupt vorhandene Verkehrsbedürfnis gezogenen Grenzen — zu steigern, also die Zahl der Verkehrshandlungen, auf die sich die gesamten festen Kosten verteilen, zu erhöhen und im gleichen Verhältnis den auf die einzelne Verkehrshandlung entfallenden Teil der festen Kosten zu senken.

(84) Die Eisenbahnen weisen darauf hin, daß sie als Gegengewicht ihrer ursprünglich durch ihre technische Eigenart ihnen gebotenen Monopolstellung Lasten auferlegt erhielten, die ihre Stellung gegenüber einem Wettbewerber, der gleiche oder ähnliche Lasten nicht zu tragen habe, außerordentlich erschweren. Die empfindlichsten dieser Belastungen, von denen wir einige schon in Punkt 44 erwähnt haben, sind

Beförderungspflicht,
Tarifpflicht und Tarifveröffentlichungspflicht,
gleiche Behandlung aller Benützer,
Tarifhoheit des Staates,
sozialpolitische und
Haftpflicht-Lasten.

(85) Die Eisenbahnen verlangen nun eine wenigstens annähernde Gleichstellung der Eisenbahnen mit dem Kraftfahrwesen in diesem Punkt, wobei sich natürlich unendlich viele praktische Möglichkeiten ergeben, die zwischen zwei Grenzfällen liegen. Der eine dieser Grenzfälle ist völlige Befreiung der Eisenbahn von allen im Zusammenhang mit ihrer Monopolstellung ihnen auferlegten Bindungen. Die Begründung für diese äußerste Forderung wäre gegeben, wenn die Monopolstellung, die durch diese Bindungen unschädlich gemacht werden sollte — z. B. durch den Wettbewerb des Kraftwagens —, völlig vernichtet und demnach die Rechtsgrundlage für diese Bindungen hinfällig würde.

(86) Der entgegengesetzte Grenzfall wäre die Belastung des Kraftfahrwesens mit genau den gleichen Bindungen, wie sie die Eisenbahnen zu tragen haben.

(87) Einsichtige Eisenbahner erklären selbst, daß keiner dieser beiden Grenzfälle praktisch verwirklicht werden könne, da einerseits das Aufkommen des Kraftwagens wohl die bisherige Monopolstellung der Eisenbahn durchlöchert, aber nicht völlig vernichtet, somit auch nicht die Gründe für die den Eisenbahnen auferlegten Bindungen völlig aus der Welt geschafft habe und weil anderseits in der technischen und betrieblichen Eigenart des Kraftwagens keine Ursache liege, den Kraftwagen mit denselben Bindungen zu belasten wie die Eisenbahn. Hierbei spielt insbesondere die Tatsache eine Rolle, daß dem Kraftwagen im Gegensatz zur Eisenbahn jederzeit auf der gleichen Fahrbahn der Wettbewerb eines gleichartigen Fahrzeuges gegenübertreten kann.

(88) Die Eisenbahnen verweisen auf die Belastung, die ihnen aus der sozialpolitischen Entwicklung erwachsen ist. Sie seien genötigt, zahlreiches Personal, dessen Kopfzahl sie den Schwankungen in der Verkehrsdichte nicht rasch und nicht vollständig genug anpassen können, ständig zu halten und zu bezahlen. Sie müssen dieses Personal nach neuzeitlichen Grundsätzen besolden, wobei die Leistungsfähigkeit des Arbeitgebers eine viel geringere Berücksichtigung finde als die Bedürfnisse des Arbeitnehmers. Die Verhältnisse im Kraftfahrwesen gestatten dagegen dem Unternehmer, die Arbeitsbedingungen seiner Angestellten und Arbeiter wesentlich besser an die eigene Leistungsfähigkeit anzupassen. Auch hier gibt es für die Abhilfe wieder zwei Grenzfälle:

(89) Anpassung der Arbeitsbedingungen der Eisenbahnen an jene im Kraftfahrwesen oder umgekehrt. Beide Grenzfälle können infolge unabänderlicher Gegebenheiten nicht ohne weiteres verwirklicht werden. Immerhin trachten die Eisenbahnen, eine gewisse Erleichterung in arbeitsrechtlicher Hinsicht herbeizuführen.

(90) Im wesentlichen sind es diese drei Punkte, die die grundsätzliche Einstellung der Eisenbahnen zur vorliegenden Frage kennzeichnen und die meisten Einzelvorschläge, die seitens der Eisenbahnen gemacht worden sind, fügen sich irgendwie in diese Grundgedanken ein, die wichtigsten dieser Vorschläge sind ungefähr folgende:

(91) aa) Der Staat solle auf dem Weg der Gesetzgebung oder der Verordnung die weitere Vermehrung der Kraftwagen und insbesondere der gewerblichen Kraftfahrunternehmungen hemmen, z. B. durch Konzessionszwang mit mehr oder weniger scharfer Hervorhebung der Bedürfnisfrage. Die Eisenbahnen haben diese grundsätzliche Forderung dahin erweitert, daß die Erteilung neuer Konzessionen für gewerbliche Kraftfahrunternehmungen von der Zustimmung der in dem betreffenden Verkehrsgebiet betriebenen Eisenbahnen abhängig gemacht werden solle.

(92) bb) Die Eisenbahnen vertreten die Meinung, daß ihre Art der Güter- und Personenbeförderung besser, bequemer und billiger sei als die Beförderung mittels Kraftwagen. Im gleichen Atem aber beklagen sie die Abwanderung gewisser Verkehre zum Kraftwagen und unterlassen den Versuch, zu erklären, warum die Leute für schlechtere, unbequemere Beförderung höhere Taxen bezahlen. Da der Verfrächter angesichts dieses Widerspruches seine eigenen Wege geht, so verlangen die Eisenbahnen ein Eingreifen des Staates. Sie geben dabei allerdings zu, daß die Beförderung auf geringere Entfernungen durch den Kraftwagen vorteilhafter erfolge als durch die Eisenbahn und finden sich bereit, hinsichtlich der Beförderung auf kurze Entfernungen den Wettbewerb mit dem Kraftwagen aufzugeben. Sie verlangen daher oft bindende Vorschriften, die wenigstens die Güterbeförderung über eine bestimmte Entfernung hinaus, z. B. über 25, 50 oder 100 km der Eisenbahn vorbehalten solle, während auf kürzere Entfernungen die Güterbeförderung mittels Kraftwagen erfolgen könne.

(93) cc) Ein weiterer Vorschlag der Eisenbahnen beruht auf der in (83) erwähnten Ansicht, daß die Kraftwagen die Straße

als allgemeines Genußgut kostenlos benützen und zielt dahin, daß zum teilweisen Schutz der Eisenbahnen gegen den Wettbewerb des Kraftwagens letzterer mit den Kosten des Baues und der Unterhaltung der Straße in jenem Ausmaß belastet werden müsse, welches sich aus dem durch den Kraftwagen selbst vervorgerufenen Investitionsbedürfnis (Bau neuer, Umbau alter Straßen) und aus der Abnützung der Straße durch den Kraftwagen ergibt. Dabei scheint man meist die Tatsache zu übersehen, daß in sehr vielen Ländern heute schon das Kraftfahrwesen sehr bedeutende Summen in Form von verschiedenen Steuerleistungen trägt.[1]) Ob diese Summen als Zwecksteuern unmittelbar in jene Kassen fließen, aus denen der Aufwand für die Straßen bestritten wird, oder ob sie auf der einen Seite in den Staats-, Landes- usw. Einnahmen verschwinden, während auf der anderen Seite ähnliche Summen wieder anonym aus dem Staats-, Landes- usw. Säckel für das Straßenwesen aufgewendet werden, ist für die Gesamtwirtschaft an und für sich sachlich gleichgültig. Nicht gleichgültig allerdings ist es, wenn die Verteilung der so aufgebrachten Beträge nicht nach Maßgabe des Bedürfnisses erfolgt. Eine Gemeinde z. B., die das Unglück hat, einen vom Durchgangsverkehr sehr stark benützten Straßenteil erhalten zu müssen, ohne entsprechende Zuschüsse des Bundes oder des Landes zu erlangen, wird sich mit Recht hierüber beschweren. Die Gesamtwirtschaft hat ein Interesse an der gerechten Verteilung dieser Beträge.

(94) dd) Die Eisenbahnen weisen darauf hin, daß sie ihre Tarife allen Benützern gleichmäßig zugänglich machen müssen, daher sich selbst auch in jenen Fällen nicht unterbieten dürfen, wo dies im freien Geschäftsleben, z. B. aus Wettbewerbsgründen oder zur Gewinnung zusätzlicher Geschäftsfälle allgemein üblich ist. Dadurch sei das Auto in der Lage, der Eisenbahn mit einer verhältnismäßig kleinen Unterbietung Geschäfte abzujagen. Die Eisenbahnen verlangen daher für die gewerblichen Kraftwagenbetriebe Mindesttarifsätze, deren Festsetzung unter Einflußnahme der Eisenbahnen derart erfolgen soll, daß sie letzteren einen genügenden Schutz bieten.

(95) ee) Die Eisenbahnen seien von jeher genötigt gewesen, für gewisse Güter und gewisse Fahrgäste Verlusttarife

---

[1]) Ein Schweizer Berichterstatter des Internationalen Kongresses der Kraftverkehrswirtschaft in Berlin 1933 zählte die österreichischen Kraftverkehrssteuern zu den höchsten Europas.

aufzustellen. Dies war möglich, weil das tatsächliche Monopol der Eisenbahn gestattete, einen Ausgleich herzustellen und höherwertige Güter und zahlungskräftigere Reisende zu Tarifen zu befördern, die die Selbstkosten weit, oft um ein Vielfaches überstiegen. Daher kann der Kraftwagen selbst dann, wenn seine Selbstkosten durchschnittlich höher sind als diejenigen der Eisenbahn, diese unterbieten und dabei noch immer ein ausgezeichnetes Geschäft machen, weil er nicht anderseits zu Verlustgeschäften genötigt ist. Auf diese Weise nimmt er der Eisenbahn gerade jene Güter und Reisenden ab, in deren Beförderungsgebühren die Eisenbahn den Ausgleich gegenüber den Verlusten durch Ausnahmstarife gefunden hat. Es sei nur „gerecht“, wenn die Benützer des Kraftwagens, welche sich für ihre hochwertigen Verkehrsbedürfnisse billige Befriedigung durch den Kraftwagen verschaffen, einen Teil ihrer Ersparnisse in Form einer Ausgleichsabgabe an die Eisenbahnen zurückerstatten. Diese Ausgleichsabgabe käme nicht der Eisenbahn zugute, sondern denjenigen Benützern, die sonst gezwungen wären, unerträgliche Tariferhöhungen in Kauf zu nehmen, d. h. also im weiteren Sinne der allgemeinen Wirtschaft (siehe Punkte 59 und 120).

(96) Bei allen diesen Vorschlägen muß man übrigens noch die Tatsache berücksichtigen, daß der Wettbewerb des Kraftwagens gegenüber der Eisenbahn sich in zwei grundsätzlich ganz verschiedenen Formen vollzieht, und zwar: durch gewerbliche Kraftfahrunternehmungen (Omnibuslinien und regelmäßige Lastkraftwagenlinien, Mietwagen für Personen und Lastenverkehr) und durch private Personen- und Lastwagen.

(97) Von besonderer Bedeutung sind in diesem Zusammenhange die Privatlastwagen, welche ihren Besitzern ursprünglich nur zur Beförderung der eigenen Güter dienten („Werksverkehr“), die man im Laufe der Zeit aber oft auch gewerblich auszunützen begonnen hat. Die Eisenbahnen verlangen die Beschränkung des Werksverkehres.

b) Kritik vom Standpunkt des Kraftfahrwesens.

(98) Während die Eisenbahnen sich darüber beklagen, daß der Kraftwagen ihnen ungehinderten Wettbewerb bereiten könne, beschweren sich die Kraftwageninteressenten darüber, daß sie zugunsten der Eisenbahn in ihrer geschäftlichen Betätigung unerträglich gehemmt werden.

(99) a) Die Kraftwageninteressenten beteuern, daß sie zu

den Kosten des Straßenwesens weit mehr beitragen, als ihnen „gerechterweise“ zuzumuten sei und berufen sich dabei gerne darauf, daß die in alten Zeiten übliche entgeltliche Benützung der gebahnten Wege im Laufe des 19. Jahrhunderts überall der unentgeltlichen Benützung weichen mußte (siehe 107).

(100) Aus dieser Entwicklung, die im 19. Jahrhundert zur Aufhebung der Mauten geführt hat, folgerten nun manche Kraftwageninteressenten die „Berechtigung“ der Forderung nach unentgeltlicher Benützung der Straße durch das Auto und stützen diese Forderung insbesondere auch durch den Hinweis darauf, daß die übrigen Straßenbenützer zu den Kosten der Straße individuell nichts beitragen. Solche Gedankengänge sind heutzutage wohl allgemein als allzu einseitig erkannt. Besonnene Vertreter des Kraftverkehrswesens erkennen die Notwendigkeit an, daß dieses die Kosten des Straßenwesens — wenigstens soweit sie unmittelbar oder mittelbar durch den Kraftwagen verursacht sind — trage, wehren sich aber z. B. in Österreich gegen die Zumutung, „zur Sanierung der nicht nur am Wettbewerb des Kraftwagens, sondern auch noch an einer ganzen Reihe anderer Übel krankenden Bundesbahnen mehr beizutragen als andere Bevölkerungskreise“.

(101) Recht bemerkenswert ist die auffallende Ähnlichkeit zwischen der Berufung der Eisenbahnen auf den geschichtlichen Grund ihres hundertjährigen Verkehrsmonopols und derjenigen des Kraftwagens auf den geschichtlichen Grund der ungefähr ebenso alten Unentgeltlichkeit der Straßenbenützung.

(102) Die Kraftfahrinteressenten behaupten, daß sie schon heute in bezug auf die Fahrbahn gegenüber der Eisenbahn nicht nur nicht im Vorteil, sondern sogar im Nachteil seien; denn in den meisten Staaten sind dem Kraftwagen seit dem Krieg recht beträchtliche Steuerleistungen aufgebürdet worden.

(103) Vor allem haben die Besitzer von Kraftfahrzeugen diese in behördlich geführten Registern eintragen zu lassen. Für diese Eintragung, für die Erkennungszeichen und für die technische Überwachung der Fahrzeuge sind Registrierungsgebühren oder Prüfungsgebühren zu bezahlen.[1])

(104) Eine zweite Belastung bilden Abgaben, die alljährlich als Kraftwagensteuer zu entrichten sind, deren Höhe sich

[1]) Besteuerung der Kraftwagen und des Kraftwagenverkehres in Österreich und den anderen europäischen Staaten siehe III. Hauptstück (Seite 93 ff.).

nach der Ausstattung und Leistungsfähigkeit des Fahrzeuges richtet.[1])

(105) Eine dritte Gruppe bilden die Abgaben, die für die Treibstoffe zu entrichten sind. Als solche kommen in Frage Einfuhrzölle für fremdländische Treibstoffe, z. B. in den meisten Staaten Benzin und ähnliche aus Erdölen gewonnene Erzeugnisse, ferner Steuern auf in- und ausländische Treibstoffe.[1])

(106) Diese drei Gruppen von Steuerleistungen der Kraftfahrzeuge sind in den verschiedenen Ländern[1]) außerordentlich verschieden, insbesondere auch hinsichtlich der Stelle, die die Steuer einhebt, da z. B. in den Vereinigten Staaten Benzinsteuern nicht nur vom Bund, sondern auch von den einzelnen Staaten und nachgeordneten Gebietskörperschaften eingehoben werden.

(107) Für Österreich schätzt der Bericht des Delegierten des Verbandes österreichischer Automobilindustrieller an den schon in der Fußnote zu Punkt (93) erwähnten Kongreß (Berlin, Feber 1933) die Belastung des österreichischen Kraftfahrwesens für 1932 mit rund 65 Millionen Schilling. Der Bericht enthält leider keine Quellenangaben für diese Zahl. Die in diesem Bericht vermerkten Ausgaben Österreichs für das Straßenwesen mit 50 Millionen Schilling dürften zu niedrig angesetzt sein.

(108) b) Gegenüber den Klagen der Eisenbahnen über die ihnen auferlegten besonderen Bindungen geht die Auffassung der Kraftfahrinteressenten im allgemeinen dahin, daß diese Bindungen eben nur zur Abwehr gewisser aus der Monopolstellung der Eisenbahnen leicht sich ergebenden Mißstände angeordnet werden mußten. Da eine solche Monopolstellung für den Kraftwagen nicht in Betracht komme, so haben die Kraftwageninteressenten keine Ursache, sich mit der Frage zu befassen, es sei denn, in Abwehr gegen einschlägige Bestrebungen der Eisenbahnen.

(109) c) Die Kraftwageninteressenten erheben keine Sonderwünsche hinsichtlich der auch für das Kraftfahrwesen aus der modernen Entwicklung sich ergebenden sozialen Belastung. Ihre diesbezüglichen Wünsche decken sich grundsätzlich mit denen aller anderen Arbeitgeber.

(110) Im allgemeinen betrachten die Kraftfahrinteressenten

[1]) Besteuerung der Kraftwagen und des Kraftwagenverkehres in Österreich und den anderen europäischen Staaten siehe III. Hauptstück.

die möglichste Freiheit ihrer Betriebe als eine wirtschaftliche Notwendigkeit, deren Beschränkung zugunsten der Eisenbahnen sie ablehnen.

(111) Aus dieser allgemeinen Einstellung ergibt sich von selbst die Stellung der Kraftwageninteressenten zu den von den Eisenbahnen hinsichtlich des Wettbewerbes Eisenbahn—Kraftwagen gewünschten Maßnahmen der Gesetzgebung und Verwaltung, und zwar:

(112) aa) Die Forderung der Eisenbahnen nach allgemeinem Konzessionszwang für gewerbliche Kraftfahrbetriebe lehnten die gewerblichen Kraftfahrunternehmer ursprünglich überall ab, besonders wenn sie in einer solchen Neuordnung eine Gefahr für den Weiterbestand bisher schon betriebener einschlägiger Gewerbe erblicken zu müssen glaubten.

(113) Besonders heftig war auch der Widerstand gegen die Forderung der Eisenbahnen, daß die Erteilung der Konzessionen für Kraftfahrbetriebe von der Zustimmung der Eisenbahnen in dem betreffenden Verkehrsgebiet abhängig gemacht werde, weil dadurch ihrer Ansicht nach eine interessierte Partei einen unzulässigen Einfluß auf die Entscheidung der konzessionierenden Behörde erlangen würde.

(114) In diesen Anschauungen hat sich allerdings — und zwar nicht nur in Österreich, sondern auch in anderen Ländern, von denen wir nur unter Hinweis auf (200) bis (202) die Schweiz anführen wollen — ein Wandel vollzogen. Der Konzessionszwang bietet nämlich nicht nur den Eisenbahnen, sondern auch den schon bestehenden Kraftverkehrsbetrieben Schutz gegen neuen Wettbewerb; außerdem ist es für die Kraftverkehrsgewerbe leichter, den ihnen höchst lästigen Werksverkehr zurückzudrängen, wenn sie sich mit den Eisenbahnen zu einer gemeinsamen Abwehrfront zusammenschließen. Wir werden noch in den Punkten (178) bis (181) hierauf zurückkommen müssen.

(115) Bei der Ablehnung jeder künstlichen Drosselung des Kraftwagenverkehres zugunsten der Eisenbahn stützen sich die Kraftwageninteressenten darauf, daß ihrer Meinung nach die Voraussetzungen nicht zutreffen, auf die die Eisenbahnen ihre Forderungen aufbauen. Die Kraftwageninteressenten behaupten, daß der Teil des vom Kraftwagen tatsächlich besorgten Verkehres, der als Wettbewerbsverkehr der Eisenbahn entzogen worden ist oder noch entzogen werden wird, weitaus geringer

ist, als ihn die Eisenbahnen schätzen. Selbst wenn bei wirklichem Wettbewerb ein Schutz der Eisenbahnen gerechtfertigt wäre, so könne das doch bei weitem nicht in dem von den Eisenbahnen gewünschten Umfange der Fall sein; man würde sonst dem Kraftwagen eine bedeutende Menge solcher Verkehrsleistungen entziehen, bei denen er in Wirklichkeit die Eisenbahn gar nicht konkurrenziere.

(116) bb) Den Vorschlägen auf eine räumliche Beschränkung des Kraftwagenverkehres in dem Sinne, daß dieser nur auf gewisse Entfernungen zur Beförderung von Gütern und Reisenden zugelassen werde, während auf größere nur die Eisenbahn zur Beförderung berechtigt sein solle, setzen die Kraftwagenbesitzer unter anderm entgegen, daß mangels geeigneter statistischer Unterlagen gar keine Möglichkeit bestehe, diejenigen Entfernungen (= „kritischen Entfernungen") einwandfrei zu ermitteln, bei denen sich die technische und wirtschaftliche Überlegenheit des einen gegenüber dem anderen Verkehrsmittel abgrenzen ließe. Jede Zahl, die für diese Entfernungsgrenzen angegeben wird, beruhe unter den gegebenen Verhältnissen mehr oder weniger auf willkürlicher Annahme.

(117) Überdies wäre es nicht möglich, eine Entfernung anzugeben, die unter allen Verhältnissen eingehalten werden solle, da sich die Grenze der technischen und wirtschaftlichen Überlegenheit des einen gegenüber dem anderen Verkehrsmittel mit der Art und dem Wert der Güter, örtlich mit der Dichte der Bevölkerung, des Eisenbahn- und Straßennetzes in den verschiedenen Verkehrsgebieten, zeitlich mit den Schwankungen der Wirtschaftslage und noch aus anderen Ursachen sehr erheblich verschieben könne.

(118) cc) Gegenüber den Beschwerden der Eisenbahn, daß der Kraftwagen im Wettbewerb gegenüber der Eisenbahn dadurch begünstigt sei, daß letztere die Gesamtkosten ihres Fahrweges selbst tragen muß, behaupten die Interessenten des Kraftfahrwesens, daß in Österreich die Besteuerung des Kraftwagens heute schon größere Summen ausmache, als aus öffentlichen Mitteln für das Straßenwesen überhaupt aufgewendet werden. So gibt der in (107) erwähnte Bericht die Gesamtaufwendungen Österreichs für das Straßenwesen 1932 mit 50 Millionen Schilling an, also mit kaum 80% der Besteuerung der Kraftwagen. Dagegen schätzte die Straßenbauabteilung des Bundesministeriums für Handel und Verkehr den Gesamtaufwand des Bundes, der Länder und

Gemeinden für das Straßenwesen im Jahre 1929 auf 73 Millionen Schilling, also fast um die Hälfte höher.

(119) dd) Der Forderung der Eisenbahnen auf Erstellung von Mindesttarifen für die Kraftwagenbeförderung widersetzten sich lange Zeit auch in Österreich die Kraftwageninteressenten mit dem Hinweis darauf, daß durch solche Maßnahmen die Leistungsfähigkeit des Kraftwagens künstlich herabgesetzt und dadurch der Gesamtwirtschaft ein höchst wichtiger Vorteil des technischen Fortschrittes im Verkehrswesen entzogen würde.

(120) ee) Die Kraftverkehrsinteressenten wenden gegen den Vorschlag der Eisenbahn auf Einführung einer Ausgleichsabgabe (95) ein, daß dadurch die freie Entwicklung des Kraftwagenverkehres zum Nachteil der Gesamtwirtschaft unterbunden werde. Es sei nicht einzusehen, warum die Verfrächter hochwertiger Güter den Verfrächtern minderwertiger Güter aus ihrer eigenen Tasche eine Unterstützung bezahlen sollten (siehe 176).

(121) ff) Der Forderung der Eisenbahnen auf Einschränkung des Werksverkehres ist eine Unterstützung durch die Vertreter des gewerblichen Kraftverkehres entstanden, da diese aus einer Einschränkung des Werksverkehres selbst Nutzen zu erwarten haben.

c) Kritik vom Standpunkt der eisenbahnfreundlichen Wirtschaftskreise.

(122) Gewisse Wirtschaftskreise müssen von Haus aus den Forderungen der Eisenbahnen nach Schutz gegen den Wettbewerb des Kraftwagens freundlich gegenüberstehen. Solche Wirtschaftskreise sind:

(123) Die Angestellten und Arbeiter der Eisenbahnen und deren Ruheständler;

diejenigen Industrien, welche ihren Absatz zum großen Teil bei den Eisenbahnen finden: Lokomotiv- und Waggonfabriken, die Fabriken für Sicherungsanlagen, Oberbaubestandteile usw.;

diejenigen Verfrächter, die aus irgendwelchen Gründen an der geschäftlichen Blüte der Eisenbahnen besonders interessiert sind. Hierher gehören alle diejenigen Verfrächter, die billige Tarife nur solange genießen können, als die Einnahmen der Eisenbahnen aus ihrem sonstigen Verkehr die Möglichkeit bieten, solche billige Tarife aufrechtzuerhalten, also insbesondere diejenigen Wirtschaftskreise, in deren Geschäften die Versendung eigentlicher Massengüter auf große Entfernungen eine Rolle spielen, wie z. B. Kohle;

ferner diejenigen Verfrächter, die aus besonderen Gründen auf die Benützung der Eisenbahn angewiesen sind und für die die Eisenbahn heute noch eine Art Monopolstellung besitzt, z. B. die Besitzer von Gleisanschlüssen.

(124) Allerdings wird nur die erste Gruppe der Eisenbahnfreunde, also die Eisenbahner des Aktiv- und Ruhestandes, den Forderungen der Eisenbahn ohne jede Einschränkung zustimmen.

(125) Schon bei den interessierten Industrien kann sich ein widerstreitendes Interesse zeigen, z. B. bei allen denjenigen, die neben Lieferungen für die Eisenbahnen auch Lieferungen für das Kraftfahrwesen auszuführen haben.

(126) Noch verwickelter liegen die Dinge bei der dritten Gruppe. Es kann z. B. für den Besitzer eines Gleisanschlusses, mittels dessen er im wesentlichen Rohstoffe bezieht, der Werksverkehr mit dem Kraftwagen für den Absatz seiner Erzeugnisse von bedeutender, ja überragender Wichtigkeit sein. So beziehen wohl Brauereien ihre Kohle mit der Eisenbahn; für den Bezug hochwertiger Rohstoffe und den Absatz des Bieres kann aber Freizügigkeit des Werksverkehres noch wichtiger sein.

d) Kritik vom Standpunkt der Kraftwagenfreunde.

(127) Gewisse andere Kreise in der Gesamtwirtschaft sind der Eigenart ihrer wirtschaftlichen Verhältnisse halber geneigt, sich in dem Streit Eisenbahn—Kraftwagen auf die Seite des letzteren zu stellen. Ähnlich wie wir das schon bei den Eisenbahnen gesehen haben, kommen für den Kraftwagen als Hilfstruppen in Betracht:

Sämtliche beim Kraftfahrwesen als Wagenführer, Angestellte und Arbeiter und bei den einschlägigen Gewerben tätige Leute, deren Zahl vielleicht nicht viel geringer ist als diejenige der Menschen, die mit ihrem Unterhalt von der Eisenbahn abhängen;

alle Industrien, die wesentlich durch den Kraftwagen beschäftigt werden, besonders die reinen Kraftwagenfabriken;

analog den Besitzern von Eisenbahnanschlüssen alle Industrien, Gewerbetreibenden, Kaufleute und landwirtschaftlichen Unternehmungen, die als Besitzer großer und kleiner Lastkraftwagen möglichst unbehinderte Freiheit des Werksverkehres wünschen.

(128) Endlich ist nicht zu unterschätzen, daß auch viele Tausende von Besitzern privater Personenwagen und Krafträder sich in vielen Beziehungen mit dem gewerblichen Kraftfahrwesen und dem Werksverkehr solidarisch fühlen; Bestrebungen nach höherer Besteuerung des Kraftverkehres treffen auch die Besitzer von Privatpersonenwagen.

e) Kritik vom Standpunkt der Gesamtwirtschaft.

(129) Vom Standpunkt der Gesamtwirtschaft aus ist es recht leicht, theoretisch die Forderungen aufzustellen, denen das Verkehrswesen genügen soll; ungeheuer schwierig aber ist die Frage zu beantworten, welche praktischen Maßnahmen im einzelnen den grundsätzlichen Zielen am förderlichsten wären.

(130) Für die Gesamtwirtschaft ist derjenige Zustand des Verkehrswesens am vorteilhaftesten, in dem folgende Forderungen erfüllt sind:

(131) a) Vorhandensein so zahlreicher, technisch so vollkommener und wirtschaftlich so billiger Verkehrsmittel, daß jedes im gewöhnlichen Verlauf der Dinge mit genügender Regelmäßigkeit wiederkehrende Verkehrsbedürfnis befriedigt werden kann. Nicht erwünscht dagegen ist vom Standpunkt der allgemeinen Wirtschaft der Bestand von Verkehrsmitteln, die sich nicht aus eigener Kraft zu erhalten vermögen, also besonders auch nicht der Bestand einer größeren Zahl von Verkehrsmitteln, als zur Bewältigung des gewöhnlichen Verkehres einschließlich häufig vorkommender Spitzenleistungen innerhalb irgendeiner gegebenen Verkehrsbeziehung nötig sind; so wäre es z. B. unzweckmäßig, eine ganz unbefriedigend benützte Lokalbahn nur darum dauernd in Betrieb zu halten, weil sie an einigen schönen Sonntagen stark benützt wird.

(132) b) möglichst gleichmäßige Verteilung des Verkehres innerhalb irgendeines Verkehrsgebietes auf alle in diesem Gebiete bestehenden Verkehrsmittel unter Berücksichtigung ihrer technischen und wirtschaftlichen Eignung;

(133) c) genügende Mannigfaltigkeit in der technischen Ausgestaltung und daher auch in der wirtschaftlichen Eignung der verschiedenen in einem Verkehrsgebiet vorhandenen Verkehrsmittel, damit auch gewisse häufig vor-

kommende Sonderanforderungen genügende Befriedigung finden.

(134) Die Erfüllung der vorstehenden Forderungen würde als Optimum der Verkehrswirtschaft den Zustand herbeiführen, daß jedermann die Befriedigung seines Verkehrsbedürfnisses um einen Preis erkaufen kann, der dem Vorteil entspricht, den der Benützer aus der Leistung der Verkehrsmittel zieht. Ein Kennzeichen dieses Erfolges wäre, daß der Benützer für die in Anspruch genommene Verkehrsleistung keinen höheren Preis zu bezahlen hat, als den, der sich ergibt aus

den durch rationellen Betrieb auf ein Mindestmaß herabgedrückten Selbstkosten des betreffenden Verkehrsmittels für die betreffende Verkehrsleistung und

aus einem dem Verkehrsmittel zufallenden bürgerlichen Geschäftsgewinn.

(135) Für die Gesamtwirtschaft ergibt sich insbesondere die Forderung, daß in der ganzen Verkehrswirtschaft alle Aufwendungen vermieden werden, die nicht durch ein bestehendes Verkehrsbedürfnis gerechtfertigt sind. Unausgelastete Eisenbahnzüge, leer verkehrende Postautos, unbenützt stehende Lastkraftwagen verursachen ihren Besitzern fortlaufende Ausgaben, denen unmittelbar keine Deckung gegenübersteht. Diese Deckung wird unweigerlich bei anderen Transporten gesucht und gefunden werden, die ohne diese unwirtschaftlichen Ausgaben merklich billiger angeboten werden könnten.

(136) Die Gesamtwirtschaft muß entschieden alle Gedankengänge ablehnen, die hauptsächlich aus persönlichen Gründen entspringen und darauf hinauslaufen, eine Hypertrophie des Eisenbahnwesens zugunsten der Eisenbahnangestellten oder eine Hypertrophie des Kraftfahrwesens zugunsten der Kraftfahrangestellten gutzuheißen. Sie wird aber anderseits auch jede sozusagen gewalttätige Lösung der Frage ablehnen, mittels deren etwa Tausende von Existenzen vernichtet werden können. Ähnlich muß sie sich gegenüber den für die Eisenbahnen oder das Kraftfahrwesen tätigen Industrien verhalten. Für die Gesamtwirtschaft ist es kein Vorteil, wenn auch nur eine einzige Lokomotive zuviel an die Eisenbahnen geliefert wird und ebensowenig, wenn Ziellosigkeit in der Entstehung neuer Kraftfahrgewerbe zur Herstellung von Kraftwagen führt, für die kein genügendes Verkehrsbedürfnis vorliegt. Gerade die Hauptforderung der Wirtschaft — bester Verkehr bei

geringstem Preis — wird durch Inbetriebstellung überflüssiger Verkehrsmittel empfindlich gefährdet.

(137) Vom Standpunkt der allgemeinen Wirtschaft wäre es am vorteilhaftesten, wenn sich der Wettbewerb zwischen Eisenbahn und Kraftwagen möglichst reibungslos und ohne zeitweise krisenhafte Zustände in der Richtung entwickelte, daß zwischen beiden Verkehrsmitteln eine ihrer technischen und kaufmännischen Eigenart entsprechende, größte Billigkeit bei vollkommenster Leistung verbürgende Arbeitsteilung entstünde. In normalen Zeitläuften, ohne die verhängnisvollen Einwirkungen des Krieges und der jetzigen Wirtschaftskrise, hätte sich eine solche Arbeitsteilung, die dann selbsttätig zur Zusammenarbeit führt, vielleicht ebenso ergeben, wie in Holland der heutige, schon sehr alte Gleichgewichtszustand zwischen Eisenbahnen und Binnenwasserstraßen.

(138) Die überstürzte Entwicklung des Kraftwagens unter dem Einfluß des den technischen Fortschritt auf diesem Gebiete kräftig fördernden Krieges hat schon die Entwicklung einer Arbeitsteilung gestört. Die starke Schrumpfung des Verkehres infolge der Wirtschaftskrise und der dadurch stark gesteigerte Beschäftigungshunger vermehrter Verkehrsmittel haben diese Störung vervielfacht.

(139) Derzeit ist zweifellos eine verschwenderische Gebarung auf dem Gebiete der Verkehrswirtschaft in Österreich festzustellen. Wenn — um ein einziges Beispiel anzuführen — nach dem amtlichen Kursbuch für Sommer 1933 zwischen Graz und Gleisdorf neben einer nicht voll ausgenützten Eisenbahnlinie auch noch zwei Post- (Graz—Hartberg und Graz—Fürstenfeld), eine Bahn- und fünf private Omnibuslinien vier verschiedener Unternehmer sowie zahlreiche gewerbliche Lastkraftfahrunternehmungen verkehren, so unterliegt es keinem Zweifel, daß hier große Verluste für die Gesamtwirtschaft entstehen, weil hier Kohle zwecklos verbrannt wird, weil Fahrbetriebsmittel und Oberbau unzureichend ausgenützt, weil Benzin, Kautschuk und Schmieröl verschwendet und die Straßen durch schlecht ausgelastete Wagen unwirtschaftlich abgenützt werden. Wie in diesem ganz willkürlich gewählten Beispiel kann man in vielen anderen Ähnliches feststellen.

(140) Auf dem Streben nach Ausmerzung überflüssiger Verkehrsmittel beruht die Forderung nach Einstellung des Betriebes ertragsunfähiger Eisenbahnlinien. Derartiges hat sich schon vor dem Weltkrieg ereignet. So hat die Kahlenberg-

bahn, nachdem sie in den Besitz der Konzession für die 1873 eröffnete Drahtseilbahn auf den Leopoldsberg gelangt war, den Betrieb dieser Konkurrenzlinie 1875 eingestellt. Die 1874 eröffnete Kahlenbergbahn selbst wurde ein Opfer des Krieges und mußte 1919 wegen Kohlenmangels den Betrieb einstellen, der nie wieder eröffnet wurde. 1928 stellte die Zahnradbahn auf den Gaisberg bei Salzburg ihren Verkehr ein, nachdem eine Kraftwagenstraße zur Gaisbergspitze entstanden war. Diese drei Bahnen sind seither abgetragen worden. Auf Grund der Ermächtigung der Österr. Bundesbahnen zur Einstellung unausgenützter Eisenbahnlinien haben auch die Bundesbahnen den gesamten Betrieb auf mehreren unzulänglich benützten Bahnen eingestellt, nämlich Mödling—Hinterbrühl (4,5 km, 1. April 1932), Klein-Schwechat—Klein-Neusiedel (15 km, 22. Mai 1932), Blumau—Tattendorf (5 km, 1. September 1932), Oberloisdorf—Lutzmannsburg (13 km, 22. Mai 1932), Sierning—Bad Hall (11 km, 1. August 1932), ferner den Personenverkehr auf den Strecken Mödling—Laxenburg (4,6 km, 1. April 1932), Klein-Neusiedel—Mannersdorf (14 km, 2. Oktober 1932), auf der Vorortelinie der Wiener Stadtbahn (9 km, 11. Juli 1932), Holzleithen—Thomasroith (5,7 km, 22. Mai 1932), Willendorf—Neunkirchen (13 km, 1. Mai 1933). Die Länge dieser Strecken, auf denen der Gesamtverkehr eingestellt worden ist, beträgt demnach etwas über 48 km, d. h. nicht ganz 1% der Netzlänge der Bundesbahnen (rund 5900 km). Fast genau denselben Betrag erreicht die Länge der Strecken, auf denen der Personenverkehr aufgelassen wurde. Min.-Rat Bazant gibt die Länge der verkehrsarmen Linien (0 bis 2 Güterzüge täglich mit nicht mehr als 500 t Gesamtlast) und der verkehrsschwachen (2 bis 3 Güterzüge, nicht mehr als 1000 t) Linien im Betriebe der Österr. Bundesbahnen mit zusammen 57,7% des gesamten Betriebsnetzes an.[1])

(141) Leider ist es in Österreich ganz unmöglich, für den Umfang des Wettbewerbes zwischen Eisenbahn und Kraftwagen irgendwelche verläßliche statistische Angaben zu erhalten. Die Bundesbahnen haben gelegentlich angegeben, daß ihnen der Kraftwagen jährlich einen Verlust von 35 Millionen Schilling verursacht, ungefähr 10 v. H. des Personen- und $7^1/_2$ v. H. des Lastenverkehres entzogen habe.

(142) Auf der anderen Seite behaupten die Kraftfahrinter-

---

[1]) Die Wirtschaftlichkeit des Güterverkehres im Netze der österr. Bundesbahnen. Verkehrswirtschaftliche Rundschau, 2. Heft (August 1933).

essenten, daß der Wettbewerb des Kraftwagens den Eisenbahnen nur $1^1/_2$, höchstens 3 v. H. ihres Verkehres entzogen habe.

(143) Wenn auch über das Ausmaß dieses Wettbewerbes derzeit keinerlei verläßliche Angaben zu erhalten sind, so sind doch wohl folgende Feststellungen über jeden Zweifel erhaben:

(144) 1. daß ein solcher Wettbewerb besteht und den Eisenbahnen Verkehr entzogen hat;

(145) 2. daß diese Wirkung eingetreten ist, obwohl in Österreich ein Kraftwagen erst auf 153 Einwohner kommt, während z. B. in Nordamerika schon auf 4,8 Einwohner ein Kraftwagen entfällt;

(146) 3. daß eine Besserung der allgemeinen Wirtschaftslage diesen Wettbewerb auch in Österreich weit fühlbarer machen wird;

(147) 4. daß die schlechten Geschäftserfolge der Österr. Bundesbahnen es dringend nötig machen, alle geeigneten Vorkehrungen zu treffen, um diese Geschäftserfolge zu bessern;

(148) 5. daß der Kraftwagen der Gesamtwirtschaft wesentliche Vorteile bietet und daher aus unserem Verkehrswesen nicht mehr entfernt, ja nicht einmal in seiner Entwicklung allzusehr gehemmt werden darf, wenn nicht für weite Kreise der Wirtschaft und damit auch für die Gesamtheit empfindliche Nachteile entstehen sollen;

(149) 6. daß wir nicht darauf warten können, daß sich zwischen Eisenbahn und Kraftwagen im Verlauf einer ruhigen Entwicklung oder durch freie Vereinbarung ein Zustand der Arbeitsteilung und Zusammenarbeit herausbilde.

5. Voraussetzungen für die gesamtwirtschaftliche Behandlung des Wettbewerbs „Eisenbahn—Kraftwagen“.

(150) Wir können nun aus den bisherigen Darlegungen die Schlußfolgerungen bezüglich der verkehrspolitischen Behandlung des Wettbewerbes Eisenbahn—Kraftwagen ziehen.

(151) Das Österreichische Kuratorium für Wirtschaftlichkeit muß nochmals — wie schon eingangs bemerkt wurde — darauf hinweisen, daß der Mangel des statistischen Materials den Sachbearbeitern die restlose Klärung und Lösung des ge-

samten Wettbewerbsproblems Eisenbahn—Kraftwagen nicht ermöglicht; es wurden daher vorerst jene allgemeinen Voraussetzungen festgestellt, welche vom Standpunkt der Gesamtwirtschaft zur Lösung dieser Aufgabe klargestellt sein müssen.

(152) Eine endgültige Lösung wird erst dann ohne die Gefahr schädlicher Nebenwirkungen der getroffenen Maßnahmen möglich sein, wenn ein reiches einwandfreies sowie wirtschaftspolitisch gewissenhaft gesammeltes und durchgearbeitetes statistisches Material vorliegen wird. Solche Unterlagen fehlen zur Zeit überhaupt, nicht nur etwa in Österreich, sondern fast in allen Ländern der Welt. Die von den streitenden Parteien angeführten Zahlen sind nur zum Teil verläßlich, und zwar meist nur bezüglich der eigenen Verhältnisse desjenigen Verkehrsmittels, auf dessen Betrieb sie sich beziehen, sowie bezüglich der Wechselbeziehungen zwischen diesem Verkehrsmittel und anderen gleicher Art, z. B. zwischen mehreren Eisenbahnen. Selbst in diesen Fällen ist jedoch Vorsicht am Platze, da die streitenden Parteien einem fast unwiderstehlichen Zwang unterliegen, die Statistik einem beabsichtigten Zweck anzupassen. Völlig mangeln aber statistische Angaben, die den tatsächlichen Umfang des Wettbewerbes zwischen Eisenbahn und Kraftwagen annähernd richtig abzuschätzen gestatten. Das ÖKW. hatte keine Möglichkeit, diese Lücke selbst auszufüllen oder auch nur vorbereitende Arbeiten zu diesem Zwecke einzuleiten. Den ehrenamtlich an den Arbeiten des Kuratoriums beteiligten Fachleuten kann eine derartige, erfolgreich nur im Hauptberuf auszuübende Tätigkeit nicht zugemutet werden; die dem österreichischen Wirtschaftskuratorium seitens des Bundes zur Verfügung gestellten Geldmittel sind — selbst im Vergleich zu den gleichen Zentralstellen in noch kapitalsärmeren Staaten — derart unverhältnismäßig gering, daß es nicht im entferntesten in der Lage ist, diese Arbeiten aus eigenem ausführen zu lassen.

(153) Immerhin glaubt das ÖKW. schon aus dem bisher Gesagten gewisse unanfechtbare Schlüsse hinsichtlich der Richtung ziehen zu können, in der die endgültige Lösung zu finden ist. Vom allgemeinen Standpunkt der Wettbewerbsregelung sind vier Fragen von grundsätzlicher Bedeutung zu beantworten, und zwar:

1. Soll der Staat in die wirtschaftliche Entwicklung hinsichtlich des Wettbewerbes zwischen Eisenbahn und Kraftwagen eingreifen?
2. Welche Ziele hat der Staat sich dabei zu stecken?

3. Welche Maßnahmen sollen sofort durchgeführt oder wenigstens vorbereitet werden?

4. Wie soll diese Durchführung oder Vorbereitung geschehen?

(154) Ein Eingreifen des Staates ist notwendig (Antwort zu Frage 1, Punkt 153). Wir haben festgestellt, daß ein wirksamer Wettbewerb des Kraftwagens mit der Eisenbahn besteht und daß dieser Wettbewerb bei einer Besserung der Konjunktur sich noch steigern kann.

(155) Wir haben ferner in Punkt (37) darauf hingewiesen, daß jeder zügellose Wettbewerbskampf zwischen Verkehrsmitteln in seinem schließlichen Ergebnis der Gesamtwirtschaft schädlich sein muß.

(156) Aus diesen Gründen wird das Eingreifen der Staatsgewalt zur Herbeiführung einer Arbeitsteilung und Zusammenarbeit zwischen Eisenbahn und Kraftwagen unbedingte Notwendigkeit.

(157) Von mancher Seite, besonders von vielen Kraftverkehrsinteressenten und den ihnen nahestehenden Wirtschaftskreisen wurde jeglicher Eingriff des Staates in die weitere Entwicklung des vorliegenden Problems mit der Begründung abgelehnt, daß der Staat die natürliche Entwicklung der Wirtschaft nicht stören und hemmen dürfe.

(158) Das ÖKW. kann sich dieser Anschauung nicht anschließen. Diese Anschauung ist nur dann richtig, wenn störende Eingriffe eine gesunde Entwicklung hemmen. Sie ist aber durchaus unrichtig, wenn sie sich gegen heilende Eingriffe in eine ungesunde Entwicklung wendet. Wir verweisen wieder auf Punkt (33), wo wir auf das Eingreifen gerade der englischen Regierung in die Entwicklung der dortigen Verkehrswirtschaft anläßlich des Wettbewerbskampfes zwischen Eisenbahnen und Kanälen, sowie zwischen den Eisenbahnen untereinander in den Vierziger- und Fünfzigerjahren des 19. Jahrhunderts hingewiesen haben und auf die ganz ähnlichen Eingriffe der britischen Regierung in das Eisenbahnwesen zur Milderung der schädlichen Folgen des Krieges. In beiden Fällen hat sich dieses Eingreifen als segensreich erwiesen. Außerdem kann man nicht eindringlich genug darauf hinweisen, daß dem englischen Volk viele Millionen Pfund erspart geblieben wären, wenn die englische Regierung in der Mitte des vorigen Jahrhunderts geneigt und fähig gewesen wäre, solche Maßregeln um ein Jahrzehnt früher zu treffen.

(159) Seit Jahren haben die österreichischen Bundesregierungen getrachtet, auf dem Wege der Gesetzgebung der höchst unbefriedigenden Entwicklung des Ertrages der Bundesbahnen entgegenzuwirken. Das „Bundesbahngesetz" vom 23. Juli 1923 und die unerledigt gebliebene Novelle dazu vom Jahre 1930 sowie die Budgetsanierungsgesetze der letzten Jahre haben — abgesehen vom Kraftfahrliniengesetz (BGBl. Nr. 294/1931) — sich nur mit der Krankheit der Bundesbahnen selbst beschäftigt. Eine besondere Regelung des Lastenverkehres, der die Lage der Bundesbahnen im Wettbewerb mit dem Kraftwagen erleichtern sollte, hat die Bundesregierung mit der Verordnung vom 9. Juni 1933, BGBl. Nr. 253/1933 („Lastkraftwagenverkehrsverordnung") vorgenommen. Damit hat die Regierung durch die Tat erwiesen, daß sie der Organisation des gesamten Verkehrswesens ihre Aufmerksamkeit zu widmen gewillt ist.

(160) Wenn die bisherigen ungeordneten verkehrswirtschaftlichen Verhältnisse in Österreich nicht eine planmäßige Regelung erfahren, so werden immer wieder neue Kraftverkehrsunternehmungen entstehen, von denen ein großer Teil zwar imstande sein wird, die Geschäftserfolge der Eisenbahnen erheblich zu schädigen, nicht aber sich selbst zu dauernd brauchbaren Gliedern am Körper des österreichischen Verkehrswesens zu entwickeln.

(161) Ein weiterer Rückgang der Erträgnisse der Eisenbahnen wird in Form höherer Tarife der Eisenbahnen und erhöhter Zuschüsse des Staates an die Eisenbahnen der Wirtschaft unerträgliche Opfer auferlegen.

(162) Dieser Schädigung der Allgemeinwirtschaft werden aber keineswegs etwa eine gesunde Blüte der Kraftfahrgewerbe und der Autoindustrie oder andere durch ihre Summe einen Ausgleich bewirkende individuelle Vorteile gegenüberstehen, sondern der Wirtschaft wird außerdem noch ein beträchtlicher Schaden dadurch erwachsen, daß ungesunde Kraftfahrgewerbe zusammenbrechen und ihre Angestellten, Arbeiter und Lieferanten in ihrem Sturz mitreißen oder mindest schwer schädigen werden.

(163) Welche Maßnahmen sind notwendig? (Antwort auf Frage 3, Punkt 153). Der Charakter der Eingriffe kann durch einige wenige grundsätzliche Forderungen klar umrissen werden.

(164) Diese Eingriffe müssen wirksam verhüten, daß das

heute noch und wahrscheinlich auch noch auf viele Jahrzehnte hinaus die Eisenbahnen verdorren. Die Leistungsfähigkeit der Eisenbahnen muß vor Schädigungen geschützt werden, denen nicht anderweitige Vorteile für die Gesamtwirtschaft als ausreichendes Gegengewicht gegenüberstehen.

(165) Auf der anderen Seite darf der technische Fortschritt nicht gewaltsam gehemmt, den mit seiner Auswertung befaßten Bürgern der Genuß seiner Früchte nicht vorenthalten werden.

(166) Der technische Fortschritt liefert einer Menge von Staatsbürgern die Möglichkeit, als selbständige Unternehmer, als Angestellte oder Arbeiter und als Lieferanten ganz neue Verdienstmöglichkeiten zu finden, die sich aus der wirtschaftlichen Ausnützung des technischen Fortschrittes ergeben.

(167) Dieser Nutzen des technischen Fortschrittes wird allerdings stets und überall durch gewisse Nachteile zum Teil verschleiert oder sogar aufgewogen; denn seinen Nutznießern stehen stets Leute gegenüber, deren bisherige Geschäfte, Arbeitsweisen usw. durch den technischen Fortschritt teilweise oder ganz entwertet werden. So haben die Eisenbahnen die Kanalbesitzer und Straßeninteressenten unmittelbar geschädigt; mittelbar haben sie durch die Belebung der Gesamtwirtschaft allerdings den Geschädigten das Abgenommene vervielfacht wiedergegeben.

(168) Ein ebenso trauriges wie auffallendes Beispiel für die Schäden, die der technische Fortschritt nach sich ziehen kann, wenn er kritiklos und ohne wirtschaftspolitische Einsicht ausgebeutet statt ausgenützt wird, liefern die Jahre nach dem Krieg, mit ihrer falsch verstandenen und unrichtig eingesetzten „betriebswirtschaftlichen Rationalisierung", d. h. in Wirklichkeit mit einer völlig unvernünftigen Steigerung aller Erzeugungsmöglichkeiten bei gleichzeitiger künstlicher Erwürgung der Absatzmöglichkeiten. Das Kuratorium hat seit seinem Bestehen immer wieder betont, daß eine volkswirtschaftlich wertvolle Rationalisierung nicht mit Mechanisierung, Maschinisierung, Fließfertigung usw. gleichzusetzen sei, sondern daß die Erzielung eines Arbeitserfolges mit dem geringsten Aufwand an Mitteln aber gleichzeitig auch unter geringstem gesamtwirtschaftlichen Verlust vor sich gehen müsse.

(169) Außer der Schaffung neuer Verdienstmöglichkeiten erwächst der Allgemeinheit aus jedem technischen Fortschritt weiterer Nutzen in der Erleichterung, Verbesserung und Ver-

billigung der Arbeitsmethoden, der Güterverteilung und der Lebenshaltung.

(170) In dem Falle des Kraftwagens ist die erstaunliche Tatsache festzustellen, daß im Verlauf weniger Jahrzehnte, ja in der Hauptsache sogar in einem Jahrzehnt, nach dem Kriege durch die Autoindustrie, die von ihr abhängigen Gewerbe und das Kraftfahrwesen selbst Verdienstmöglichkeiten für fast ebensoviele Menschen geschaffen wurden, als im Laufe eines Jahrhunderts durch Einführung der Eisenbahnen. Es wäre ein verhängnisvoller Fehler, den Schutz der Eisenbahnen so weit zu treiben, daß eine gesunde Entwicklung des Kraftfahrwesens und aller damit zusammenhängenden wirtschaftlichen Betätigungen gehemmt würde.

(171) Ebenso auffallend ist, daß sich die gesamte Wirtschaft in diesen wenigen Jahren in einem Ausmaß an die Benützung der Kraftfahrzeuge gewöhnt hat, daß es schlechterdings unmöglich ist, das Kraftfahrwesen aus unserer heutigen Gesamtwirtschaft wegzudenken.

(172) In den Kampfschriften der Eisenbahnen sowohl als auch der Kraftfahrvertreter ist immer wieder die Rede von „gerechter“ Behandlung dieser Frage. Es ist völlig falsch, hier mit Begriffen wie „Gerechtigkeit“ zu operieren. Nicht um Gerechtigkeit, sondern um volkswirtschaftliche Zweckmäßigkeit handelt es sich, also um den Vorteil der Gesamtwirtschaft. Vom Standpunkt der „Gerechtigkeit“ aus ist die vorliegende Frage vollkommen unlösbar; vom Standpunkt der volkswirtschaftlichen Zweckmäßigkeit aus läßt sie sich grundsätzlich leicht beantworten. Zielbewußte Wirtschaftspolitik muß darauf hinarbeiten, daß jedes der beiden Verkehrsmittel diejenigen Verkehre besorgt, für die es besonders geeignet ist, alle übrigen aber dem dafür besser geeigneten Verkehrsmittel überläßt, wie wir es schon in (8) und (137) dargelegt haben. In der Praxis ist demnach eine Arbeitsteilung zwischen Eisenbahnen und Kraftwagen anzustreben, die sich auf die Eigenheiten der beiden Verkehrsmittel stützt.

a) Räumliche Abgrenzung.

(173) Wir haben schon darauf hingewiesen (69), daß im allgemeinen die Eisenbahn für den Transport über große, der Kraftwagen für den Transport über kleine Entfernungen geeigneter ist. Diese heute allseits grundsätzlich anerkannte Tat-

sache hat den Gedanken einer räumlichen Abgrenzung zwischen den Verkehrsbereichen dieser beiden Verkehrsmittel entstehen lassen; dieser Grundsatz wurde auch den Richtlinien für die Neuordnung des österreichischen Eisenbahn- und Kraftfahrverkehres zugrunde gelegt. Jede solche räumliche Abgrenzung erfordert außerordentlich viel Vorsicht bei der Festsetzung. Vor allem würde es der Gesamtwirtschaft mehr Schaden als Nutzen bringen, wenn man ein und dieselbe Entfernungsgrenze für alle Fälle festsetzte; denn die Entfernung, auf die die Eisenbahn oder der Kraftwagen für die Beförderung tatsächlich vorteilhafter ist, schwankt stark nach verschiedenen Umständen, wie wir schon in (117) bemerkt haben. Ist aber die Grenze zu hoch, so wird der Nutzen für die Eisenbahn vermindert oder vielleicht fast vernichtet. Noch schlimmer aber wäre es, eine zu niedrige Grenze festzustellen; denn das kann zahlreiche wirtschaftliche Existenzen vernichten, denen niemand das Verlorene wieder ersetzen kann.

(174) Außerdem aber wird man sich bewußt sein und auch der Öffentlichkeit ganz offen sagen müssen, daß die betreffende Entfernungsgrenze oder besser die für verschiedene Verhältnisse verschiedenen Entfernungsgrenzen nur versuchsweise gewählt sind und von Zeit zu Zeit einer Überprüfung und Neufestsetzung werden unterzogen werden müssen, die sich auf die bis dahin beschaffbaren statistischen Unterlagen zu stützen haben wird.

b) Verkehrsrechtliche Bindungen.

(175) Wir haben schon im Punkt (87) darauf hingewiesen, daß eine völlige Befreiung der Eisenbahnen von den ihnen im Hinblick auf ihre einstige Monopolstellung auferlegten Bindungen durch die seitherige Entwicklung der Verhältnisse wohl nicht gerechtfertigt ist. Insbesondere wäre für die Gesamtwirtschaft eine völlige Befreiung der Eisenbahn von der Beförderungspflicht, von der Tarifpflicht, von der Tarifveröffentlichungspflicht, von der Pflicht gleicher Behandlung aller Benützer unerträglich. Dagegen dürften gewisse Erleichterungen gegenüber dem bisherigen Zustand unbedenklich sein. Beispielsweise ist die sogenannte Kurzfahrtklausel, für deren Einführung seinerzeit auch das unglückselige Wort „Gerechtigkeit“ herhalten mußte, überlebt. Es wäre ferner vielleicht möglich, die Pflicht der Tarifgleich-

heit für alle Benützer insoweit zu lockern, als es durch den Wettbewerb mit dem Kraftwagen erforderlich erscheint. Wenn irgendeinem Verfrächter A ein im Vergleich mit der Eisenbahn billigerer Kraftwagentarif zur Verfügung steht, so kann wohl kaum eine Benachteiligung eines anderen Verfrächters B darin erblickt werden, daß die Eisenbahn sich dieser Unterbietung anpaßt; denn es ist für den Verfrächter B völlig gleichgültig, ob sein Konkurrent A die billigere Verfrachtungsmöglichkeit beim Kraftwagen oder bei der Eisenbahn findet.

Vom Standpunkt der Gesamtwirtschaft aus gesehen, wäre es jedoch von Vorteil, in Beziehung auf die Stabilisierung des kaufmännischen Wettbewerbes dem Kraftverkehr, soweit dies möglich ist, ähnliche Bindungen aufzuerlegen, wie den Eisenbahnen. Dies gilt besonders von Tarifpflicht und Tarifveröffentlichungspflicht und im Rahmen der technischen Möglichkeiten auch von der Beförderungspflicht (siehe III. Hauptstück, „Die öffentlich-rechtlichen Grundlagen zur Regelung des Wettbewerbes Eisenbahn—Kraftwagen“). Es wird in der Praxis schwierig sein, die tatsächliche Wirksamkeit derartiger Bindungen zu erzielen, denn der für eine Erzwingung notwendige Verwaltungsapparat darf nicht unerschwingliche Kosten verursachen und darf nicht die kaufmännische und gewerbliche Tätigkeit mit Erschwernissen belasten, die die Wirtschaft als Schikane empfände und sich auf die Dauer doch nicht gefallen ließe. Die Erlassung derartiger Vorschriften darf nicht nur den Erfolg haben, Tausende von Menschen zur gewohnheitsmäßigen wohldurchdachten Gesetzesverletzung und Gesetzesumgehung zu erziehen und die staatsbürgerliche Moral schwer zu schädigen.

c) Schutz der Gesamtwirtschaft gegen Erschütterungen des Eisenbahntarifsystems.

(176) Fast der Kernpunkt des Wettbewerkskampfes zwischen Eisenbahn und Kraftwagen liegt in der Tatsache, daß die Eisenbahn für die Güterbeförderung verschieden hoch festgesetzte Tarife hat und daß die Aufrechterhaltung des heutigen Verhältnisses zwischen höheren und niedrigeren Tarifen nur möglich ist, wenn auch künftig zu den hohen Tarifen annähernd derselbe Anteil an der Gesamtgüterbeförderung zu verfrachten ist wie bisher. Wenn der Kraftwagen der Eisenbahn in steigendem Maße und unbegrenzt diejenigen Güter abjagt, welche zu hohen Tarifen

befördert werden, so entsteht in den Einnahmen der Eisenbahnen ein Ausfall, dessen Deckung nicht durch eine allgemeine Tariferhöhung, sondern nur durch die Erhöhung derjenigen Tarife möglich ist, die der Kraftwagen nicht zu unterbieten vermag. Die Erhöhung solcher niedriger Tarife schädigt die Gesamtwirtschaft nicht nur um den sich hierbei ergebenden Gesamtbetrag der erhöhten Verfrachtungskosten, sondern insbesondere auch dadurch, daß sie die Verfrachtung mancher minderwertigen Güter erschweren oder unmöglich machen und dadurch die auf diese Güter angewiesenen Wirtschaftstätigen in gefährlicher Weise bedrohen würde. Da also diesem Übelstand durch Tariferhöhungen voraussichtlich überhaupt nicht wirksam abgeholfen werden kann, so müssen die Erträgnisse der Eisenbahnen dauernd gedrückt werden.

(177) Es ist daher unerläßlich, daß der Staat den Eisenbahnen in dieser Hinsicht einen gewissen Schutz angedeihen läßt. In diesem Zusammenhang erscheint auch die Einbeziehung einer schon in (95) und (120) erwähnten sogenannten Ausgleichsabgabe in die Maßnahmen zur Regelung des Gesamtverkehres als zweckmäßig. Aber auch im Falle der Ausgleichsabgabe steht der praktischen Durchführung eines theoretisch als richtig erkannten Gedankens wieder eine ungeheure Schwierigkeit entgegen, und zwar dieselbe, die wir schon bei der Frage der räumlichen Abgrenzung erwähnt haben. Es wäre sicherlich nicht zweckmäßig, für alle Güter, für alle Entfernungen und alle sonstigen noch vorkommenden maßgebenden Umstände eine Ausgleichsabgabe in gleicher Höhe für je einen Tonnenkilometer vorzuschreiben. Die Höhe dieser Abgabe müßte vielmehr für verschiedene Verhältnisse verschieden abgestuft sein. Für eine zweckmäßige Bemessung einer solchen Abgabe fehlen heute noch alle brauchbaren statistischen Unterlagen. Man müßte also ähnlich wie bei einer räumlichen Abgrenzung auch hier zuerst einen vorsichtigen Versuch machen, mit der ausgesprochenen Absicht, die Höhe der Ausgleichsabgabe mit fortschreitender Erkenntnis den praktischen Bedürfnissen der Eisenbahn, des Kraftwagens und der Gesamtwirtschaft fortschreitend anzupassen.

d) Gewerblicher Lastkraftwagenverkehr und Werksverkehr.

(178) Zu dem Wettbewerb Eisenbahn—Kraftwagen tritt nunmehr auch ein Wettbewerb innerhalb des Kraftfahrwesens hinzu, da sich z. B. die gewerblichen Kraftfahrunter-

nehmungen durch den Werksverkehr gefährdet fühlen. Wir haben schon darauf hingewiesen, daß Verbote oder Beschränkungen des reinen, nicht gewerbsmäßig betriebenen Werksverkehres, wie sie manchesmal verlangt wurden, kaum zu rechtfertigen wären. Dabei soll nicht geleugnet werden, daß es für die Eisenbahnen schmerzlich ist, wenn ein Großteil der leicht verderblichen Lebensmittel und ähnliche, individuelle Behandlung erfordernde Güter von den Eisenbahnen zum Werksverkehr abwandern. Aber die Gesamtwirtschaft, Industrie, Gewerbe, Kaufmannschaft und die landwirtschaftlichen Unternehmungen, die besonders hinsichtlich Milch, Gemüse, Obst und Fleisch am möglichst raschen Verkehr außerordentlich stark interessiert sind, würden sich auf die Dauer eine Unterbindung des Werksverkehres sicher nicht gefallen lassen.

(179) Schließlich könnte man mit derselben Begründung den Landwirten verbieten, ihre Erzeugnisse mit ihren eigenen Pferdewagen in die Städte zu bringen. Die Tatsache, daß diese Verkehrsform seit jeher besteht und daher für die Eisenbahnen keinen neuen Verlust bringt, während die Verfrachtung des Bieres auf der Straße eine fühlbare Einbuße gegenüber den bisherigen Verhältnissen bedeutet, kann natürlich in einer Frage von solcher grundsätzlicher Bedeutung nicht den Ausschlag geben. Ebensowenig werden es die gewerblichen Kraftfahrunternehmungen je durchsetzen können, daß sie ein Monopol zuungunsten des Werksverkehres erhalten.

(180) Es liegt freilich ungemein nahe, daß diejenigen, die Kraftwagen für den eigenen Gebrauch betreiben, durch deren gleichzeitige gewerbliche Ausnützung eine Steigerung ihres Geschäftsgewinnes anstreben, wie wir schon im Punkt (73) und (74) erwähnt haben. Dieser Vorgang ist vom Standpunkte der Gesamtwirtschaft aus nicht erwünscht, weil er die Verkehrsgewerbe schädigt und deren Entwicklung zu höchster technischer und wirtschaftlicher Leistungsfähigkeit hemmt. Die auch nur ausnahmsweise Beförderung werksfremder Güter und Personen durch Werkswagen sollte daher streng verboten und wirksam verhindert werden.

(181) Immerhin ist die Frage des Wettbewerbes zwischen Werksverkehr und gewerblichem Verkehr für die Gesamtwirtschaft von geringerer Bedeutung. Ob ein Wagen im Werksverkehr oder im gewerblichen Verkehr arbeitet, ist für die Gesamtbilanz der Wirtschaft weniger bedeutend, es ist nur eine Frage des Interessenausgleiches zwischen den Kraftver-

kehrsgewerbetreibenden und den sonstigen Nutzkraftwagenbesitzern.

(182) Hier ist der Platz, zu erwägen, inwieweit die Lastkraftwagenverkehrsverordnung den bisher entwickelten Anschauungen entspricht. Vorher müssen wir aber auch einen wenigstens flüchtigen Blick auf die einschlägigen Eingriffe der Regierungen anderer Staaten in das Verkehrswesen werfen.

(183) Viele Länder haben sich genötigt gesehen, auf die Entwicklung des Kraftfahrwesens von Staats wegen Einfluß zu nehmen. Im Anhang zu diesem Bericht ist die vom Kuratorium zur Unterstützung der vorliegenden Untersuchungen veranlaßte Sammlung der gesetzlichen Maßnahmen auf dem Gebiet des Eisenbahn- und Kraftwagenverkehres in Belgien, Bulgarien, Dänemark, im Deutschen Reich, in Frankreich, Großbritannien, Italien, Jugoslawien, Niederlande, Norwegen, Polen, Portugal, Rumänien, Schweden, Schweiz, Spanien, Tschechoslowakei und Ungarn wiedergegeben. Eine weitere übersichtliche Zusammenstellung der einschlägigen Gesetze und Verordnungen enthält der Bericht des Verwaltungsrates und der Generaldirektion der Schweizerischen Bundesbahnen über die Regelung des Verhältnisses von Eisenbahn und Automobil vom 26. Juni 1933.

(184) Dieser Bericht würde seinen Rahmen weit überschreiten, wollte er auf die Einzelheiten des Gegenstandes eingehen. Wir können aber ein paar für Österreich wichtige Tatsachen herausheben, die sich bei einer Musterung dieser staatlichen Einflußnahmen auf das Verkehrswesen im Auslande als allgemein gültig ergeben.

(185) 1. Überall ist dem Grundgedanken — neben rein fiskalischen Beweggründen zwecks Heranziehung der Kraftfahrzeuge zu möglichst ausgiebiger Besteuerung — Rechnung getragen, eine allzu weitgehende Schädigung der Eisenbahnen durch den Kraftwagen zu verhindern. Überall kommt deutlich das Streben zum Ausdruck, den Großverkehr zwischen Eisenbahn und Kraftfahrwesen derart aufzuteilen,

daß der Eisenbahn vorwiegend der Fern-, dem Kraftfahrzeug vorwiegend der Nahverkehr zufalle,

daß der Eisenbahn die Beförderung der eigentlichen Massengüter erhalten bleibe,

dem Kraftfahrzeug diejenige der Stückgüter auf geringere Entfernungen überlassen werde.

(186) 2. In den erlassenen Gesetzen und Verordnungen, noch mehr aber in den zahlreichen vorbereitet gewesenen, aber nicht zu Gesetzeskraft gelangten Entwürfen kommen alle in diesem Gutachten (91) bis (95) unter aa bis ee aufgezählten Vorschläge der Eisenbahnen und ihrer Freunde zur Geltung, allerdings in den einzelnen Ländern in recht verschiedener Weise und verschiedenem Ausmaß. Dabei ist natürlich auch zu berücksichtigen, daß in den verschiedenen Ländern sehr verschiedene Voraussetzungen gegeben waren. So hat in der Schweiz das Postverkehrsgesetz dem Bund die Möglichkeit geboten, die Personenbeförderung mit regelmäßigen Fahrten als postregalpflichtig zu erklären. Die Postverwaltung betreibt nur ein Viertel ihrer 400 Personenlinien mit eigenen Wagen und eigener Mannschaft; die Mehrzahl der Linien läßt sie durch konzessionierte Unternehmer betreiben, denen ein Kilometergeld und Einnahmenbeteiligung zusteht.

(187) 3. In den meisten Ländern hat man getrachtet, das angestrebte Ziel einer Verkehrsteilung und daher einer Zusammenarbeit zwischen Eisenbahn und Kraftwagen durch folgende Maßregeln zu erreichen:

a) Konzessionszwang für Kraftverkehrsunternehmungen; hier gibt es sehr große Unterschiede: so läßt z. B. das Deutsche Reich den Güternahverkehr bis zu 50 km und den Werksverkehr konzessionsfrei; Ungarn erteilt Konzessionen nur für engbegrenzte Bereiche mit 25 bis 30 km Halbmesser. Meist wird für die Erteilung der Konzession der Nachweis des Bedürfnisses und die Nichtverletzung öffentlicher Interessen gefordert, was den Schutz der Eisenbahnen bedeutet; die Tschechoslowakei hat in ihr Kraftverkehrsgesetz die Bestimmung aufgenommen, die den Eisenbahnunternehmungen und der Post ein Vorrecht einräumt, einen regelmäßigen Verkehr einzurichten und damit die Rechtsgrundlage eines allfälligen Strebens nach einem Monopol für Eisenbahn und Post liefert.

b) Diese staatlichen Vorschriften beschränkten im allgemeinen den Kraftwagengüterverkehr teils unmittelbar durch zahlenmäßige Festsetzung von Höchstentfernungen, teils mittelbar durch Bestimmungen für die Konzessionserteilung, teils durch Bindungen in tarifarischer Hinsicht auf Entfernungen bis etwa 100 km. Ungarn geht hierin so weit, daß Frachtkraftwagenlinien, mit Ausnahme unbedeutender kurzer Linien in der Provinz, nicht konzessioniert worden sind und gelegentliche Güterbeförderung (ebenso wie Autobusfahrten) nur in einem Umkreis von 20 bis 40, meist aber 30 km Halbmesser zugelassen wird.

c) Der Forderung der Eisenbahnen nach Angleichung der Wegebau- und Erhaltungspflicht der Kraftwagen an diejenige der Eisenbahnen ist meist durch ziemlich hohe Besteuerung Rechnung getragen, die den größten Teil der für den Bau und Erhaltung der Straßen erforderlichen Mittel liefern soll.

d) Der Angleichung in transportrechtlicher Beziehung dienen Bestimmungen, die den Kraftfahrzeugen Tarif- und Tarifveröffentlichungspflicht, Beförderungspflicht sowie gleiche Behandlung der Verfrächter und Reisenden auferlegen. Im allgemeinen sind Abweichungen (Erleichterungen für den Kraftwagen) dann zulässig, wenn ein besonderes Verkehrsbedürfnis dies rechtfertigt.

e) Der Gedanke der Ausgleichsabgabe (95), der besonders im Deutschen Reich jahrelang von den Eisenbahnen eifrig vertreten worden war, ist gegenwärtig in den Hintergrund getreten. Er findet sich nur in einer verschleierten Form, z. B. durch steigende Besteuerung und steigende Kraftwagen-Mindesttarifsätze für größere Entfernungen.

(188) 4. In keinem einzigen Land hat sich die bisherige Ordnung dieser Dinge in solchem Maß bewährt, daß man sie als endgültige Lösung der Frage ansehen könnte. Fast überall sind die Eisenbahnen mit dem bisherigen Erfolge unzufrieden und streben einen Ausbau der einschlägigen Gesetze und Verordnungen an. In Ungarn geben die Eisenbahnfreunde selbst zu, daß dem Kraftwagen-Güterverkehr zu enge Grenzen gezogen worden sind.

(189) In Österreich kommen außer dem Kraftfahrgesetz vom 20. Dezember 1929 in der Fassung der I. Kraftfahrgesetz-Novelle und der Kraftfahrverordnung BGBl. Nr. 138/1930, in der Fassung der Verordnungen BGBl. Nr. 261/1931, 54/1932, 86/1932 und BGBl. I Nr. 44/1934, für die Frage des Wettbewerbes zwischen Kraftwagen und Eisenbahn die Bestimmungen der „Lastkraftwagenverkehrsverordnung“ vom 9. Juni 1933 (in der Fassung ihrer sieben Novellen), das Kraftfahrliniengesetz vom 3. Oktober 1931 (BGBl. Nr. 294/1931 in der Fassung der Verordnung BGBl. I Nr. 234/1934) und die Verordnung des Bundesministers für Handel und Verkehr über die Bindung des Gewerbes der Beförderung von Lasten mit Kraftfahrzeugen an eine Konzession (BGBl. Nr. 109/1931) in

Betracht. Die Lastkraftwagenverkehrsverordnung trachtet, dem Problem durch folgende Maßnahmen beizukommen:

(190) Festsetzung von Mindestfrachtsätzen. Für Wagenladungsgüter sind je 100 kg und km einzuheben: bei Entfernungen bis 100 km 3 g, über 100 km 3,5 g; für sonstige Güter bis 50 km 6,5 g, über 50 bis 100 km 5 g, über 100 km 4 g.

(191) Der Werksverkehr ist in eisenbahnbedienten Gegenden im allgemeinen nur bis 100 km gestattet (ohne Konzessionszwang). Ausnahmen sieht die Verordnung vor für Güter, die wie Bier, Eis, Milch usw. mit besonderen ausschließlich für derartige Güter dauernd eingerichteten Lastkraftwagen ohne Beigabe anderer Güter befördert werden; die Verordnung ermächtigt den Handelsminister, Ausnahmen von dieser räumlichen Beschränkung des Werksverkehres zu bewilligen, „wenn die Eigenart der Ware oder die besonderen Absatz- oder Beriebsverthältnisse des Unternehmens dies unbedingt erfordern".

(192) Die auch nur ausnahmsweise Verwendung von Werkskraftwagen in transportgewerblichen Betrieben ist verboten.

(193) Die Verordnung ist am 1. Juli 1933 in Kraft getreten und war ursprünglich nur auf ein Jahr gültig; sie ist bisher wiederholt, zum letzten Male bis 31. März 1936, verlängert worden.

(194) Zu diesen Bestimmungen wäre folgendes zu sagen:

(195) Vom Standpunkt der Gesamtwirtschaft aus ist die Tatsache höchst begrüßenswert, daß sich die Bundesregierung entschlossen hat, eine zweckentsprechende Organisation unseres Großverkehrswesens durch tätiges Eingreifen in die Verkehrswirtschaft einzuleiten.

(196) Die versuchte Teilung des Verkehres zwischen Eisenbahn und Straße scheint grundsätzlich richtig. Sehr fraglich erscheint es allerdings, ob dies durch die von der Verordnung eingeführten Mindestfrachtsätze erreichbar ist. Dieses Verfahren krankt vor allem an dem Mangel einer seine Wirkungen übersehbar machenden Statistik. Es ist zu besorgen, daß — wie in allen übrigen Ländern, in denen man trotz dieses Mangels ähnliche Maßnahmen durchgeführt hat (188) — auch in Österreich der angestrebte Zweck nicht erreicht werden wird. Die in der Verordnung eingesetzten Zahlen sind in Verhandlungen zwischen den Eisenbahnen und einem Teil der Kraftverkehrsinteressenten ermittelt worden und stellen das

Ergebnis von Verhandlungen, nicht aber das Ergebnis einer wissenschaftlich und erkenntnistheoretisch begründeten Überlegung dar.

(197) Die getroffene Regelung, daß der Werksverkehr hinsichtlich der maximal zulässigen Transportlänge schlechter gestellt ist als der hinsichtlich der Transportlänge unbeschränkte gewerbliche Verkehr, bildet den Gegenstand nachdrücklichster Beschwerden.

(198) Das Verbot des transportgewerblichen Mißbrauchs der Werkswagen erscheint als ein notwendiges Korrelat der Konzessionsfreiheit.

(199) Die Befristung der Geltung der Verordnung erschien als ein sehr erwünschter Hinweis darauf, daß die darin aufgestellte Neuordnung als Versuch anzusehen war, dessen weiterer schrittweiser Ausbau erst die endgültige Regelung bringen könne.

(200) Für diesen weiteren Ausbau empfiehlt das OKW. den berufenen Stellen, die größte Aufmerksamkeit den einschlägigen Bestrebungen in der Schweiz zu widmen. Dort haben die Bundes- und Privatbahnen mit allen Automobilinteressenten am 27. Mai 1933 in Bern eine Übereinkunft „für die Verkehrsteilung und Zusammenarbeit von Eisenbahn und Motorfahrzeug“ geschlossen und am selben Tag einen zwischen den Beteiligten vereinbarten „Vorentwurf.... für ein Bundesgesetz über die Regelung der Beförderung von Gütern und Tieren mit Motorfahrzeugen auf öffentlichen Straßen“ genehmigt, dessen Gesetzwerdung aber in der Volksabstimmung vom 5. Mai 1935 abgelehnt wurde. Dieser negative Entscheid war aber nach allgemeiner Auffassung nicht auf sachliche Gründe zurückzuführen, jedenfalls ist das Gedankengut dieses Gesetzesvorschlages höchst beachtenswert. Der Grundgedanke dieser Übereinkunft und dieses Gesetzentwurfes bezog sich auf die Organisation einer Verkehrsteilung und Zusammenarbeit zwischen Eisenbahnen und Kraftwagen.

(201) Als eine für das Gelingen dieses Planes unerläßliche Voraussetzung erschien die in Bern vereinbarte Umwandlung der Schweizerischen Expreß A. G. („Sesa“), der bisher ein zufriedenstellender Erfolg versagt geblieben war, in eine Genossenschaft (neue Sesa), in der neben den Eisenbahnen auch die Automobilinteressenten und die Verfrächter vertreten sind.

(202) Sehr bemerkenswert ist, daß in der erwähnten Übereinkunft die Eisenbahnen auf die Unterstellung des Werksverkehres unter Konzessionspflicht in der Erwartung verzichteten, daß nach der allgemeinen Einrichtung der durchgehenden Beförderung von Haus zu Haus der Werksverkehr erheblich abnehmen werde, und daß die Eisenbahnen und die Kraftwagenvertreter der Auffassung sind, daß die Bundesverfassung eine gesetzliche Einschränkung des Werksverkehres nicht gestattet.

(203) Das ÖKW. muß anknüpfend an die Vorgänge in der Schweiz auch auf einen Vorschlag verweisen, der geeignet wäre, die jetzigen Schwierigkeiten der Eisenbahnen zu vermindern, einen Vorschlag, den der Betriebsdirektor Javary der französischen Nordbahn auf dem Kongreß der französischen Zivilingenieure in Paris am 21. September 1931 öffentlich besprochen und auf den Ministerialrat Ing. Josef Altmann in seinem dem ÖKW.-Ausschuß „Kooperation" übermittelten zweiten Referat vom 17. Jänner 1933 aufmerksam gemacht hat.

(204) Javary findet sich mit der Tatsache ab, daß eine Ausschaltung des technischen Fortschrittes aus der Verkehrswirtschaft unmöglich sei. Auch die Eisenbahnen müßten sich den durch diesen Fortschritt geschaffenen Verhältnissen anpassen. Javary wirft die Frage auf, ob es möglich sei, das in hundertjähriger Entwicklung entstandene, mit zahlreichen verkehrsschwachen, verlustbringenden Linien belastete Eisenbahnnetz auch heute nach dem tatsächlichen Ende der Monopolstellung der Eisenbahnen in der bisherigen Weise zu betreiben und kommt zu einem klaren „Nein"!

(205) Seiner Ansicht nach müßten wir uns klar machen, wie sich unser Eisenbahnnetz gestalten würde, wenn wir es erst heute, also neben der durch Kraftwagen befahrenen Landstraße, zu erbauen hätten. Er kommt zu dem Schluß, daß wir dann sicherlich nur die verkehrsdichten Hauptlinien erbauen und nicht alle 3 oder 4 km, sondern vielleicht nur alle 30 km eine Eisenbahnstation errichten würden.

(206) Javary regte an, den Betrieb unserer Eisenbahnen künftig ungefähr so einzurichten, wie wenn unser Eisenbahnnetz eben erst entstanden wäre. Seiner Ansicht nach würde die Anpassung der Eisenbahn an die heutigen Verhältnisse folgende wichtigste Schritte erfordern:

(207) 1. Stillegung des gesamten Personenverkehres auf Nebenlinien und in sämtlichen verkehrsschwachen Stationen der Hauptlinien. Es würde sich demnach der Per-

sonenverkehr nur auf den Hauptlinien, und zwar mit Schnellzügen abwickeln, die nur in den Verkehrsknotenpunkten oder sehr wichtigen Verkehrs- oder geschäftlichen Mittelpunkten anhalten, alle übrigen Stationen aber durchfahren. Die Reisenden könnten dann nur in den Hauptstationen die Züge besteigen oder verlassen und müßten zwischen diesen Hauptstationen und den stillgelegten Stationen der Hauptbahn und nach allen Stationen der stillgelegten Nebenbahnen mittels Kraftwagen (oder Schienentriebwagen) befördert werden. Genau dieselbe Einrichtung regte Javary hinsichtlich des Stückgutverkehres an.

(208) Dagegen sollte der Wagenladungsverkehr nach wie vor auf allen bestehenden Linien des Eisenbahnnetzes besorgt werden. Es genüge für diesen Zweck in jeder stillgelegten Station ein einziger Beamter.

(209) Javary glaubte durch die von ihm vorgeschlagene Betriebsweise folgende Vorteile zu erzielen:

1. Für die Eisenbahnen:

Ersparnisse an Personalkosten durch den Wegfall der Mehrfachbesetzung des größten Teiles der Stationen;

Verminderung der Zugförderungskosten durch den Wegfall der in den meisten Stationen haltenden Personenzüge auf den Hauptlinien und des Gesamtpersonenverkehres auf den Nebenlinien sowie durch eine parallellaufende Einschränkung des Stückgüterverkehres;

Verminderung der Kosten der Erhaltung und Bewachung der Bahn usw.

2. Für die Benützer:

Abkürzung der Fahrzeiten auf den Eisenbahnstrecken infolge des Wegfalles der meisten Aufenthalte;

Vermehrung der Reisegelegenheiten durch Einführung von Triebwagen;

Haus—Haus-Verkehr für Personen und Stückgüter, deren Einsammlung und Verteilung durch den Kraftwagen die Berührung selbst kleiner Ortschaften gestattet, innerhalb deren nur mehr verschwindend kleine Wegstrecken mit eigener Kraft zu bewältigen sind;

Vereinfachung der Abfertigung im Stückgüterverkehr;

Beschleunigung des Stückgüterverkehres.

(210) Javary sah den Einwand voraus, daß die Gesamtfahr- und Frachtpreise erhöht werden müßten, um außer dem eigentlichen Eisenbahntransport auch noch die Kosten

der vorher und nachher anschließenden Kraftwagenbeförderung zu decken. Diesen Einwand glaubte Javary dadurch entkräften zu können, daß die sogenannten „faux frais" wegfallen, d. h. die Auslagen des einzelnen Reisenden oder Verfrächters für Zu- und Abfuhr der Personen, des Gepäcks und der Stückgüter zu und von der Bahn, die heute mit eigenen Beförderungsmitteln auf weit größere Entfernungen erfolgen muß.

(211) Ein weiterer Einwand wird sich möglicherweise gegen die Unbequemlichkeit des Umsteigens richten. Demgegenüber stellte Javary fest, daß das Umsteigen zwischen Personen- und Schnellzügen auch bei der heutigen Betriebsweise für alle Reisenden notwendig sei, die ihre Fahrt in solchen Stationen antreten oder beenden, in denen keine Schnellzüge halten. Überdies müßte der Reisende heute schon von oder zu einem Autobus oder einem Privatwagen umsteigen.

(212) Min.-Rat Ing. Josef Altmann hat in seinem Referat (203) den Vorschlag Javarys zum Gegenstand einer Untersuchung für österreichische Verhältnisse gemacht und eine Verkehrskarte entworfen, die das Ergebnis dieser Untersuchung klarstellt.

e) Statistik und Organisation.

(213) Das ÖKW. weist abschließend nochmals auf die Wichtigkeit der Beschaffung ausreichender statistischer Unterlagen für die endgültige Lösung der vorliegenden Wettbewerbsfrage hin. In (116), (152), (174) und (177) mußte schon darauf verwiesen werden, daß der Mangel solcher Unterlagen das Haupthindernis ist, an dem vorläufig noch jeder Versuch einer sofortigen endgültigen Lösung scheitern muß. Ebenso wie der Arzt erst dann über das Heilverfahren sicher entscheiden kann, wenn er sich auf eine ausreichende Diagnose stützen kann, so ist auch jede Heilung dieser Krankheit unseres Verkehrswesens an eine statistisch belegte genaue Erkenntnis des Krankheitsbildes gebunden. Auf Seite der Eisenbahnen ist es möglich, die vorhandene weit ausgebaute Organisation zu einer verhältnismäßig raschen Beschaffung ausreichender statistischer Angaben auszunützen. Auf Seite des Kraftwagens fehlt diese Organisation. Das legt den Gedanken nahe, eine wirksame Zusammenfassung des Kraftfahrwesens zu schaffen.

(214) Wie können die vorstehend angedeuteten Maßnahmen durchgeführt oder eingeleitet werden? (Antwort auf Frage 4, Punkt 153.)

Wir haben schon in (137) darauf hingewiesen, daß die ideale Lösung der Wettbewerbsfrage zwischen Eisenbahn und Kraftwagen eine gütliche Vereinbarung zwischen den beiden Verkehrsmitteln wäre. Nach (200) und (201) scheint die Schweiz auf diesem Wege einer endgültigen Bereinigung der Wettbewerbsfrage sehr nahe gekommen zu sein. Dieser Weg stößt aber in Österreich derzeit auf die geradezu unüberwindliche Schwierigkeit, weil wohl die Eisenbahnen ziemlich straff organisiert sind,[1]) beim Kraftwagen dagegen keine Zusammenfassung, sondern eine Zersplitterung besteht. Es gibt zunächst zwei große, vom Staat betriebene Kraftverkehrsanstalten, die Omnibuslinien der Post und der Bundesbahnen. Daneben gibt es hunderte private Autobuslinien-Unternehmungen sowie Lastkraftwagenunternehmungen, Tausende von Werkswagen der Industrien, Gewerbetreibenden, Kaufleuten und landwirtschaftlichen Unternehmungen, Hunderte von kleinen Unternehmungen, die Mietpersonenwagen betreiben, und Tausende von privaten Personenwagenbesitzern. Angesichts dieser Zersplitterung ist es ganz unmöglich, die Autointeressenten bei irgendwelchen Verhandlungen derart zusammenzufassen, daß von einer einheitlichen Stellungnahme oder Willensbildung die Rede sein könnte.

(215) Zu einer weiteren Behandlung der Wettbewerbsfrage auf dem Wege gütlicher Vereinbarung wäre also vor allem notwendig, eine Vertretung für die Gesamtinteressen des Kraftfahrwesens zu schaffen, der alle Kraftwagenbesitzer angehören und der durch Gesetze oder Verordnungen in unserem Wirtschaftsleben eine ähnliche Stellung gesichert werden müßte, wie den anderen wirtschaftlichen Körperschaften. Eine solche Körperschaft ließe sich zwanglos in unser Wirtschaftsleben einfügen; sie wäre so zu gliedern und einzurichten, daß sie mit Recht als Gesamtvertretung des Kraftverkehres angesehen werden könnte.

(216) Man könnte hier einwenden, daß solche Organisationen bereits bestünden. Dem sei entgegenzuhalten, daß es heute wohl eine Reihe von Interessentenvertretungen im Autowesen gibt, wie z. B. den Verband österreichischer Automobilindustrieller, den Verband der Nutzkraftwagenbesitzer Österreichs,

---

[1]) In Österreich bestehen neben den fast alles beherrschenden Bundesbahnen nur noch zwei Hauptbahnen (Wien—Aspang und Graz—Köflach) und einige Lokalbahnen als selbständige Eisenbahnunternehmungen; diese wenigen Eisenbahnverwaltungen können sehr leicht eine Verhandlungsgemeinschaft gegenüber einem gemeinsamen Wettbewerber bilden.

den Österreichischen Automobilklub usw., doch fehlt ihnen die zu ihrer Zusammenfassung unentbehrliche Spitzenorganisation.

(217) Eine solche Organisation (ein solcher Verband) würde sich als besonders zweckmäßig erweisen, weil sie (er) den Eisenbahnen als verhandlungsfähiger Partner gegenüberstünde. Diese Organisation hätte neben der Interessenvertretung die Beschaffung der unerläßlichen statistischen Unterlagen für die planmäßige Behandlung aller einschlägigen Fragen bzw. endgültige Ordnung der gesamten Verkehrswirtschaft zu besorgen. Wichtig erscheint dem ÖKW. hier insbesondere die Tatsache, daß die Beschaffung statistischer Angaben auf andere als die vorgeschlagene Art Steuergelder kostet, während die Zusammenfassung der Kraftfahrinteressen in einem solchen Verband ohne weiteres die Aufbringung der Mittel für seine Zwecke durch diejenigen sichert, deren Interessen durch den Verband vertreten werden.

Das Kuratorium betont im Hinblick auf die Ergebnisse seiner Untersuchungen und unter Hinweis auf die weit vorgeschrittenen Arbeiten in anderen Staaten, daß die gesamtwirtschaftliche Regelung des Wettbewerbes Eisenbahn—Kraftwagen zu den dringlichsten und wichtigsten wirtschaftspolitischen Aufgaben gehört. Die gesamtwirtschaftliche Lösung wird in jener Hauptrichtung zu finden sein, die dem Kuratorium für die vorstehende Beurteilung des allgemeinen Wettbewerbsproblems und für die empfohlene Regelung zur Neuordnung des österreichischen Eisenbahn- und Kraftfahrverkehrs als Richtschnur gedient hat, nämlich in der Herbeiführung einer Arbeitsteilung und Zusammenarbeit zwischen den beiden Verkehrsmitteln.

II. HAUPTSTÜCK.

Richtlinien für eine Neuordnung des österreichischen Eisenbahn- und Kraftfahrverkehres.

1. Abschnitt.

Allgemeine Richtlinien.

1. Die bisherige Gestaltung des öffentlichen Verkehres, die auf einer unabhängig voneinander erfolgten Entwicklung der öffentlichen Verkehrsmittel beruht, entspricht nicht mehr den Bedürfnissen der Gesamtwirtschaft. Diese verlangt heute eine zusammenfassende Ordnung des gesamten öffentlichen Verkehres nach einem einheitlichen Plan, der für jedes Verkehrsbedürfnis die technisch und wirtschaftlich günstigste Befriedigung vorsieht, hierbei aber nächst den privatwirtschaftlichen Gesichtspunkten auch die volkswirtschaftlichen Erfordernisse und die gesamtstaatlichen Interessen gebührend berücksichtigt.

2. Um eine solche Ordnung des gesamten öffentlichen Verkehres zu erreichen, ist es notwendig, daß die Staatsgewalt in die Entwicklung des öffentlichen Verkehrswesens weiter als bisher eingreift und für eine Arbeitsteilung und Zusammenarbeit zwischen allen Verkehrsmitteln sorgt.

3. Ein Eingreifen der Staatsgewalt ist insbesondere zur Herbeiführung einer Arbeitsteilung und Zusammenarbeit zwischen Eisenbahn und Kraftwagen auf dem Gebiete des öffentlichen Personen- und Lastenverkehres und zur Beseitigung des bestehenden ungesunden Wettbewerbes notwendig, der sowohl zwischen beiden Verkehrsmitteln als auch zwischen den Kraftverkehrseinrichtungen untereinander besteht.

4. Das Eingreifen der Staatsgewalt muß auf der Erkenntnis beruhen, daß Eisenbahn und Kraftwagen zufolge ihrer besonderen Eignung für voneinander verschiedene Gebiete des Verkehres — die Eisenbahn vornehmlich für Massengüter und für lange Transportstrecken, der Kraftwagen für kürzere Distanzen — nicht dazu berufen sind, auf denselben Gebieten des Verkehres miteinander in schädlichen Wettbewerb zu treten, sondern sich auf verschiedenen Gebieten des Verkehres in die Arbeit zu teilen.

5. Ein auf dieser Erkenntnis von der verschiedenen Eignung beider Verkehrsmittel fußendes Eingreifen der Staatsgewalt muß darauf abzielen, die Arbeitsteilung im allgemeinen auf jene Transportlänge („kritische Transportlänge") abzustellen, die für den Kraftfahrverkehr die obere verkehrswirtschaftliche Grenze und für den Eisenbahnverkehr die untere verkehrswirtschaftliche Grenze darstellt.

2. Abschnitt.

Anwendung der Richtlinien auf österreichische Verhältnisse.

I. Regelung im Kraftfahrverkehr.

A. Obere Grenze der Transportlänge im Kraftfahrverkehr.

1. Bei den Kraftfahrlinien ist die obere Längenbegrenzung in der Regel in Abhängigkeit von dem bestehenden Verkehrsnetz der Eisenbahnen zu bestimmen, d. h. es ist die zulässige Länge der Linien durch zweckmäßig gewählte Maschen des Eisenbahn-Liniennetzes zu begrenzen.

2. Bei dem nicht linienmäßig geführten öffentlichen Personenverkehr (Rundfahrten, Ausflugsfahrten) hat die Festsetzung einer oberen Grenze der Transportlänge zu unterbleiben.

3. Bei dem nicht linienmäßig geführten gewerbsmäßigen Lastenverkehr ist die obere verkehrswirtschaftliche Grenze der Transportlänge im allgemeinen in Abhängigkeit von dem bestehenden Verkehrsnetz der Eisenbahnen durch ein Verkehrsgebiet (Konzessionsgebiet) zu bestimmen, das mehrere benachbarte Maschen des Eisenbahn-Liniennetzes umfaßt.

B. Grundlagen für ein gesetzliches Eingreifen.

1. Öffentlicher Kraftfahrverkehr für Personenbeförderung.

a) Kraftfahrlinien im Überlandverkehr.

α) Linien von bloß lokaler oder geringer Verkehrsbedeutung werden auf Anregung Privater in der Regel einzeln konzessioniert.

Das Vorrecht auf Erteilung dieser Konzessionen steht den Privatunternehmern zu.

β) Verkehrswichtige Linien, insbesondere wenn sie im Längsbereiche einer Eisenbahnverbindung verlaufen und Linien, die als Eisenbahnersatz dienen, werden von der Behörde auf Grund eines vom Bundesministerium für Handel und Verkehr erstellten Linienplanes konzessioniert.

Das Vorrecht auf Erteilung dieser Konzessionen steht den Eisenbahnunternehmungen des betreffenden Verkehrsgebietes zu. Diese bedürfen statt einer Konzession einer Genehmigung des Bundesministers für Handel und Verkehr.

Übergangsbestimmungen.

γ) Die Konzessionsdauer einer bestehenden Kraftfahrlinie ist nicht zu verlängern, wenn bei einer neuerlichen Vergebung der Konzession einer Eisenbahnunternehmung ein Vorrecht auf Grund der Bestimmung des vorstehenden Absatzes β) gegenüber dem derzeitigen Konzessionsinhaber zustehen würde.

Solche Konzessionen sind nach Ablauf der Konzessionsdauer neuerlich auszuschreiben.

b) Unternehmungen periodischer Personentransporte (Rundfahrten, Ausflugsfahrten).

Die Konzession wird für einen bestimmten Standort verliehen.

2. Öffentlicher Kraftfahrverkehr zur Sachenbeförderung.

a) Regelmäßiger Verkehr (Kraftfahrlinien).

α) Linien von bloß lokaler oder geringer Verkehrsbedeutung werden auf Anregung Privater in der Regel einzeln konzessioniert.

Das Vorrecht auf Erteilung dieser Konzessionen steht den Privatunternehmern zu.

β) Verkehrswichtige Linien, insbesondere wenn sie im Längsbereiche einer Eisenbahnverbindung verlaufen, und Linien, die als Eisenbahnersatz dienen, werden von der Behörde auf Grund eines vom Bundesministerium für Handel und Verkehr erstellten Linienplanes konzessioniert.

Das Vorrecht auf Erteilung dieser Konzessionen steht den Eisenbahnunternehmungen des betreffenden Verkehrsgebietes zu. Diese bedürfen statt einer Konzession einer Genehmigung des Bundesministers für Handel und Verkehr.

Übergangsbestimmungen.

γ) Die Konzessionsdauer einer bestehenden Kraftfahrlinie ist nicht zu verlängern, wenn bei einer neuerlichen Vergebung der Konzession einer Eisenbahnunternehmung ein Vorrecht auf Grund der Bestimmung des vorstehenden Absatzes β) gegenüber dem derzeitigen Konzessionsinhaber zustehen würde.

Solche Konzessionen sind nach Ablauf der Konzessionsdauer neuerlich auszuschreiben.

δ) Bei bestehenden Linien, die im Längsbereiche einer Eisenbahnverbindung verlaufen, können zur Beseitigung eines unwirtschaftlichen Wettbewerbes die Lastkrafttransporte, wenn es sich um eine Hauptbahnverbindung handelt, bis auf 50 km, wenn es sich um eine Nebenbahnverbindung handelt, auch noch weitergehend für bestimmte Verkehrsrelationen beschränkt werden, sofern nicht im Rahmen der unter III. empfohlenen Zusammenarbeit zwischen Eisenbahn- und gewerbsmäßigem Kraftverkehr eine einvernehmliche Lösung zustandekommt.

b) Gelegentlicher Verkehr (gewerbliche Konzession).

Normalbestimmungen.

(Transporte beschränkter Länge.)

1. Die entgeltliche Beförderung von Gütern mit Lastkraftfahrzeugen, deren Eigengewicht in betriebsfertigem Zustande 350 kg übersteigt, wird an eine Konzession gebunden.

2. Die Konzession wird für ein bestimmtes Konzessionsgebiet und für einen bestimmten, in diesem Konzessionsgebiet gelegenen Betriebsstandort erteilt.

3. Jedes Konzessionsgebiet umfaßt bestimmte Maschen des Eisenbahnliniennetzes. (Siehe nebenstehende Karte „Konzessionsgebiete“.)

Verzeichnis der „Konzessionsgebiete und zugehörigen Verkehrsgebiete (Maschen)".

Verzeichnis der Konzessionsgebiete:	Zugehörige Maschen-Nr. der Karte
Wien	1, 2, 3, 4, 5
St. Pölten	4, 5, 6, 7
Retz—Zellerndorf—Sigmundsherberg	1, 5, 6
Amstetten	6, 7, 14, 15
Linz	13, 14, 15, 16, 17
Attnang	16, 17, 23, 24
Salzburg	23, 24, 25, 26
Bischofshofen—Schwarzach/St. Veit	25, 26, 27, 28
Kitzbühel—St. Johann	26, 28, 30, 31
Innsbruck	30, 31, 32, 33
St. Anton—Langen	32, 33, 34, 35
Aspang—Friedberg	3, 9, 12
Mürzzuschlag	3, 4, 8, 9
Bruck—Leoben—St. Michael	8, 9, 10, 18
Zeltweg—Unzmarkt	10, 18, 19, 20
Klagenfurt	19, 20, 21, 22
Hieflau	7, 8, 15
Selzthal—Stainach-Irdning	8, 15, 16, 18, 25, 27
Spittal—Millstättersee	19, 22, 27, 29
Graz	9, 10, 11
Fehring	9, 11, 12
Tamsweg	18, 19, 27.

KONZESSIONSGEBIET

Zeichenerklärung:

Bundesbahnen mit Schnellzugsverkehr
" " ohne " " "
Private und fremde Bahnen

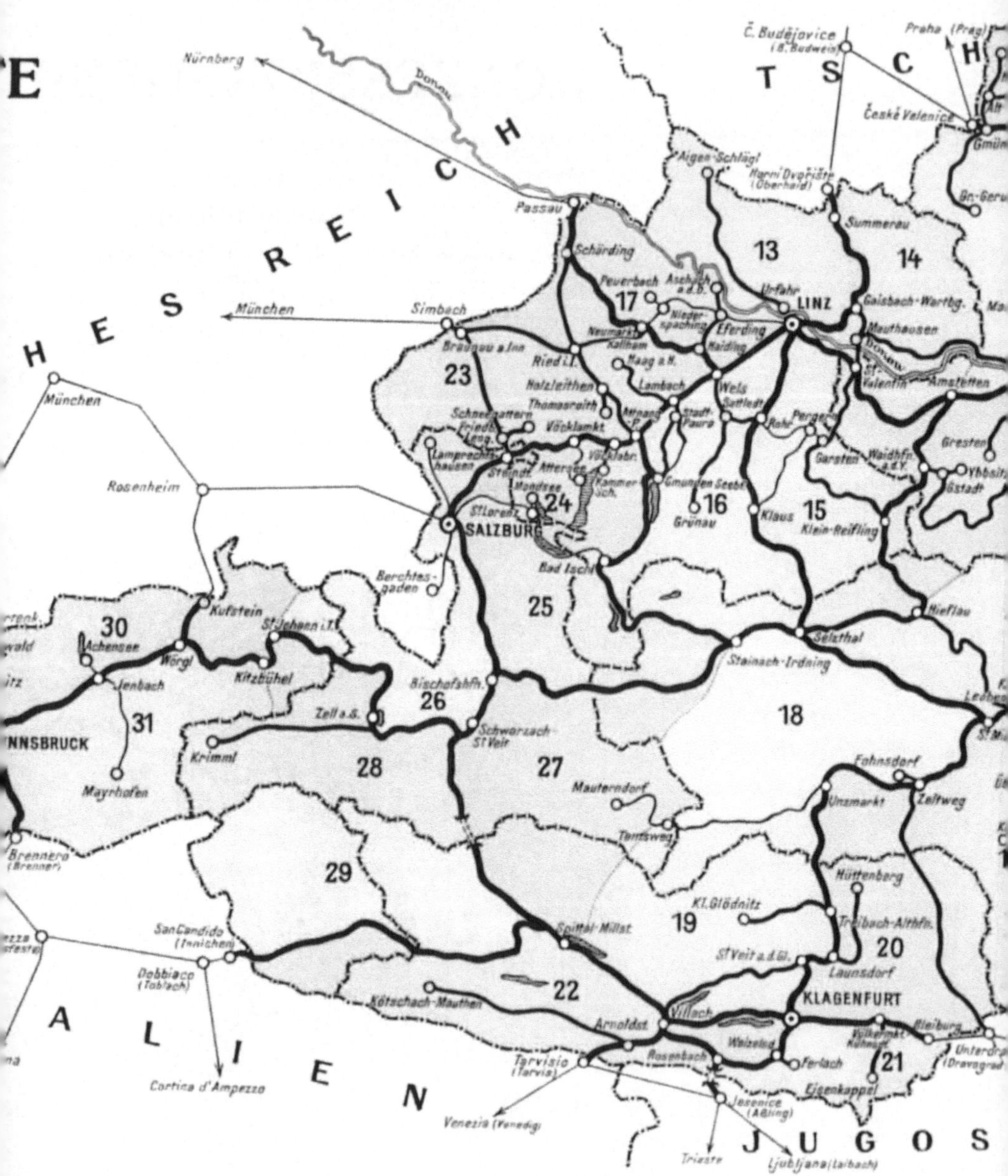

E
H E S R E I C H
T S C H
A L I E N
J U G O S
Nürnberg
Donau
München
Rosenheim
Simbach
Braunau a. Inn
Passau
Schärding
Peuerbach
Aschach a. d. D.
Niederspaching
Neumarkt Kallham
Eferding
Haiding
Ried i. I.
Haag a. H.
Holzleithen
Thomasroith
Lambach
Wels
Attnang P.
Stadl-Paura
Sattledt
Schneegattern
Friedb. Leng.
Vöcklamkt.
Vöcklabr.
Lamprechtshausen
Steindl.
Attersee
Mondsee
Kammer Sch.
St. Lorenz
SALZBURG
Gmunden Seebf.
Grünau
Bad Ischl
Berchtesgaden
Č. Budějovice (B. Budweis)
Praha (Prag)
České Velenice
Aigen-Schlägl
Horní Dvořiště (Oberhaid)
Summerau
Urfahr
LINZ
Gaisbach-Wartbg.
Mauthausen
St. Valentin
Amstetten
Rohr
Garsten
Waidhfn. a. d. Y.
Gresten
Gstadt
Klaus
Klein-Reifling
Hieflau
Selzthal
Stainach-Irdning
Kufstein
St. Johann i. T.
Wörgl
Kitzbühel
Achensee
Jenbach
Mayrhofen
Zell a. S.
Krimml
Bischofshfn.
Schwarzach-St. Veit
Mauterndorf
Tamsweg
Fohnsdorf
Zeltweg
Unzmarkt
Hüttenberg
Kl. Glödnitz
Treibach-Althfn.
St. Veit a. d. Gl.
Launsdorf
KLAGENFURT
Spittal-Millst.
Villach
Arnoldst.
Kötschach-Mauthen
Rosenbach
Weizelsdf.
Ferlach
Völkermkt.-Kühnsdf.
Bleiburg
Eisenkappel
Tarvisio (Tarvis)
Jesenice (Aßling)
Trieste
Ljubljana (Laibach)
Venezia (Venedig)
Cortina d'Ampezzo
San Candido (Innichen)
Dobbiaco (Toblach)
Brennero (Brenner)
13
14
15
16
17
18
19
20
21
22
23
24
25
26
27
28
29
30
31

Kartogr. Anstalt G. Freytag & Berndt A. G., Wien

4. Die Konzessionen berechtigen zum gelegentlichen entgeltlichen Lastentransport innerhalb des ganzen Konzessionsgebietes einschließlich der Grenzorte, mit Ausnahme von Transporten,

a) zwischen Orten, die mehr als 50 km voneinander entfernt im Längsbereiche einer Eisenbahnverbindung liegen (für bestimmte Warengattungen oder für bestimmte Relationen kann vom Bundesministerium für Handel und Verkehr die Transportbeschränkung aufgehoben werden),

b) zwischen den vom Bundesministerium für Handel und Verkehr bezeichneten Stationsorten von Nebenbahnen.

5. Auf Grund einer besonderen Bewilligung des örtlich zuständigen Landeshauptmannes können Lastkrafttransporte

a) fallweise innerhalb eines fremden Konzessionsgebietes und

b) allgemein oder für bestimmte Verkehrsbeziehungen bis zu einer Gesamttransportlänge von 50 km zwischen Orten des eigenen und Orten eines fremden Konzessionsgebietes ausgeführt werden.

Die Bewilligung wird nur dann zu erteilen sein, wenn hiedurch keinem für das fremde Konzessionsgebiet berechtigten Konzessionär ein Wettbewerb bereitet wird.

Ausnahmsbestimmungen.

(Transporte unbeschränkter Länge.)

6. Der Transport von Gütern wie Bier, Eis, Milch, Lebendvieh, Mineralöl, Wäsche, Möbel, Chemikalien u. dgl., der in besonderen, ausschließlich für derartige Güter eingerichteten Lastkraftwagen ohne Beigabe anderer Güter erfolgt, ist auch über das betreffende Konzessionsgebiet hinaus im ganzen Bundesgebiet zulässig.

7. Auf Grund eines besonderen Anmeldesystems ist die Ausführung einzelner dringender Transporte über das betreffende Konzessionsgebiet hinaus zulässig. Der Nachweis über die Notwendigkeit und Dringlichkeit der Fahrt ist im nachhinein zu erbringen.

Übergangsbestimmungen.

8. Die gemäß der Verordnung des Bundesministeriums für Handel und Verkehr vom 31. März 1931, BGBl. Nr. 109, zur Beförderung von Lasten mit Kraftfahrzeugen berechtigten Unter-

nehmer unterliegen in Hinkunft den Bestimmungen der vorliegenden Regelung. Sie haben der Behörde das auf Grund der Bestimmungen des Punktes 2 gewählte Konzessionsgebiet bekanntzugeben. Falls diese Bekanntgabe nicht innerhalb einer festzusetzenden Frist erfolgt, erlischt die Berechtigung.

c) Tarife.

Dem gewerbsmäßigen Kraftfahrverkehr zur Sachenbeförderung sind keine Mindesttarife zum Vorteil der Bahn vorzuschreiben:

1. für alle Transporte bis zu 50 km Transportlänge,

2. für Transporte über 50 km Länge, wenn sie innerhalb einzelner Konzessionsgebiete und nicht im Längsbereich einer Eisenbahnverbindung erfolgen (Zubringer- und Verteilerdienst, Transporte abseits der Bahn).

3. Der Werksverkehr.

1. Der Werksverkehr bleibt von der Konzessionspflicht frei. Er unterliegt jedoch der Anmeldepflicht unter Angabe der für den Verkehrsumfang maßgebenden Daten.

2. Jeder Übergriff des Werksverkehrs in das Gebiet des gewerbsmäßigen Verkehres ist wirksam zu unterbinden.

3. Der Werksverkehr ist Beschränkungen der Art, die dem gewerbsmäßigen Kraftfahrverkehr zur Sachenbeförderung auferlegt sind, nur dann zu unterwerfen, wenn dies im Interesse der Gesamtwirtschaft zur Sicherung des Bestandes eines genügend leistungsfähigen öffentlichen Lastenverkehrs (Eisenbahn- oder Kraftfahrverkehrs) oder sonst zur Verhinderung eines gesamtwirtschaftlichen Schadens notwendig ist.

II. Regelung im Eisenbahnverkehr.

A. Untere Grenze der Transportlänge im Eisenbahnverkehr.

Abgesehen von dem nur durch Eisenbahnen zu bewältigenden Massentransport von Personen und Gütern, wäre im Eisenbahnverkehr die untere Grenze der Transportlänge entsprechend der im vorhergehenden Abschnitt dargestellten oberen Grenze im Kraftfahrverkehr zu bestimmen.

B. Die Grundlagen für ein gesetzliches Eingreifen.

Gewisse Arten von Verkehrleistungen (Personenverkehr, Stückgutverkehr) sind innerhalb des nach der Transportlänge dem Kraftfahrverkehr zustehenden Bereiches von den Eisenbahnen insoweit aufzulassen, als der Kraftfahrbetrieb imstande ist, diese Verkehrsleistung dauernd, sicher und für die Allgemeinheit vorteilhafter zu besorgen als die Eisenbahnen. Zu diesem Zwecke ist die Betriebspflicht der Eisenbahnen, insbesondere der Nebenbahnen, hinsichtlich der in Frage kommenden Verkehrsleistungen entsprechend zu lockern.

III. Regelung der Zusammenarbeit zwischen Eisenbahn- und Kraftfahrverkehr.

1. Innerhalb des für beide Verkehrsmittel in Betracht kommenden Transportbereiches — das ist der Transportbereich zwischen der unteren und der oberen Grenze der kritischen Transportlänge (50 bis 150 km) — hat die Arbeitsteilung im Wege der Zusammenarbeit zwischen Eisenbahn- und Kraftverkehr zu erfolgen. Hiebei haben sowohl im Personen- als auch im Sachentransport die Eisenbahnen und die gewerbsmäßigen Kraftfahrbetriebe einvernehmlich auf diejenigen Transportleistungen zu verzichten, deren Durchführung durch das andere der beiden Verkehrsmittel vom verkehrstechnischen und gesamtwirtschaftlichen Standpunkte vorteilhafter ist.

2. Beim Sachentransport hat die einvernehmliche Zusammenarbeit unter Berücksichtigung des Willens des Verfrächters und aller Verhältnisse zu erfolgen, die in einem bestimmten Verkehrsgebiet jeweils herrschen, wie insbesondere: Intensität des Verkehrs, Verlauf und Zustand des Straßennetzes sowie dessen Befahrbarkeit zu den verschiedenen Jahreszeiten, Leistungsfähigkeit der gewerbsmäßigen Kraftfahrbetriebe, Beschaffenheit des Gutes, Dringlichkeit des Transportes und vergleichsweise Höhe der Transportkosten. Die Zusammenarbeit hat sich insbesondere auch auf die Organisierung kombinierter Eisenbahn-Kraftfahrtransporte zu erstrecken.

3. Zur Durchführung dieser Zusammenarbeit beim Sachentransport ist zumindest für jedes Konzessionsgebiet ein ständiger Zuteilungsausschuß zu errichten, der nach den allgemeinen Weisungen und unter der Aufsicht des für das gesamte Bundesgebiet zu errichtenden Verkehrsteilungsausschusses die generelle Zuteilung der in Betracht kommenden Transportfälle durchzuführen hat. Diese Ausschüsse setzen sich aus Vertretern der Eisenbahnen und aus Vertretern der anderen Organisationen für den gewerblichen Sachentransport (Lastkraft-Fahrtunternehmer, Spediteure) zusammen.

3. Abschnitt.

Erläuterungen.

I. Erläuterungen zum 1. Abschnitt.

Allgemeine Richtlinien.

Zu 1. Die Forderung nach einer zusammenfassenden Ordnung des gesamten öffentlichen Verkehrswesens zum Zwecke, für jedes Verkehrsbedürfnis die technisch und wirtschaftlich günstigste Befriedigung zu erreichen, ist in dem großen Anteil begründet, den die Transportkosten an den Gestehungskosten fast aller Wirtschaftsbetriebe haben. Dieser Anteil, der im Durchschnitt zwischen 10 und 50% schwankt,[1]) ist so beträchtlich, daß er sogar die Wettbewerbsfähigkeit einzelner Wirtschaftszweige vielfach entscheidend beeinflußt.

Zu 2. Die größere Eignung eines Verkehrsmittels für die Leistung bestimmter Arten von Transporten ist für sich allein noch nicht ausreichend, um ihm den gebührenden Platz im Rahmen des gesamten öffentlichen Verkehres zu sichern, insbesondere dann nicht, wenn dem Erwerbsstreben oder dem Geltungsbedürfnis einzelner Unternehmungen ein allzu großer Spielraum gelassen wird. Man denke nur an die Unterdrückung der Kanäle durch die Eisenbahnen in England. Deshalb ist ein Eingreifen der Staatsgewalt zur Herbeiführung einer der spezifischen Eignung der einzelnen Verkehrsmittel angepaßten Arbeitsteilung und Zusammenarbeit notwendig.

Zu 3. Insbesondere kann auch die Herbeiführung einer volkswirtschaftlich richtigen und dem jeweiligen Stande der Technik entsprechenden Arbeitsteilung zwischen Eisenbahn und Kraftwagen nicht dem freien Spiel der wirtschaftlichen Kräfte überlassen werden.[2]) Denn dieser Weg des freien Wettbewerbes wäre nur gangbar, wenn nicht nur der öffentliche Kraftfahrverkehr, sondern auch die Eisenbahnen erst in Entwicklung begriffen wären und ein aufbauender Wettbewerb

---

[1]) Prof. Dr. Konrad Mellerowicz: Grundlagen rationaler Verkehrsorganisation. Frankfurter Zeitung, Wirtschaftsheft 8, Zusammenarbeit der Verkehrsmittel, Kap. III, S. 8.

[2]) So auch: Eisenbahn und Kraftwagen. Einleitender Bericht des Ausschusses unabhängiger Sachverständiger an die Internationale Handelskammer. Drucksache Nr. 85, Oktober 1933, S. 11. Generalsekretariat 38, Cours Albert Ier, Paris (VIII).

zwischen beiden im Rahmen einer aufstrebenden Wirtschaftsentwicklung stattfinden könnte.

Da beide Voraussetzungen nicht zutreffen, kann eine Arbeitsteilung nicht im Wege eines freien, ungebundenen Wettbewerbes, sondern nur im Rahmen einer zielbewußten Verkehrspolitik durch planmäßiges Eingreifen der Staatsgewalt herbeigeführt werden.

Soll dieses Eingreifen der obersten Verkehrsbehörde auf die Erreichung des Zieles nicht störend, sondern fördernd wirken, dann darf es nichts anderes bezwecken, als die schädlichen Folgen einer ungebundenen Konkurrenz zwischen Eisenbahn und Kraftwagen hintanzuhalten, ohne aber gleichzeitig die nützlichen Wirkungen eines gesunden Wettbewerbes zu unterdrücken.

Zu 4. Die Gesetzgebung darf sich durch die verwaltungstechnisch bequeme Rolle des Handikapers nicht dazu verleiten lassen, lediglich den Wettbewerb zwischen beiden Verkehrsmitteln zu regeln, d. h. sie darf ihr Eingreifen nicht allein darauf abstellen, eines der beiden Verkehrsmittel lediglich zum Ausgleiche der (hinsichtlich bestimmter Arten von Verkehrsleistungen) geringeren Wettbewerbsfähigkeit des anderen zu belasten. Denn eine solche Belastung schafft einen künstlichen Gleichgewichtszustand zwischen den beiden Verkehrsmitteln, der keine Annäherung an den natürlichen Gleichgewichtszustand bedeutet, der der wirtschaftlichen Eignung der beiden Verkehrsmittel entspricht. Zur Herbeiführung des natürlichen, vom volkswirtschaftlichen Standpunkte richtigen Gleichgewichtszustandes muß die Gesetzgebung vor allem jene Arbeitsteilung durchzusetzen trachten, die jedem der beiden Verkehrsmittel das seiner Eigenart entsprechende Gebiet des Verkehres sichert, so daß nur in den Grenzgebieten ein gesunder Wettbewerb auf Grund richtiger Gestehungskosten stattfinden kann. Dabei hat auch hinsichtlich dieser Grenzgebiete die Verkehrsaufsichtsbehörde dafür zu sorgen, daß kein ungesunder Wettbewerb durch systematische Übernahme von Transporten unter den eigenen Gestehungskosten stattfinde.

Zu 5. Eine Arbeitsteilung zwischen Eisenbahn und Kraftwagen, die der verschiedenartigen Eignung beider Verkehrsmittel entspricht, wird nicht nur durch die Transportlänge, sondern auch durch die Transportmenge und bei Lastentransporten auch durch die Art des Transportgutes bestimmt.

Das Eingreifen zur Herbeiführung einer der verschiedenartigen Eignung beider Verkehrsmittel entsprechenden Arbeitsteilung kann daher nur im allgemeinen auf die Transportlänge abgestellt werden, kommt dagegen für jene Transporte nicht in Frage, bei denen unabhängig von der Transportlänge entweder wegen der Größe der Transportmenge im Personen- und im Lastenverkehr nur der Eisenbahntransport leistungsfähig und billig, oder wegen der Art des Transportgutes (Umzugsgut, leicht verderbliche Güter) trotz allenfalls höherer Kosten nur der Kraftfahrtransport zweckmäßig ist.

Die verkehrswirtschaftliche Grenze der Transportlänge, d. i. die „kritische Transportlänge", auf die im allgemeinen die Arbeitsteilung zwischen Eisenbahn und Kraftwagen abzustellen ist, wird im Personen- und im Lastenverkehr durch die vergleichsweise Güte der gebotenen Leistung und durch die Höhe der Gestehungskosten beider Transportarten sowie durch die verschiedenartigen wirtschaftlichen Bedingungen bestimmt, unter denen Eisenbahn und Kraftwagen in einem Lande arbeiten.

Statistische Erhebungen für verschiedene Verkehrsverhältnisse beider Verkehrsmittel zeigen, daß die verkehrswirtschaftliche Grenze der Transportlänge im Personenverkehr (Kraftfahrlinien) im allgemeinen zwischen 50 und 100 km und im Lastentransport zwischen 50 und 150 km liegt.[1])

II. Erläuterungen zum 2. Abschnitt: Anwendung der Richtlinien auf österreichische Verhältnisse.

Zu I. Regelung im Kraftfahrverkehr.

Zu A. Obere Grenze der Transportlänge im Kraftfahrverkehr.

Eine zahlenmäßige Begrenzung der Transportlänge im Kraftfahrverkehr wäre für eine richtige Arbeitsteilung wenig geeignet, weil sie keine Anpassung an die verschiedenen Siedlungs- und Verkehrsverhältnisse und an die örtlich verschiedene Dichte des Eisenbahnnetzes erlaubt, und weil die Einhaltung

---

[1]) Prof. Dr. Konrad Mellerowicz: Grundlagen rationaler Verkehrsorganisation. Frankfurter Zeitung, Wochenheft 8, Kap. VII. S. 16, 17, 18. — Corini: Eisenbahnbeförderung und Kraftwagenbeförderung. Monatsschrift der internationalen Eisenbahnkongreß-Vereinigung, 1931/32. — C. Risch: Reichsbahn und Spedition. Verkehrstechnik, 1931/33.

einer zahlenmäßigen Begrenzung praktisch kaum überwachbar wäre. In Österreich sind wie in allen dicht besiedelten Ländern innerhalb der Maschen des Eisenbahnliniennetzes natürliche verkehrpolitisch gewachsene Verkehrsgebiete vorhanden, deren Durchmesser ungefähr den schwankenden Größen der kritischen Transportlänge, das ist 50 bis 150 km, entsprechen. Es ist daher nicht nur vom verkehrstechnischen Standpunkt naheliegend, sondern auch vom verkehrswirtschaftlichen (die kritische Transportlänge berücksichtigenden) Standpunkt gerechtfertigt, die Arbeitsteilung zwischen Eisenbahn- und Kraftfahrverkehr im allgemeinen auf die durch Maschen des Eisenbahnliniennetzes gegebene Unterteilung des gesamten Verkehrsgebietes abzustellen.

Zu 1. Geradeso wie für die Nebenbahnen, die als Zubringer der Hauptbahnen fast nie über eine Masche des Hauptbahnliniennetzes hinausführen, bilden auch für die Kraftfahrlinien die Maschen des Hauptbahnliniennetzes die natürliche Begrenzung ihrer oberen verkehrswirtschaftlichen Länge.

Zu 2. Bei dem nicht linienmäßig geführten Personenverkehr (Rundfahrten, Ausflugsfahrten) ist die Kraftwagenfahrt für die Passagiere meist Selbstzweck, daher durch eine Eisenbahnfahrt nicht ersetzbar. Die Festsetzung einer maximalen Transportlänge zur Herbeiführung einer Arbeitsteilung zwischen Kraftwagen und Eisenbahn wäre daher in diesem Falle zweckwidrig.

Zu 3. Auch für den nicht linienmäßig geführten Lastkraftverkehr bilden die Maschen des Eisenbahnliniennetzes als natürliche verkehrspolitisch entstandene Verkehrsgebiete eine taugliche Grundlage für eine Begrenzung der Transportlänge. Jedoch nicht in der Form, daß der Kraftfahrverkehr auf das Gebiet einer einzigen Masche beschränkt werden könnte. Denn die Notwendigkeit, den Verkehr zwischen Orten benachbarter Maschen sicherzustellen, zwingt zur Zusammenfassung benachbarter Maschen zu Verkehrsgebieten (Konzessionsgebieten). Durch die Grenzen dieser Verkehrsgebiete (Konzessionsgebiete) wird die Transportlänge im nichtlinienmäßig geführten Lastenverkehr beschränkt.

Zu B. Grundlagen für ein gesetzliches Eingreifen.

Zu 1. Öffentlicher Kraftfahrverkehr für Personenbeförderung.

Zu 1, a. Kraftfahrlinien.

Zu α. Diesem Punkte der Richtlinien liegt die Erfahrung

zugrunde, daß die Führung von Kraftfahrlinien von **lokaler** Verkehrsbedeutung am zweckmäßigsten den ortsansässigen Privatunternehmern überlassen wird, die den oft wechselnden Lokalbedarf genau kennen, mit der Bevölkerung des kleinen Verkehrsgebietes in persönlichem Kontakt stehen und dadurch die verschiedenartigen Verkehrsbedürfnisse rechtzeitig wahrnehmen und am besten befriedigen können.

Solche Linien, deren Anregung den Lokalinteressenten zu überlassen ist, und die daher auch nicht für die Aufnahme in den Linienplan (§ 21 Kraftfahrliniengesetz) in Betracht kommen, sind einzeln zu konzessionieren.

Zu β. Für **verkehrswichtige** Linien muß in erster Linie die Forderung nach möglichst weitgehender Sicherstellung der fahrplanmäßigen Aufrechterhaltung des Betriebes und nach Bewältigung fallweise notwendig werdender Spitzenleistungen (insbesondere für Fremdenverkehrslinien) gestellt werden. Eine Erfüllung dieser Forderung ist unter möglichster Wahrung der Ökonomie der Betriebsführung nur dann möglich, wenn ein ausreichender Reservestand an Betriebsmitteln und Betriebspersonal zur Verfügung steht. Diese notwendigen Reserven wären bei einer einzelnen Linie schlecht ausgenützt und würden die Linie finanziell zu sehr belasten. Bei einem zusammenhängenden Liniennetz, bei dem Betriebsstörungen und Verkehrsspitzen in der Regel abwechselnd auf verschiedenen Linien auftreten, kann dagegen eine Reserve entsprechend ausgenützt und ohne Schädigung der Betriebsökonomie gehalten werden.

Verkehrswichtige Linien, die im Längsbereiche einer Eisenbahnverbindung verlaufen oder die an Eisenbahnen gelegene verkehrswichtige Orte verbinden, geben immer Anlaß zu einer mit einer Verkehrsabwanderung von der Bahn verbundenen Teilung des Verkehres, weshalb die Zuerkennung des Vorrechtes zur Erwerbung der Konzession zu den festzusetzenden Bedingungen (Anzahl der Kursfahrten) an die betreffende Eisenbahnunternehmung vorzusehen war. Von der Zuerkennung dieses Vorrechtes an die Eisenbahnen werden die Interessen der privaten Kraftfahrunternehmer um so weniger berührt, je weniger engherzig der Begriff der „verkehrswichtigen" Linie aufgefaßt wird, so daß dem privaten Unternehmertum das seiner Leistungsfähigkeit entsprechende Betätigungsfeld bei der Führung zahlreicher einzelner Linien gewahrt bleibt. Die Bestimmung, daß die Eisenbahnunternehmungen (ebenso wie die Postverwaltung) keiner Konzession, sondern einer Genehmigung des Bundesministers für Handel und Verkehr bedürfen, entspricht der jetzigen Rechtslage nach dem Kraftfahrliniengesetz.

In welchem Falle eine Kraftfahrlinie als im „Längsbereiche einer Eisenbahnverbindung" verlaufend anzusehen ist, wird in jedem einzelnen Falle zu entscheiden sein. Ein solcher Verlauf wird jedenfalls nicht als gegeben anzusehen sein, wenn die Kraftfahrlinie eine wesentlich kürzere Verbindung herstellt, als der „Übereckverkehr" der Eisenbahn.

Zu γ. Diese Bestimmung ist eine Folge des den Eisenbahnunternehmungen unter Punkt β) zuerkannten Vorrechtes.

Zu β und γ: Das Konzessionsvorrecht der Eisenbahnen für verkehrswichtige Linien soll nicht nur den berechtigten Interessen der Eisenbahnen (Österreichische Bundesbahnen) dienen, sondern auch den öffentlichen Verkehrsinteressen, denn die Befriedigung wichtiger öffentlicher Verkehrsinteressen ist durch eine übergroße Anzahl wenig leistungsfähiger, oft wechselnder Privatunternehmer nicht ausreichend gewährleistet. Große leistungsfähige Privatbetriebe können sich aber angesichts der heutigen Kapitalarmut der Privatwirtschaft nicht bilden, vielleicht auch nicht erhalten. Offenbar die gleichen Erwägungen haben in einer Reihe von Staaten dazu geführt, das Vorrecht zur Einrichtung von Personenkraftwagenlinien den öffentlichen Verkehrseinrichtungen des Staates (den Staatsbahnen oder den Staatsbahnen und der Post) vorzubehalten. Dabei haben einige Staaten (Tschechoslowakei und Ungarn),[1]) in denen (ebenso wie in Österreich) sowohl die Staatsbahnen als auch die Post dieses Vorrecht genießen, bereits erkannt, daß die Forderung nach wirtschaftlicher Befriedigung des öffentlichen Verkehrsbedürfnisses die Zusammenfassung der Kraftfahrlinien des Staates zu einem verkehrstechnisch und betriebstechnisch einheitlich geführten Kraftfahrliniennetz verlangt.

Zu 1, b. Unternehmungen periodischer Personentransporte.

Durch diese Konzessionen für den periodischen Personentransport wird die Berechtigung des Lohnfuhrwerksgewerbes, des Platzfuhrwerksgewerbes und der Reisebureaus (Verordnung der Minister des Handels und des Innern vom 23. November 1895, RGBl. Nr. 181, § 2, d „Veranstaltung von Gesellschaftsfahrten") nicht berührt.

---

[1]) Siehe Seiten 261 und 271.

Zu 2. Öffentlicher Kraftfahrverkehr zur Sachenbeförderung.

Zu 2, a. Regelmäßiger Verkehr (Kraftfahrlinien).

Zu 2, α, β, γ. Für diese die Kraftfahrlinien zur Sachenbeförderung betreffenden Bestimmungen waren auch die vorstehend zu 1 angeführten Überlegungen für die analogen Bestimmungen 1, α, 1, β, und 1, γ, für die Kraftfahrlinien zur Personenbeförderung maßgebend.

Zu 2, δ. Diese Bestimmung soll die Beseitigung eines unwirtschaftlichen Wettbewerbes ermöglichen, der den Eisenbahnen durch bestehende Kraftfahrlinien bereitet wird, die auf weiten — die verkehrswirtschaftliche Transportlänge erheblich übersteigenden — Strecken, parallel zu Eisenbahnen verlaufen.

Zu 2, b. Gelegentlicher Verkehr (gewerbliche Konzessionen).

Zu 1. Diese Bestimmung über die Konzessionen entspricht der derzeit geltenden Regelung durch die Verordnung des Bundesministerium für Handel und Verkehr vom 31. März 1931, BGBl. Nr. 109.

Zu 2 und 3. Für die Regelung des gelegentlichen Kraftfahrverkehrs zur Sachenbeförderung ist zwecks Herbeiführung einer wirtschaftlichen Arbeitsteilung mit den Bahnen auch die verkehrswirtschaftliche Grenze der Transportlänge (kritische Transportlänge 50 km bis 150 km) maßgebend.

Diese verkehrwirtschaftliche Grenze der Transportlänge ist wieder nicht zahlenmäßig, sondern auf Grundlage von Maschen des Eisenbahnliniennetzes zu bestimmen, deren Größe der kritischen Transportlänge entspricht.

Wenn diese Art der Begrenzung verkehrstechnisch brauchbar sein soll, muß sie

1. den einzelnen Kraftfahrbetrieben Verkehrsgebiete (Konzessionsgebiete) zuweisen, deren jedes ein natürliches Verkehrszentrum hat,

2. die Konzessionsgebiete so wählen, daß sie einander zum Teil übergreifen, so daß der Verkehr durch die Grenzen der einzelnen Konzessionsgebiete nicht unterbunden wird.

3. eine einfache Überwachung der unzulässigen Ausdehnung von Fahrten über die Grenzen der einzelnen Konzessionsgebiete gestatten.

Die Karte „Konzessionsgebiete" zeigt in verschiedenen Farben dargestellt die zweckmäßig ausgewählten Maschen des Eisenbahnliniennetzes. Dabei wurden einige größere Maschen, die geographisch oder verkehrstechnisch keine Einheit darstellen, durch entsprechende Unterteilung in ihre verkehrstechnischen Einheiten zerlegt. Die Karte zeigt 35 Maschen (bzw. Maschenteile), die mit den Zahlen 1 bis 35 numeriert sind.

Die Karte enthält auch das Verzeichnis der 22 „Konzessionsgebiete“.[1] Rechts neben der Bezeichnung jedes Konzessionsgebietes sind die Nummern derjenigen Maschen des Eisenbahnliniennetzes angegeben, aus denen das Konzessionsgebiet besteht.

Aus dieser Karte ist die verkehrstechnische Brauchbarkeit dieser Art der Begrenzung der Konzessionsgebiete ersichtlich:

1. Jedes Konzessionsgebiet hat (z. B. in Wien, in St. Pölten usw.) ein natürliches Verkehrszentrum.

2. Die benachbarten Konzessionsgebiete, z. B. Wien und St. Pölten, übergreifen einander mit den ihnen gemeinsamen Maschen (4 und 5), so daß die (von Gußwerk über St. Pölten nach Retz verlaufende) Grenze zwischen beiden Konzessionsgebieten den Verkehr zwischen Orten der Maschen 4 und 7 oder 5 und 6 nicht unterbindet.

3. Die (obligatorisch anzubringende) Aufschrift des Konzessionsgebietes auf jedem Lastkraftwagen eines erwerbsmäßigen Betriebes läßt eindeutig das Verkehrsgebiet erkennen, innerhalb dessen der Lastkraftwagen auf Grund seiner Konzession Transporte ausführen darf.

Durch diese Aufschriften ist die Überwachung unbefugter Transporte innerhalb eines anderen Konzessionsgebietes sehr leicht, weil sich jedes Aufsichtsorgan der Straßenpolizei in Anbetracht der durch charakteristische Verkehrswege (Bahnen, Flüsse wie die Donau) oder durch charakteristische Verkehrsgrenzen (Gebirgszüge) voneinander geschiedenen Maschen der einzelnen Konzessionsgebiete, die wenigen (höchstens fünf) Namen der Konzessionsgebiete leicht einprägen kann, denen die betreffende Masche angehört.

Zu 4, a. Die Größe der einzelnen Konzessionsgebiete ist der oberen Grenze (150 km) der kritischen Transportlänge angepaßt. Da jedoch die kritische Transportlänge von den gebotenen Transportmöglichkeiten abhängt und bis an die untere

---

[1]) Die Maschen 10, 20 und 21 sowie die Maschen 27, 28 und 29 wurden nicht zu besonderen Konzessionsgebieten zusammengefaßt, weil sie keine natürlichen Verkehrszentren haben. Der Verkehr zwischen den Maschen 10 und 21 und zwischen den Maschen 28 und 29 wird zweckmäßig auf Grund von Ausnahmsbestimmungen von Konzessionären benachbarter Konzessionsgebiete besorgt.

Grenze von 50 km heruntergeht, wenn es sich um Transporte im Längsbereiche von Eisenbahnverbindungen handelt, waren auch innerhalb der einzelnen Konzessionsgebiete solche Transporte auf diese untere Grenze von 50 km zu beschränken.

Dabei ist zu beachten, daß diese Begrenzung auf 50 km nicht schon an den Verlauf der Transporte im Längsbereich einer Eisenbahn, sondern erst an den Verlauf der Transporte im Längsbereich einer „Eisenbahnverbindung" geknüpft wird. Das heißt, die Beschränkung soll nur für Transporte zwischen den Bereichen jener Stationsorte gelten, zwischen denen die Eisenbahn eine Verbindung herstellt, die — insbesondere auch hinsichtlich der Häufigkeit der Zugsfolge — den Bedürfnissen des Lastenverkehres genügt.

Zu 4, b. Diese Bestimmung soll ermöglichen, die zulässige Transportlänge im Kraftfahrverkehr zum Schutze volkswirtschaftlich wichtiger Nebenbahnen — nicht generell — sondern nur zwischen bestimmten Stationsorten unter 50 km festzusetzen.

Zu 5, a. Es kann vorkommen, daß zur Besorgung umfangreicher Lastkrafttransporte, die innerhalb ein und desselben Konzessionsgebietes vor sich gehen (z. B. anläßlich der Durchführung eines größeren Baues), die Transportunternehmer dieses Konzessionsgebietes aus irgendeinem Grunde (z. B. auch mangels verfügbarer Spezialwagen) nicht herangezogen werden können. Für solche Fälle war die an die Bewilligung des Landeshauptmannes geknüpfte Möglichkeit der Heranziehung eines Lastkraftfahrbetriebes eines anderen Konzessionsgebietes vorzusehen.

Zu 5, b. Wenn für einen Teil eines Konzessionsgebietes die Standorte von Kraftfahrbetrieben benachbarter Konzessionsgebiete erheblich näher liegen als die Standorte von Kraftfahrbetrieben des eigenen Konzessionsgebietes, dann kann es im öffentlichen Verkehrsinteresse wünschenswert erscheinen, einem Kraftfahrbetrieb des benachbarten Verkehrsgebietes die Erlaubnis zu erteilen, Lastkrafttransporte bis zu einer Gesamttransportlänge von 50 km zwischen Orten des eigenen und Orten des fremden Verkehrsgebietes auszuführen.

Sofern das fremde Konzessionsgebiet einem anderen Bundeslande angehört wie das eigene, wird der für dieses örtlich zuständige Landeshauptmann vor Erteilung der Bewilligung das Einvernehmen mit dem für das fremde Konzessionsgebiet örtlich zuständigen Landeshauptmann herzustellen haben.

Zu 6. Diese Bestimmung hebt für bestimmte Arten von Gütern, die entweder einem raschen Verderben unterliegen oder die zu ihrem Transporte Spezialwagen benötigen, die Beschränkung der Transportlänge auf ein bestimmtes Verkehrsgebiet auf.

Zu 7. Die Begrenzung der Transportlängen durch die Größe der Konzessionsgebiete kann nicht ausnahmslos gelten, weil es sonst unmöglich wäre, außerhalb des normalen Verkehres notwendig werdende Transporte auf beliebige Distanzen und zwischen beliebigen Orten des Bundesgebietes auszuführen.

Da der Zweck solcher, oft plötzlich notwendig werdender Transporte vereitelt würde, wenn ihre Durchführung an eine vorher einzuholende Bewilligung geknüpft wäre, ist ein bloßes Anmeldesystem vorgesehen, etwa wie folgt:

Der Besteller des Transportes meldet bei dem nächsten Polizei- oder Gendarmerieposten die Vornahme der Fahrt an und erhält über diese Anmeldung eine Bestätigung (in drei Ausfertigungen).

Der Empfang dieser Bestätigung berechtigt den erwerbsmäßigen Lastkraftfahrbetrieb ohneweiters zur Ausführung der Fahrt. Die Bestätigung (eine Ausfertigung) dient ihm während der Fahrt als Legitimation. Am Ziel der Fahrt ist eine zweite Ausfertigung der Bestätigung dem nächsten Polizei- oder Gendarmerieposten zu übergeben.

Der Besteller hat nachträglich die Notwendigkeit und Dringlichkeit der Fahrt entsprechend den hierüber aufzustellenden Richtlinien nachzuweisen. Der Nachweis wird von den beiden in Frage kommenden Bezirkshauptmannschaften überprüft. Die ungerechtfertigte Ausführung von Fahrten ist unter Sanktion zu stellen.

Zu 8. Die Wahl zwischen mehreren Konzessionsgebieten steht jedem Konzessionär insofern frei, als der Standort jedes Betriebes gleichzeitig mehreren benachbarten Konzessionsgebieten (die einander zum Teil überdecken) angehört.

Zu c. So begründet es ist, den Lastkraftverkehr zwecks Herbeiführung einer verkehrswirtschaftlichen Arbeitsteilung mit den Eisenbahnen hinsichtlich der zulässigen Transportlänge zu beschränken, so unbegründet wäre es, ihn hinsichtlich der Transporte, die ihm innerhalb der einzelnen Konzessionsgebiete vorzugsweise vorbehalten sind, noch mit Mindesttarifen zum Vorteil der Eisenbahnen zu belasten.

Zu 3. Werksverkehr.[1])

Zu 1. Der Werksverkehr ist grundsätzlich von der Konzessionspflicht frei zu halten, weil diejenigen Fragen, die bei einer Konzessionserteilung entscheidend sind, d. i. insbesondere die Frage des Vorhandenseins eines Transportbedürfnisses dem Ermessen des gewerblichen Betriebes überlassen bleiben muß, der sich einen Werksverkehr als Hilfsbetrieb einrichten will.

Zu 2. Da der Werksverkehr den aus der Konzessionspflichtigkeit des gewerbsmäßigen Kraftfahrverkehres sich ergebenden Bedingungen — Vorhandensein eines Verkehrsbedürfnisses für ein bestimmtes Verkehrsgebiet und für einen bestimmten Standort — nicht unterworfen ist, erscheint die öfter aufgestellte Forderung, daß der nicht konzessionspflichtige Werksverkehr grundsätzlich auch zur Mitnahme fremder Waren berechtigt sein soll, unbegründet.

Auch ist notwendig, festzustellen, daß das Merkmal des Werksverkehres (siehe die Definition in untenstehender Fußnote) „. . . . mit eigenen oder ständig zur Benützung auf eigene Rechnung und Gefahr vom Werksunternehmer oder seinen Leuten bedienten Lastkraftwagen“ dann nicht als gegeben anzusehen ist, wenn

1. mehrere Werksunternehmer einen oder mehrere Wagen gemeinsam benützen, oder
2. ein Werksunternehmer seine Wagen fallweise an einen anderen verleiht.

Zu 3. Der Werksverkehr kann nicht vorbehaltlos von Beschränkungen der Art ausgenommen werden, die dem gewerbsmäßigen Kraftverkehr zur Sachenbeförderung zwecks Herbeiführung einer wirtschaftlichen Arbeitsteilung mit den Eisenbahnen aufzuerlegen sind. Denn der Werksverkehr, der nicht privaten Verkehrsbedürfnissen, sondern den Verkehrs-

---

[1]) Als „Werksverkehr“ gilt nach der Lastkraftwagenverkehrsverordnung „die im Rahmen und für Zwecke eines nicht transportgewerblichen Betriebes erfolgende Beförderung von Gütern mit eigenen oder ständig zur Benützung auf eigene Rechnung und Gefahr übernommenen, vom Werksunternehmer oder seinen Leuten bedienten Lastkraftwagen, sofern es sich um die Beförderung von Erzeugnissen des eigenen Betriebes oder von Bedarfsgegenständen für den eigenen Betrieb (Rohstoffe, Halbfabrikate, Einrichtungsgegenstände, Verpackungsmaterial, Werkzeuge, Betriebsstoffe, Produktionsmittel u. dgl.) oder von Handelsware des eigenen Betriebes oder von Gütern handelt, die im eigenen Betrieb einer Bearbeitung (Veredlung, Ausbesserung, Reinigung o. dgl.) unterzogen werden oder deren mietweise Überlassung an Dritte zum Gegenstande des Betriebes gehört.

bedürfnissen von Erwerbsbetrieben dient, kann im Gesamtverkehr eine so große Bedeutung[1]) gewinnen, daß er — außerhalb jede Regelung gestellt — eine weitgehende Dezentralisierung in der Abwicklung des Lastenverkehres verursachen und damit den Bestand leistungsfähiger öffentlicher Verkehrseinrichtungen auf dem Gebiete des Eisenbahn- und Kraftfahrwesens in Frage stellen kann. Auf leistungsfähige öffentliche Verkehrsmittel kann aber aus volkswirtschaftlichen und wehrpolitischen Gründen nicht verzichtet werden.

Diese Frage, ob der Werksverkehr derartigen Beschränkungen zu unterwerfen ist, darf — auch im Interesse des Werksverkehres selbst — nicht erst dann zur Erörterung und Entscheidung gestellt werden, wenn die obgenannten Voraussetzungen für die Notwendigkeit solcher Beschränkungen bereits gegeben sind. Deshalb ist es notwendig, auf Grund der Bestimmung des Punktes 1 eine amtliche Statistik über Art und Umfang des Werksverkehres zu führen, um gegebenenfalls rechtzeitig eine zweckdienliche Entscheidung treffen zu können.

Zu II. Regelung im Eisenbahnverkehr.

Der Umstand, daß die kritische Transportlänge für den Kraftfahrverkehr die obere verkehrswirtschaftliche Grenze darstellt, ließ wohl im allgemeinen eine Begrenzung der maximal zulässigen Transportlänge im öffentlichen Kraftfahrverkehr, d. h. die grundsätzliche Überlassung aller die kritische Transportlänge übersteigenden Transporte an die Eisenbahnen, als begründet erscheinen. Es wäre jedoch irrig, per analogiam anzunehmen, daß der Umstand, daß diese kritische Transportlänge für den Eisenbahnverkehr die untere wirtschaftliche Grenze darstellt, zum Anlaß genommen werden könnte, alle kurzen Transporte (abgesehen von Massentransporten) zur Gänze dem Kraftfahrverkehr zu überlassen und deshalb den Eisenbahnbetrieb unvermittelt einzuschränken. Denn eine solche verkehrswirtschaftlich weittragende Maßnahme kann zuerst nur

---

[1]) So auch der Vorbericht der internationalen Handelskammer (Seite 8, Spalte 2, Absatz 2), der nach Erörterung von fünf möglichen Systemen für die Arbeitsteilung zwischen Eisenbahn und Kraftwagen (von denen ein System die Beschränkung von Kraftfahrtransporten auf bestimmte Entfernungen betrifft) sagt: „Infolge der Bedeutung des Werksverkehrs hängt die Wirksamkeit der zur Durchführung jeder der obigen fünf Systeme notwendigen Maßnahmen weitgehend davon ab, wie sie sich zu dieser Form des Überlandverkehrs verhalten.“

versuchsweise auf den hiefür nach klimatischen und Verkehrsverhältnissen geeignetsten Strecken des Eisenbahnliniennetzes getroffen werden. Auch ist es nur bei allmählicher Auflassung dieser Transporte durch die Eisenbahn möglich, die dadurch bei den Eisenbahnen erzielbare Ersparnis, die zum großen Teile auf einer nicht unvermittelt verwirklichbaren Personalersparnis beruht, auch tatsächlich zu erzielen.

Zu III. Regelung der Zusammenarbeit zwischen Eisenbahn- und Kraftfahrverkehr.

Zu 1. Eine zweckmäßige Arbeitsteilung zwischen Eisenbahn- und Kraftfahrverkehr kann durch gesetzliche Vorschriften (Abschnitte I und II) nur hinsichtlich jener Transportbereiche herbeigeführt werden, hinsichtlich welcher einem der beiden Verkehrsmittel eine ausgesprochene verkehrswirtschaftliche Überlegenheit gegenüber dem anderen zukommt. Dagegen kann innerhalb jener Transportbereiche, die — mangels einer verkehrswirtschaftlichen Überlegenheit eines der beiden Verkehrsmittel — der Betätigung beider Verkehrsmittel zugänglich bleiben müssen, eine zweckmäßige Arbeitsteilung nur durch einvernehmliche Zusammenarbeit beider Verkehrsmittel erfolgen.

Zu 2 und 3. Beim Sachentransport erfordert die Herbeiführung einer wirtschaftlichen Arbeitsteilung und insbesondere die Notwendigkeit der Organisierung kombinierter Eisenbahn-Kraftfahrtransporte eine eingehende und unausgesetzte Befassung mit allen für die zweckmäßige Abwicklung der Transporte maßgebenden Verhältnissen eines Verkehrsgebietes. Diese Zusammenarbeit zwischen Eisenbahn- und Kraftfahrverkehr kann nur von ständig tätigen Arbeitsausschüssen (Zuteilungsausschüssen) geleistet werden, deren jeder höchstens einen Verkehrsbereich im Ausmaße eines Konzessionsgebietes betreuen kann. Die Sicherstellung einer gleichartigen Verkehrsteilung durch diese Zuteilungsausschüsse erfordert die Überwachung und Regelung ihrer Tätigkeit durch den für das gesamte Bundesgebiet zu errichtenden Verkehrsteilungsausschuß.

III. HAUPTSTÜCK.

Die Kraftfahrgesetzgebung in Europa.

(Öffentlich-rechtliche Grundlagen zur Regelung des Wettbewerbes „Eisenbahn und Kraftwagen".)

1. Österreich.

A. Verkehrsvorschriften.

I. Die gesetzlichen Grundlagen.

In Österreich bilden die nachstehend angeführten Gesetze und Verordnungen die gesetzlichen Grundlagen für den Kraftwagenverkehr:

I. Das Kraftfahrgesetz, BGBl. Nr. 437/1929, in der Fassung der I. Kraftfahrgesetznovelle, BGBl. Nr. 594/1933.

II. Die Kraftfahrverordnung, BGBl. Nr. 138/1930, in der Fassung der Verordnungen BGBl. Nr. 261/1931, 54/1932, 86/1932 und BGBl. I Nr. 44/1934.

III. Die Verordnung des Bundesministers für Handel und Verkehr über die Bindung des Gewerbes der Beförderung von Lasten mit Kraftfahrzeugen an eine Konzession, BGBl. Nr. 109/1931.

IV. Das Budgetsanierungsgesetz, VI. Hauptstück, BGBl. Nr. 294/1931 (Kraftfahrliniengesetz), in der Fassung der Verordnung der Bundesregierung, BGBl. I Nr. 234/1934.

V. Die 1., 2. und 3. Durchführungsverordnung zum Kraftfahrliniengesetz, BGBl. Nr. 403/1931, 334/1932 und BGBl. II Nr. 43/1934.

VI. Die Lastkraftwagenverkehrsverordnung, BGBl. Nr. 253 aus 1933, in der Fassung ihrer sieben Novellen, BGBl. Nr. 553 aus 1933, BGBl. I Nr. 151/1934, BGBl. II Nr. 85 und 426/1934, BGBl. Nr. 172, 258 und 544/1935.

VII. Das Kraftfahrzeughaftpflichtgesetz, BGBl. Nr. 162/1908, in der Fassung BGBl. Nr. 300/1922.

II. Behörden.

Die Behörden, welchen die Überwachung des Kraftwagenverkehres obliegt, sind die folgenden: die Bezirksverwaltungsbehörden, die Bundespolizeibehörden, der Landeshauptmann und in letzter Instanz das Bundesministerium für Handel und Verkehr.

III. Kraftfahrbeirat.

Außerdem besteht auf Grund des § 19 des Kraftfahrgesetzes beim Bundesministerium für Handel und Verkehr ein Kraftfahrbeirat, in den vom Bundesminister Beamte der öffentlichen Verwaltung sowie Personen aus dem Kreise der am Kraftfahrwesen interessierten Industrien und Versicherungsanstalten, des Kraftfahrzeughandels, der Kraftfahrzeugbesitzer, der Berufskraftwagenführer und der an der Regelung des öffentlichen Verkehres interessierten Verbände zu ernennen sind.

Dem Beirat obliegt die Erstattung von Gutachten und die Stellung von Anträgen in Angelegenheiten des Kraftfahrwesens sowie die Stellungnahme zu den Entwürfen der das Kraftfahrwesen betreffenden Gesetze, Verordnungen und grundsätzlichen Erlässe.

IV. Die Bestimmungen über Kraftfahrlinien.

1. Konzessionspflicht.

a) In Österreich bedarf nach § 1 des Kraftfahrliniengesetzes der Betrieb einer Kraftfahrlinie einer Konzession. Dabei ist nach § 3 (2) Voraussetzung für die Erteilung der Konzession für eine Kraftfahrlinie zur Beförderung von Sachen, daß der Bewerber nach den gewerberechtlichen Vorschriften zur gewerbsmäßigen Beförderung von Lasten mit Kraftfahrzeugen befugt ist. Als Kraftfahrlinie definiert das Gesetz die dem öffentlichen Verkehr dienende, wiederkehrende, über den Bereich einer Ortsgemeinde hinaus, zwischen bestimmten Orten und gegen Entgelt erfolgende Beförderung von Personen mit Kraftstellwagen oder unter Vergebung einzelner Plätze in Kraftfahrzeugen jeder Art, oder von Sachen mit Kraftfahrzeugen jeder Art. Wiederkehrend ist eine Beförderung, wenn sie durch mehr als vier Wochen und wenigstens einmal wöchentlich zwischen denselben Orten stattfindet.

Zur Erteilung der Konzession ist der Landeshauptmann, wenn aber die Linie durch zwei oder mehrere Bundesländer geht, der Bundesminister für Handel und Verkehr zuständig (§ 2).

b) Einer Konzession bedürfen nicht:

1. die von der Post oder Eisenbahn betriebenen Kraftfahrlinien, wobei die Einrichtung neuer Postkraftfahrlinien dem Bundesminister für Handel und Verkehr vorbehalten und für die Einrichtung von Kraftfahrlinien durch Unternehmungen des öffentlichen Eisenbahnverkehres die Genehmigung des Bundesministers für Handel und Verkehr erforderlich ist,

2. der Werksverkehr und die Kraftfahreinrichtungen, die ein Unternehmer zur Beförderung lediglich des eigenen Personals von oder zur Arbeitsstätte unterhält,

3. die Gaststätten zur Beförderung ihrer Gäste von und zu den öffentlichen Verkehrsmitteln,

4. die Erwerbs- und Wirtschaftsgenossenschaften für die Beförderung der Erzeugnisse und Bedarfsgegenstände der Genossenschafter, und

5. der Rollfuhrdienst.

2. Konzessionsbedingungen.

Die Konzession kann nach § 3 des Kraftfahrliniengesetzes nur erteilt werden:

a) wenn der Bewerber die Gewähr für die dauernde Sicherheit, Regelmäßigkeit und Leistungsfähigkeit des Betriebes bietet,

b) wenn ein entsprechendes Verkehrsbedürfnis vorhanden ist,

c) wenn die Art der Linienführung eine zweckmäßige und wirtschaftliche Befriedigung der in Betracht kommenden Verkehrsbedürfnisse gewährleistet, und

d) wenn das Unternehmen auch sonst öffentlichen Interessen nicht zuwiderläuft.

Letzterer Ausschließungsgrund liegt nach § 3 des Kraftfahrliniengesetzes insbesondere vor, wenn die neue Kraftfahrlinie auf Wegen geführt werden soll, die sich wegen ihres Bau- und Erhaltungszustandes für den beabsichtigten Kraftfahrzeugverkehr nicht eignen, oder wenn zu erwarten ist, daß die neue Kraftfahrlinie jenen Eisenbahn-, Schiffahrts- oder Kraftfahrlinienunternehmen, in deren Verkehrsbereich sie ganz oder teilweise fällt, einen unwirtschaftlichen Wettbewerb bereiten würde. Ein unwirtschaftlicher Wettbewerb ist nicht anzunehmen, wenn diese Eisenbahn- oder Schiffahrtsunternehmungen oder Kraftfahrlinien berechtigte Verkehrsbedürfnisse nicht befriedigen und diesem Mangel in angemessener Frist nicht abhelfen.

3. Einwendungen gegen die Konzessionserteilung.

Die Verleihungsbehörde hat vor Erteilung der Konzession bei sonstiger Nichtigkeit auch die Post und jene Unternehmungen des öffentlichen Eisenbahnverkehres, in deren Verkehrsbereich die neue Kraftfahrlinie ganz oder teilweise fällt, sowie die Gemeinden, in deren Gebiet der Ausgangs- und Endpunkt der angesuchten Linie liegen, die Stadtgemeinden, durch deren Gebiet die Linie durchgeführt wird, und den zuständigen Zwangsverband der Kraftfahrunternehmungen von dem Konzessionsansuchen mit der Aufforderung besonders zu verständigen, innerhalb einer Frist, die mindestens 30 und höchstens 60 Tage zu betragen hat, ihre Stellungnahme schriftlich bekanntzugeben (§ 4 des Kraftfahrliniengesetzes).

4. Vorrecht der Post und Eisenbahn.

Erklärt die Post oder, falls die geplante Kraftfahrlinie ganz oder teilweise in den Verkehrsbereich einer Unternehmung des öffentlichen Eisenbahnverkehres fällt, diese Unternehmung im Zuge der Behandlung eines Konzessionsansuchens innerhalb der Einwendungsfrist eine Kraftfahrlinie in einem dem jeweiligen Verkehrsbedürfnisse entsprechenden Umfange binnen Jahresfrist selbst in Betrieb zu setzen und dauernd erhalten zu wollen, so ist das Verfahren auszusetzen und erst dann wieder aufzunehmen, wenn nicht innerhalb sechs Monaten der Bundesminister für Handel und Verkehr die Einrichtung einer Postkraftfahrlinie über die gleiche Strecke verfügt oder die Einrichtung der Kraftfahrlinie über die gleiche Strecke durch die Eisenbahn genehmigt hat (§ 5 des Kraftfahrliniengesetzes).

5. Beförderungspreise und Fahrplan.

Nach § 13 des Kraftfahrliniengesetzes unterliegen die Beförderungspreise, die Beförderungsbedingungen sowie der Fahrplan der Genehmigung durch die Verleihungsbehörde und sind gehörig zu verlautbaren.

6. Postbeförderung.

Die konzessionierten Kraftfahrunternehmungen haben auf Verlangen der Postbehörden die Briefpost unentgeltlich, sonstige Postsendungen gegen zu vereinbarende Vergütung zu befördern (§ 10 d des Kraftfahrliniengesetzes).

7. Dauer der Konzession.

Die Konzession wird nach § 7 des Kraftfahrliniengesetzes auf die Dauer von 25 Jahren erteilt; bei Vorliegen eines befristeten oder vorübergehenden Verkehrsbedürfnisses kann sie auch für einen kürzeren Zeitraum gewährt werden.

8. Linienplan.

Der Landeshauptmann kann für das Bundesland oder für einzelne Verkehrsgebiete innerhalb desselben einen Linienplan festsetzen, der nach Maßgabe der jeweils wahrgenommenen Verkehrsbedürfnisse eine zweckmäßige und wirtschaftliche Führung und Einteilung von Kraftfahrlinien für die Personenbeförderung planmäßig vorsieht. Vor Festsetzung dieses Linienplanes hat der Landeshauptmann die Post, die Eisenbahn- und Schiffahrtsunternehmungen, die zuständigen Handels- und Arbeiterkammern, die zuständige landwirtschaftliche Hauptkörperschaft und den zuständigen Zwangsverband der Kraftfahrunternehmungen zu hören. Der Linienplan bedarf der Genehmigung des Bundesministers für Handel und Verkehr hinsichtlich der Abgrenzung des Verkehrsbereiches vorhandener Eisenbahnunternehmungen, hinsichtlich jener Linieneinheiten, die in diesen Verkehrsbereich fallen und hinsichtlich jener Linieneinheiten, gegen deren Einrichtungen die vorher genannten Stellen Einspruch erhoben haben (§§ 21 und 22 des Kraftfahrliniengesetzes).

9. Gewicht, Länge und Breite der Kraftwagen.

Die Vorschriften über das Gewicht, die Länge und Breite der Kraftfahrzeuge sind in den Straßenpolizeigesetzen der einzelnen Bundesländer enthalten, welche fast wörtlich übereinstimmen. Sie gelten nach den Verordnungen des Bundesministers für Handel und Verkehr vom 26. September 1930 (BGBl. Nr. 293) und vom 25. Februar 1931 (BGBl. Nr. 71) auch für die Bundesstraßen. Das zulässige Gesamtgewicht eines Kraftwagens im beladenen Zustande beträgt 10 Tonnen, das eines Anhängers $7^1/_2$ Tonnen, der zulässige Achsdruck 6,7 Tonnen und der zulässige Raddruck bei anderen als Luftreifen auf 1 cm Radreifenbreite bei Triebrädern 120 kg, bei Laufrädern 140 kg. Das zulässige Gesamtgewicht eines Kraftwagenzuges darf daher 17,5 Tonnen, das eines dreiachsigen Kraftwagens oder Sattelaggregates 15 Tonnen bei einem Achsdruck von 5 Tonnen betragen.

Die Kraftfahrzeuge dürfen die Breite von 2 m nicht überschreiten; ausgenommen sind Kraftfahrzeuge mit einem Gesamtgewicht von mehr als 5,5 Tonnen, die unter der Bedingung, daß sie luftbereift sind, eine Höchstbreite von 2,20 m haben dürfen.

Die Gesamtlänge von Ladung und Wagen darf 10 m nicht überschreiten.

10. Höchstgeschwindigkeit.

Die jeweils zulässige Fahrgeschwindigkeit ist in Österreich durch die Straßenpolizeigesetze bestimmt, doch darf auch unter den günstigsten Verkehrsverhältnissen die nachstehend festgesetzte Höchstgeschwindigkeit nicht überschritten werden:

a) Außerhalb von geschlossenen Ortschaften:
von nicht mit Luftreifen ausgestatteten Kraftfahrzeugen und von Kraftwagen mit Anhängewagen (auch wenn sie mit Luftreifen ausgestattet sind) 30 km in der Stunde.

b) Innerhalb von geschlossenen Ortschaften:
1. von mit Luftreifen ausgestatteten Kraftfahrzeugen 35 km in der Stunde,
2. von nicht mit Luftreifen ausgestatteten Kraftfahrzeugen und von Kraftwagen mit Anhängern (auch wenn sie mit Luftreifen ausgestattet sind) 15 km in der Stunde.

c) Innerhalb von Kurorten:
1. von mit Luftreifen ausgestatteten Kraftfahrzeugen 25 km in der Stunde,
2. von nicht mit Luftreifen ausgestatteten Kraftfahrzeugen und von Kraftwagen mit Anhängern (auch wenn sie mit Luftreifen ausgestattet sind) 15 km in der Stunde (Kraftfahrverordnung § 82).

11. Haftpflicht für verursachte Schäden.

Die Vorschriften über die Haftung für Schäden aus dem Betriebe von Kraftfahrzeugen sind im Gesetz vom 9. August 1908, RGBl. Nr. 162, in der Fassung des Gesetzes vom 3. Mai 1922, BGBl. Nr. 300, enthalten. Nach § 1 dieses Gesetzes haften der Lenker, der Eigentümer und jeder Miteigentümer für den Ersatz des verursachten Schadens, und zwar bei Sachschäden für Schadloshaltung nach § 1323 ABGB.,[1]) bei Körperverletzung nach den §§ 1352 und 1326 ABGB., bei Tötung nach § 1327 ABGB.

V. Die Bestimmungen über den Lastkraftwagenverkehr.

Außer den Vorschriften des Kraftfahrliniengesetzes, welche den Linienverkehr der Kraftfahrzeuge im allgemeinen regeln, bestehen in Österreich noch besondere Bestimmungen über die Regelung des Güterverkehres mit Lastkraftwagen, welche mit Verordnung des Bundesministers für Handel und Verkehr vom

[1]) Allgemeines bürgerliches Gesetzbuch.

31. März 1931 über die Bindung des Gewerbes der Beförderung von Lasten mit Kraftfahrzeugen an eine Konzession (BGBl. Nr. 109) und Verordnung der Bundesregierung vom 9. Juni 1933 (BGBl. Nr. 253) (Lastkraftwagenverkehrsverordnung, in der Fassung ihrer 7 Novellen, siehe Abschnitt I) erlassen wurden.

1. Konzessionspflicht.

Auf Grund der Verordnung des Bundesministers für Handel und Verkehr vom 31. März 1931 (BGBl. Nr. 109) ist das Gewerbe der Beförderung von Lasten mit Kraftfahrzeugen, deren Eigengewicht (ohne Beiwagen) im betriebsfertigen Zustande 350 kg übersteigt, an eine Konzession gebunden.

Die Konzessionspflicht gilt auch für Spediteure, die die Tätigkeit eines Frachtführers ausüben wollen, jedoch nur dann, wenn sie die Gewerbeberechtigung für das Speditionsgewerbe erst nach Beginn der Wirksamkeit dieser Verordnung erlangen und nur in nachstehendem Umfange:

a) die Beförderung von land- und forstwirtschaftlichen Erzeugnissen, Holz, Kohle, Koks und Baustoffen in Mengen von mehr als 1000 kg bedarf unbedingt einer Konzession;

b) die Zu- und Abfahrt der unter a aufgezählten Güter in Mengen bis zu 1000 kg und anderer Güter zu und von der Station einer Eisenbahn-, Schiffahrts- oder Luftschiffahrtsunternehmung oder zu und von den Lagern und Sammelstellen des Spediteurs bedarf keiner Konzession, wenn der Spediteur die Güter mit Frachtbrief einer solchen Unternehmung im eigenen Namen zur Beförderung zu übergeben hat oder im Frachtbrief als Empfänger der Güter angegeben ist.

Die Verordnung findet auch auf die Beförderung des Gepäckes der Fahrgäste durch Unternehmungen für den Personentransport keine Anwendung.

2. Die Lastkraftwagenverkehrsverordnung.

Die Lastkraftwagenverkehrsverordnung hat die Aufgabe, den Wettbewerb des Kraftwagens mit der Eisenbahn zu regeln. Ihre Gültigkeit war ursprünglich bis 30. Juni 1934 befristet, wurde aber seither wiederholt, zuletzt bis 31. März 1936 verlängert.

a) Mindestfrachtsätze.

Nach § 1 der Lastkraftwagenverkehrsverordnung darf die entgeltliche Beförderung von Gütern mit Lastkraftwagen über den Bereich einer Ortsgemeinde hinaus nur unter Einhaltung von Mindestfrachtsätzen erfolgen.

Der Ermittlung dieser Mindestfrachtsätze sind im allgemeinen folgende Einheitsfrachtsätze für 100 kg und 1 km zugrunde zu legen.

Güterart	bis 50 km	über 50 bis 100 km	über 100 km
	Groschen		
Wagenladungsgüter	3	3	3,5
Sonstige Güter (auch Stückgüter) ...	6,5	5	4

Die für Wagenladungsgüter gültigen Frachtsätze sind anzuwenden auf Sendungen gleichartiger Güter, die von einem Versender an einen Empfänger mit einem Lastkraftwagen, allenfalls samt Anhänger, befördert werden, und zwar auf Entfernungen bis 100 km bei Frachtzahlung für mindestens 7000 kg und auf Entfernungen über 100 km für mindestens 10.000 kg.

Für sonstige Güter, die von einem Versender an einen Empfänger mit einem Lastkraftwagen, allenfalls samt Anhänger, auf Entfernungen, die von der ursprünglichen Aufgabe- bis zur endgültigen Abgabestelle 100 km nicht übersteigen, versendet werden, betragen bei Frachtzahlung für mindestens 5000 kg die Einheitssätze auf Entfernungen bis 50 km 5 g und auf Entfernungen von mehr als 50 km 4,5 g.

Für Güter, die mit einem Lastkraftwagen, allenfalls samt Anhänger, auf Entfernungen versendet werden, die von der ursprünglichen Aufgabe- bis zur endgültigen Abgabestelle 50 km nicht übersteigen, beträgt bei Frachtzahlung für mindestens 3000 kg der Einheitsfrachtsatz 5 g.

Die Frachtsätze sind auf Entfernungen bis 50 km aus der wirklichen Gesamtentfernung und dem anzuwendenden Einheitsfrachtsatz zu bilden. Auf Entfernungen über 50 bis 100 km sind die Frachtsätze in der Weise zu bilden, daß dem Teilfrachtsatz für 50 km der aus dem Einheitsfrachtsatz für die Entfernungen über 50 bis 100 km und dem 50 km übersteigenden Teil der Gesamtentfernung gebildete Teilfrachtsatz zugezählt wird. Bei Entfernungen über 100 km hat die Bildung der Frachtsätze in der Weise zu erfolgen, daß den Teilfrachtsätzen für 50 km und über 50 bis 100 km der aus dem Einheitsfrachtsatz für Entfernungen über 100 km und dem 100 km übersteigenden Teil der Gesamtentfernung gebildete Teilfrachtsatz zugezählt wird.

Für Verkehrsbeziehungen, die ganz oder in Teilstrecken von einer der im § 1, Absatz 5, der Lastkraftwagenverkehrsverordnung namentlich aufgezählten Lokalbahnen wirtschaftlich bedient werden, ist für Wagenladungsgüter ohne Rücksicht auf die Entfernung ein Einheitsfrachtsatz von 3,5 g für 100 kg und 1 km, für sonstige Güter (auch Stückgüter) die auf Grund der Einheitsfrachtsätze sich ergebende Fracht und außerdem ein Zuschlag von 1 S für je angefangene 100 kg einzuheben. Dieser Zuschlag darf jedoch für einen Lastkraftwagen samt Anhänger nicht mehr als 20 S betragen, wenn es sich entweder um eine Verkehrsbeziehung zwischen zwei Orten handelt, die beide im Verkehrsbereiche der betreffenden Privatbahnen liegen, oder um eine Verkehrsbeziehung, die im Eisenbahndurchlauf die Gesamtstrecke einer oder mehrerer dieser Privatbahnen umfassen würde; in allen anderen Fällen darf der Zuschlag 10 S nicht übersteigen. Die Bestimmungen dieses Absatzes finden in Verkehrsbeziehungen keine Anwendung, die im ganzen Durchlauf oder in einzelnen Teilstrecken nicht nur von den vorstehend genannten Privatbahnen, sondern auch von den österreichischen Bundesbahnen, und zwar mindestens ebenso wirtschaftlich bedient werden (§ 1).

b) Aufzeichnungen über die Beförderungsgeschäfte.

Wer Güter mittels Lastkraftwagen gegen Entgelt über den Bereich einer Ortsgemeinde hinaus befördert, ist verpflichtet, in seinem Betriebe Aufzeichnungen über die abgeschlossenen Beförderungsgeschäfte zu führen, aus denen Tag des Geschäftsabschlusses und der Beförderung, Name und Anschrift des Versenders und des Empfängers, der Versand- und der Bestimmungsort, Art der Verpackung, Gattung des Gutes, Gewicht der Sendung, die kilometrische Länge der Beförderungsstrecke und der Frachtbetrag zu entnehmen sind, und weiters für jede Sendung Beförderungsscheine nach Muster im Durchschreibeverfahren auszustellen, die das Gut begleiten, wobei ein Beförderungsschein höchstens die Ladung eines Lastkraftwagens samt Anhänger umfassen darf.

c) Werksverkehr.

Die vorstehenden Bestimmungen finden auf den Werksverkehr keine Anwendung. Der Werksverkehr ist jedoch in Verkehrsbeziehungen, die von einer oder mehreren Unternehmungen des öffentlichen Eisenbahnverkehres wirtschaftlich bedient werden, nur auf Entfernungen bis zu 100 km zulässig. Von dieser Beschränkung sind Güter ausgenommen, die wie Bier, Eis, Milch, Brot, Lebendvieh, Mineralöl, Wäsche, Chemikalien, Zuckerwaren mit besonderen, ausschließlich für derartige Güter dauernd eingerichteten Lastkraftwagen ohne Beigabe anderer Güter befördert werden. Es können vom Bundesminister für Handel und Verkehr Ausnahmen von den vorstehenden Beschränkungen bewilligt werden, wenn die Eigenart der Ware oder die besonderen Absatz- und Betriebsverhältnisse des Unternehmens dies unbedingt erfordern. Die Wagen des Werksverkehres sind mit einer Tafel mit der Aufschrift „WK" zu bezeichnen; haben sie das Recht, über 100 km zu fahren, ist den Buchstaben WK noch „+100" beizusetzen.

VI. Sonstige Maßnahmen.

Abgesehen von den in den Abschnitten IV und V verzeichneten gesetzlichen Regelungen, ist der Wettbewerb zwischen der Eisenbahn und dem Lastkraftwagen bereits dermalen durch die in letzter Zeit errichtete Österreichische Rollfuhrwerks- und Speditions-Genossenschaft m. b. H. (Rona) beeinflußt. Diese Beeinflussung soll in der Zukunft noch eine sehr nennenswerte Steigerung erfahren. Gegenwärtig sind in dieser Genossenschaft die Österreichischen Bundesbahnen und die wichtigsten Speditionsunternehmungen zu dem Zwecke vereinigt, die den Spediteuren zur Beförderung anfallenden Transporte durch das wirtschaftlich zweckmäßigste Beförderungsmittel durchführen zu lassen; die zur Beförderung mit dem Auto geeigneten Güter im Nahverkehr bis ungefähr 30 km übernimmt der Kraftwagen, die übrigen Güter die Eisenbahn zur Beförderung. Außerdem sind Vereinbarungen mit den Unternehmungen des linienmäßigen Verkehres abgeschlossen, welche die Stillegung dieser Betriebe gegen Entschädigung vorsehen. Die Unternehmer erhalten im Rahmen der Rona, die nur mit fremden und nicht mit eigenen Fuhrwerken die Beförderungen ausführt, eine entsprechende Beschäftigung. In der Folge soll die Rona noch weiter ausgestaltet werden. Es ist insbesondere daran gedacht, daß die Berechtigung zur Vornahme von Transporten mit Kraftwagen über den Bereich einer Ortsgemeinde hinaus von der Zugehörigkeit zur Rona abhängig zu machen wäre; geplant wird hiebei, den gesamten Stückgutverkehr bis etwa 50 km den der Rona angehörenden Fuhrwerkern, den übrigen Verkehr der Eisenbahn zur Besorgung zuzuteilen. Auf die infolge ihrer Kürze und finanziellen Schwäche besonders schonungsbedürftigen Lokalbahnen würde sich diese Regelung allerdings nur nach Maßgabe des bezüglichen Einverständnisses erstrecken.

B. Besteuerung der Kraftwagen und des Kraftwagenverkehres.

I. Kraftwagenabgabe.

Auf Grund des II. Abschnittes des Bundesgesetzes vom 28. Jänner 1931 (BGBl. Nr. 45) über die Besteuerung von Benzin und anderen Betriebsstoffen von Kraftfahrzeugen (Benzinsteuer) und über die Einhebung einer Abgabe von Kraftfahrzeugen (Kraftwagenabgabe) wurde eine besondere Kraftwagenabgabe eingehoben. Diese wurde durch das Bundesgesetz BGBl. Nr. 152/1935 wieder aufgehoben.

II. Kraftwagenverkehrssteuer.

Nach dem IV. Hauptstück des Budgetsanierungsgesetzes vom 3. Oktober 1931 (BGBl. Nr. 294) ist für die entgeltliche Beförderung von Personen oder Sachen (Reisegepäck, Güter) mittels Kraftfahrzeugen eine Verkehrsabgabe (Kraftwagenverkehrssteuer) zu entrichten. Die Abgabe beträgt 3% und, wenn die Beförderung der Warenumsatzsteuer nicht unterliegt, 5% des Beförderungspreises. Von der Umsatzsteuer ist nach § 9, Abs. 1, Punkt 11, der Warenumsatzsteuerverordnung (BGBl. Nr. 640 aus 1923) die Beförderung von Personen oder Sachen mit Kraftstellwagen oder sonstigen Beförderungsmitteln, sofern der Unternehmer ein Land, ein Bezirk oder eine Gemeinde ist, befreit.

III. Benzinsteuer.

Nach § 1 des Bundesgesetzes vom 28. Jänner 1931 (BGBl. Nr. 45) unterliegen Benzin, ohne Rücksicht auf den Verwendungszweck, und andere flüchtige und entflammbare Stoffe, welche allein oder gemischt zum Antrieb von Kraftfahrzeugen mit Verbrennungsmaschinen geeignet sind und hiezu verwendet werden, wie Benzol, Petroleum, Gasöl oder Rohöl, der Benzinsteuer. Spiritus unterliegt dieser Steuer jedoch nicht. Die Benzinsteuer betrug nach § 1 des III. Hauptstückes des Budgetsanierungsgesetzes vom 3. Oktober 1931 (BGBl. Nr. 294) 30 g vom Kilogramm Reingewicht, wozu auf Grund des

Bundesgesetzes vom 31. August 1934 (BGBl. Nr. 273) ein Zuschlag von 4 g für das Kilogramm Eigengewicht kam. Durch § 1 des Bundesgesetzes BGBl. Nr. 455/1935 (betreffend Aufhebung des außerordentlichen Zuschlages zur Benzinsteuer und Erhöhung der Benzinsteuer), wurde der außerordentliche Zuschlag aufgehoben, gleichzeitig aber nach § 2 dieses Gesetzes die Benzinsteuer auf 34 g je Kilogramm Eigengewicht erhöht.

IV. Spiritusbeimischungszwang.

Im § 15 des vorgenannten Gesetzes, abgeändert durch Verordnung des Bundesministers für Finanzen vom 4. September 1933 (BGBl. Nr. 404), wird der Bundesminister für Finanzen ermächtigt, im Einvernehmen mit dem Bundesminister für Handel und Verkehr und für Land- und Forstwirtschaft anzuordnen, daß — unbeschadet etwa erforderlicher Ausnahmen — die zum Antrieb von Motoren bestimmten Kraftbetriebsstoffe bis zu 25% des Gewichtes mit mindestens 99,5grädigem Spiritus österreichischer Erzeugung gemischt werden müssen.

Auf Grund dieser Ermächtigung wurde am 6. Juli 1934 (BGBl. II, Nr. 113) eine Spiritusbeimischungsverordnung erlassen. Nach § 1 derselben ist derjenige, welcher Benzin aus dem Zollauslande einführt, verpflichtet, Beimischungsspiritus, das ist mindestens 99,5grädiger Spiritus österreichischer Erzeugung in der im Absatz 3 festgesetzten Menge zu beziehen. Die gleiche Verpflichtung trifft auch denjenigen, der Benzin im Inland aus im Inland gewonnenen oder aus dem Auslande eingeführten Ausgangsstoffen herstellt. Die zu beziehende Spiritusmenge wird im Falle der Einfuhr von Benzin mit 2% des Eigengewichtes der eingeführten und im Falle der Erzeugung von Benzin im Inland mit 3,75% des Eigengewichtes der im Inland erzeugten Gewichtsmengen an Benzin festgesetzt.

Nach § 2 der Verordnung sind die zum Bezug des Beimischungsspiritus Verpflichteten gehalten, diesen Spiritus zur Herstellung eines Motortreibstoffgemisches zu verwenden, das in je 100 Gewichtsteilen Gemisch mindestens 20, höchstens 40 Gewichtsteile Spiritus und als Rest Benzin oder Benzin und Benzol enthalten muß. Bei Verwendung von Benzol muß ebensoviel Benzin wie Benzol beigemischt sein.

Der Preis des Beimischungsspiritus wird durch § 3 mit 80 S je 100 Liter reinen Alkohols, Warenumsatzsteuer und Krisenzuschlag inbegriffen, ab Lieferstelle festgesetzt.

V. Treibstoffzoll.

Nach Nr. 124 des geltenden Zolltarifes unterliegen die Treibstoffe für Kraftfahrzeuge dem nachstehenden Zoll:

a) 1. Benzin mit einer Dichte von 740 Grad oder darunter	Goldkronen[1])	10,—
2. Benzin mit einer Dichte von 740 Grad bis 750 Grad	„	7,—
3. Benzin mit einer Dichte über 750 Grad	„	4,50
b) Petroleum	„	4,—
c) Solaröl und andere leichte Erd-, Braunkohlen- und Schieferteeröle mit Ausnahme von Gasöl und leichtem Schmieröl	„	8,—
d) Gasöl	„	2,—

VI. Warenumsatzsteuer.

Gemäß der Warenumsatzsteuerverordnung (BGBl. Nr. 640 ex 1923) in der Fassung BGBl. Nr. 163 ex 1924, wird eine Warenumsatzsteuer eingehoben.

Die Einhebung der Warenumsatzsteuer für Kraftwagen und Treibstoffe erfolgt nach den Grundsätzen der Phasenpauschalierung (Verordnung über die Warenumsatzsteuer, Phasenpauschalierung [BGBl. Nr. 431/1934] und Phasenpauschalierungstabelle).

Die Warenumsatzsteuer beträgt nach Nr. 319 der Pauschalierungstabelle für Kraftfahrzeuge (Personenautomobile, Lastenautomobile, Kraftfahrräder), Rahmengestelle (Chassis) (einschließlich der eingebauten Motoren), Karosserien für Personenkraftwagen (-omnibusse) im Inlandsverkehr 2,7% vom Verkaufspreis des Erzeugers und bei der Einfuhr 7% vom Einfuhrpreis plus Zoll. Hiezu kommt nach dem Gesetz vom 18. August 1932 (BGBl. Nr. 227), dessen Geltungsdauer durch das Bundesgesetz 400/1935 auf die Jahre 1936 und 1937 verlängert wurde, ein Krisenzuschlag im gleichen Ausmaße.

Die Pauschalumsatzsteuer für Treibstoffe beträgt gemäß Nr. 107 der Phasenpauschalierungstabelle bei der Einfuhr vom Preis einschließlich des Zolles und der Benzinsteuer 4,5%, wozu noch der Krisenzuschlag im gleichen Ausmaß kommt. Der Inlandsverkehr ist durch die Ausgleichsbelastung bei der Einfuhr von rohem Erdöl gedeckt, welche für Raffinerien nach Nr. 108 3,8% bzw. mit Krisenzuschlag 7,6% vom Einfuhrpreis zuzüglich Fracht bis zur Grenze und Zoll beträgt.

[1]) Die Goldkrone = S 1,83.

2. Belgien.

A. Verkehrsvorschriften.

I. Die gesetzlichen Grundlagen.

In Belgien bilden die gesetzlichen Grundlagen für den Kraftfahrzeugverkehr die nachstehenden Gesetze und Verordnungen:

1. Gesetz vom 1. August 1899, betreffend Straßenpolizei und Straßenverkehr (Moniteur Belge vom 25. August 1899), abgeändert durch Gesetz vom 1. August 1924 (Moniteur Belge vom 30. August 1924);

2. Gesetz vom 11. August 1924, betreffend die Bewilligung zur Errichtung des Betriebes von Kraftwagendiensten auf Straßen seitens der nationalen Lokalbahngesellschaft (M. B. vom 21. August);

3. Gesetz, betreffend Revision der Gesetzgebung über die öffentlichen Autobusdienste vom 21. März 1932 (Recueil des Lois, S. 468);

4. kgl. Verordnung vom 12. Juli 1933, betreffend allgemeine Vollzugsanweisung für die öffentlichen Autobusdienste (R. d. L., S. 1768);

5. kgl. Verordnung vom 1. Februar 1934 (R. d. L., S. 344) mit Vollzugsanweisung über Straßenpolizei und Straßenverkehr, abgeändert durch kgl. Verordnung vom 17. September 1934, Nr. 436 (R. d. L., S. 1938), und vom 4. März 1935 (M. B. Nr. 68).

II. Konzessionspflicht.

Belgien kennt nur die Konzessionspflicht für die zeitweiligen oder ständigen Personenkraftwagenlinien, wobei als zeitweilig jene anzusehen sind, welche weniger als drei Monate im Betrieb stehen. Als Kraftwagenlinien sind alle Fahrten anzusehen, an welchen jedermann gegen eine vorher festgesetzte oder vereinbarte Gebühr teilnehmen kann und die Fahrt zwischen zwei bestimmten Punkten stattfindet, wobei die Einhaltung eines bestimmten Fahrplanes nicht ausschlaggebend ist. Eine gesetzliche Regelung des Lastkraftwagenverkehres ist bisher nicht erfolgt.

1. Konzessionsbehörde.

Die Bewilligungen für zeitweilige oder ständige Fahrten erteilt nach Art. 2 des Gesetzes vom 21. März 1932 der Bürgermeister, falls die Fahrten nur in das Gebiet einer Gemeinde fallen, die ständige Deputation, falls sie innerhalb einer Provinz vor sich gehen, und die Regierung, falls sie sich auf mehrere Provinzen erstrecken.

Jede ständige Linie unterliegt jedoch der endgültigen Genehmigung durch die Regierung (Art. 3). Die Bewilligung von Personenkraftwagenlinien erfolgt nach Art. 6 des genannten Gesetzes stets nach Ausschreibung eines Wettbewerbes, wobei jenem Bewerber die Linie zugesprochen wird, welcher hinsichtlich des Betriebes, des Tarifes, der Verkehrsdichte und der materiellen und moralischen Garantien der geeignetste ist. Bei den von der Nationalen Lokalbahngesellschaft zur Verbesserung der Betriebsverhältnisse eingerichteten Kraftfahrlinien entfällt nach Art. 5 des Gesetzes vom 29. August 1931 (R. d. L., S. 2102), die Ausschreibung eines Wettbewerbes.

2. Dauer der Bewilligung.

Die Bewilligungen zum Betriebe einer Autobuslinie können für höchstens 20 Jahre erteilt werden, doch ist ihre frühere Zurücknahme möglich.

3. Breite und Länge der Fahrzeuge.

Die Vorschriften über die Breite, die Länge der Kraftfahrzeuge sowie das Höchstgewicht und die höchste zulässige Geschwindigkeit sind in der kgl. Verordnung vom 1. Februar 1934 (M. B. vom 10. Februar 1934) enthalten.

Die Breite aller Kraftfahrzeuge darf nach den Art. 73 und 115 2,40 m nicht überschreiten. Die Länge einer Ladung darf bei einem ein- und zweiachsigen Fahrzeug nicht 10 und bei einem mehr als zweiachsigen nicht mehr als 11 m betragen (Art. 116 der Verordnung vom 1. Februar 1934).

4. Höchstgewicht der Fahrzeuge.

Das Höchstgewicht für alle Kraftfahrzeuge ist im Art. 127 der Verordnung angegeben. Es darf in keinem Falle die in nachstehender Tabelle angegebenen Höchstausmaße überschreiten:

Art des Fahrzeuges	Reifen		
	hart	elastisch	Luftreifen
	Tonnen		
Einachsiges Fahrzeug	4	5	6
Fahrzeug mit zwei Achsen	6	9	12
Fahrzeug mit drei Achsen	8	12	16
Fahrzeug mit drei Schwing-Achsen . .	8	11	15
Fahrzeug mit vier Achsen	—	13	19

5. Höchstgeschwindigkeit.

Die Höchstgeschwindigkeit wird für Kraftfahrzeuge durch Art. 49 der Verordnung vom 1. Februar 1934 festgesetzt wie folgt:

A. Kraftwagen, welche ausschließlich für die Personenbeförderung bestimmt sind.

Bewilligtes Höchstgewicht in kg	Art der Bereifung		
	hart	elastisch	Luftreifen
	Höchstgeschwindigkeit in der Stunde		
3.500— 5.000	15	30	65
5.001— 8.000	10	25	60
8.001—12.000	5	20	50
über 12.000	5	15	40

B. Andere als die unter A genannten Kraftfahrzeuge (Lastwagen).

Bewilligtes Höchstgewicht in kg	Art der Bereifung		
	hart	elastisch	Luftreifen
	Höchstgeschwindigkeit in der Stunde		
3.500— 5.000	15	30	60
5.001— 8.000	10	25	50
8.001—12.000	5	20	40
über 12.000	5	15	30

Diese Bestimmungen über das Höchstgewicht der Fahrzeuge und ihre Höchstgeschwindigkeit wurde hinsichtlich der mit bestimmten Spezialreifen versehenen Wagen durch die Ministerialverordnung vom 4. März 1935 (M. B. Nr. 68) ergänzt.

6. Frachtbrief und Frachtbuch.

Durch kgl. Verordnung vom 25. September 1933 (M. B. Nr. 274) wird die Verfügung getroffen, daß alle Warentransporte, welche für eine dritte Person mit Kraftfahrzeugen vorgenommen werden, von einem Frachtbrief für jeden Warenempfänger begleitet sein müssen. Außerdem hat jeder Wagen ein Frachtbuch zu führen, in welchem die Angaben der Frachtbriefe eingetragen sein müssen.

7. Versicherungspflicht.

Nach Art. 58 der kgl. Verordnung vom 12. Juli 1933 und der kgl. Verordnung vom 19. März 1934 (M. B. Nr. 83) ist der Unternehmer einer öffentlichen Autobuslinie verpflichtet, die sich aus seinem Unternehmen ergebenden Schadenersatzsprüche durch eine Versicherung auf einen unbeschränkten Betrag bei einer genehmigten Versicherungsgesellschaft zu decken. Für den Materialschaden kann die Haftung für einen Unfall auf 500.000 Franken beschränkt sein.

III. Ermächtigung der Eisenbahnen zum Betriebe von Kraftwagendiensten.

Durch die Gesetze vom 11. August 1924, 20. Juli 1927 und 29. August 1931, Nr. 285, wurde der Nationalen Lokalbahngesellschaft und durch Art. 12 des Gesetzes, betreffend Revision der Gesetzgebung über die öffentlichen Autobusdienste vom 21. März 1932 der Nationalen Gesellschaft der belgischen Eisenbahnen die Möglichkeit gegeben, zur Verbesserung der Betriebsverhältnisse Kraftwagenlinien zu errichten oder sich an solchen zu beteiligen.

IV. Maßnahmen zur Regelung des Wettbewerbes „Eisenbahn—Kraftwagen".

Sieht man von der vorerwähnten Ermächtigung der Bahnen zum Betriebe von Kraftfahrlinien ab, so besteht die einzige Maßnahme, welche Belgien bisher gegen den Wettbewerb der Kraftwagen getroffen hat, darin, daß Art. 18 des Gesetzes vom 21. März 1932 die Regierung ermächtigt, Kraftwagenlinien, welche Bahnlinien schädigen, eine besondere Gebühr zugunsten der Nationalen Gesellschaft der belgischen Bahnen und der Nationalen Lokalbahngesellschaft vorzuschreiben.

B. Die Besteuerung der Kraftwagen und des Kraftwagenverkehres.

I. Kraftwagensteuer.

Die Grundlage für die Besteuerung der Kraftwagen bildet in Belgien die kgl. Verordnung vom 24. Jänner 1935, Nr. 72 (Moniteur Belge Nr. 27). Nach Art. 1 dieser Verordnung werden die Kraftwagen im Verhältnisse der Motorstärke, des Zylinderinhaltes und des Gesamtgewichtes des Kraftwagens besteuert.

Nach Art. 2 beträgt die Steuer (taxe de circulation):

I. Personenkraftfahrzeuge.

Fahrzeugtype	Steuersatz
A. Kraftwagen, welche zur Personenbeförderung ohne Entgelt benützt werden	50 Fr. für HP, wenigstens 200 Fr.
B. Autobusse und Autokars	100 Fr. für HP von 19 HP an
C. Platzkraftwagen sowie Wagen, welche für eine Fahrt oder Reise vermietet werden	40 Fr. für HP, wenigstens 160 Fr. 80 Fr. von 19 HP an
D. Motorräder, mit und ohne Beiwagen, Fahrräder mit Motor	25 Fr. für je 150 cm³ Zylinderinhalt

II. Lastkraftfahrzeuge.

Fahrzeugtype	Steuersatz
A. Lieferungswagen, d. s. Wagen mit einer Nutzlast (Anhänger inbegriffen) bis zu 2500 kg:	
bis zur Stärke von 10 HP............	70 Fr. für HP
bis zur Stärke von 10 bis 20 HP.......	75 Fr. für HP
über 20 HP....	85 Fr. für HP
B. Lastkraftwagen, schwere, d. s. solche, deren Nutzlast (Anhänger inbegriffen) 2500 kg übersteigt. Die Besteuerung erfolgt für jedes Fahrzeug getrennt:	
Fahrzeuge bis zum Gewichte von 3000 kg	90 Fr. für 100 kg
Fahrzeuge im Gewichte von mehr als 3000 kg..........................	bei je 1000 kg Mehrgewicht über 3000 kg ein Zuschlag von 5 Fr. je 100 kg des Gesamtgewichtes
Ist der Motor im Augenblicke der Steuerentrichtung bereits mehr als 10 Jahre in Verwendung, wird die Steuer für die unter A genannten Fahrzeuge um 10% und für die unter B genannten um 20% herabgesetzt.	
C. Motorräder mit und ohne Beiwagen sowie Fahrräder mit Motor	Doppelte Gebühr der Motorräder, die für den Personenverkehr dienen

Anhänger für die Beförderung von Personen unterliegen der Besteuerung nach ihrem Gewichte im Ausmaße von 90 Franken für 100 kg (§ 2 der Vdg.).

Die Steuer wird erhöht:

a) um 20%, wenn die Wagen mit Hohl- oder halbpneumatischen Reifen versehen sind;

b) um 50%, wenn sie mit Vollgummireifen versehen sind;

c) um 100%, sie Metallräder haben (§ 3).

Kraftwagen, welche mit Schweröl betrieben werden, zahlen die doppelte Steuer (§ 6).

Nach Art. 4 der Verordnung vom 24. Jänner 1935 können Kraftwagen, welche als belgisches Erzeugnis anerkannt wurden und, wenn sie nach dem 1. Jänner 1935 neu gekauft wurden, bis zum 31. Jänner 1936 unter den vom Finanzminister vorgeschriebenen Bedingungen von der Steuer befreit werden. Die Bedingungen wurden in der Finanzministerialverordnung vom 17. Juli 1935 (M. B. Nr. 202) festgelegt.

Von der Steuer sind befreit:

1. die für den öffentlichen Verkehrsdienst des Staates, der Provinzen und Gemeinden dienenden Kraftwagen;

2. die Fahrzeuge, die ausschließlich für die Personenbeförderung seitens Unternehmungen verwendet werden, die Gegenstand einer nach dem Gesetz vom 21. März 1932 (über die Revision der Gesetzgebung, betreffend die öffentlichen Autobus- und Autocardienste) erteilten Konzession bilden.

II. Luxussteuer.

Kraftwagen aller Art unterliegen auf Grund der kgl. Verordnung vom 9. Februar 1927 (M. B. vom 12. Februar 1927), abgeändert durch die kgl. Verordnungen vom 17. Dezember 1928 vom 23. März 1932 und vom 13. Jänner 1933, bei jedem Kauf und Verkauf einer Luxussteuer von 7%, wenn aber der Ankauf zwecks Wiederverkaufes erfolgt, einer solchen von 2,5%. Mäntel und Luftschläuche für Kraftwagen unterliegen bei ihrer Einfuhr oder anläßlich des Verkaufes durch den Erzeuger, einer Luxussteuer von 7%. Bei allen weiteren Übertragungen ist, falls der Ankauf durch einen Privaten für seinen eigenen Gebrauch erfolgt, die Fakturentaxe von 2,5 vom Tausend, sonst aber die Umsatzsteuer von 2,5% zu entrichten.

III. Weggebühren.

Nach Art. 18 des Gesetzes vom 21. März 1932 können der Staat, die Provinzen, und die Gemeinden die öffentlichen Autobuslinien zur Zahlung von Straßengebühren, die nach der Länge der zurückgelegten Wegstrecke zu berechnen sind, verhalten.

IV. Verbrauchssteuern auf Treibstoffe.

Durch Gesetz vom 13. Juli 1930, Nr. 225, abgeändert durch Gesetz vom 18. März 1932, Nr. 63, und kgl. Verordnung vom 30. Oktober 1934 (M. B. Nr. 308), wird für Mineralöle, welche durch die Verarbeitung von Rohpetroleum oder der aus diesem gewonnenen Erzeugnissen im Inland hergestellt werden, eine Verbrauchssteuer in der Höhe des Einfuhrzolles eingeführt. Zugunsten der bereits in Betrieb stehenden Fabriken kann jedoch diese Steuer für Leichtöle um 30 Fr. und für Mittelöle um 20 Fr. bis zu einer Gesamtmenge von 50 Millionen Liter ermäßigt werden.

V. Benzinzoll.

Der Zoll auf Benzin beträgt nach Nr. 195, b, 4, des geltenden Einfuhrzolltarifes 137,50 Franken für den Hektoliter. Hiezu kommt noch die Einfuhrumsatzsteuer von 2,5%. (Kgl. Vdg. vom 27. Oktober 1934 [M. B. Nr. 335].)

VI. Umsatzsteuer auf Treibstoffe.

Durch kgl. Verordnung vom 18. Oktober 1933 (M. B. Nr. 293), bestätigt durch Gesetz vom 30. Dezember 1933 (M. B. Nr. 365), wird eine Umsatzsteuer auf leichte Mineralöle und Brennbenzol von 9% eingeführt. Die Steuer ist beim Verkauf durch den Erzeuger an den Verbraucher zu entrichten.

3. Bulgarien.

A. Verkehrsvorschriften.

I. Die gesetzlichen Grundlagen.

Die gesetzlichen Grundlagen für den Kraftwagenverkehr bilden:

a) das Verordnungsgesetz vom 16. Mai 1935, Nr. 143, über den Kraftwagenverkehr; Deržaven Vestnik (D. V.) Nr. 112;

b) die Verzollungsanweisung für die Tätigkeit der Zentral-Kraftwagenkommission vom 23./24 August 1935 (D. V. Nr. 194);

c) Erlaß des Ministers für Eisenbahnen, Posten und Telegraphen vom 3. Juli 1935, Nr. 3406, über das Verzeichnis der Kraftwagenlinien (D. V. Nr. 148);

d) Vollzugsanweisung, betreffend den Verkehr von Kraftwagen auf Straßen und in Ortschaften;

e) das Verordnungsgesetz über Straßen vom 11. Dezember 1934, Nr. 215 (D. V. Nr. 210);

f) das Verordnungsgesetz vom 22. Dezember 1934, Nr. 231, über Abänderung des Straßengesetzes (D. V. Nr. 222).

II. Behörden.

Die oberste Leitung des Kraftwagenwesens ist dem Ministerium für Eisenbahnen, Posten und Telegraphen übertragen, welches hierzu innerhalb der Generaldirektion für Eisenbahnen und Häfen eine besondere Abteilung für Kraftwagenverkehr besitzt, an deren Spitze ein Direktor steht (Art. 1 und 4 Kraftwagenverkehrsgesetz). Dieser Abteilung für Kraftwagenverkehr unterstehen die Bezirks-Kraftwageninspektionen, die Zentral-Kraftwagenkommission und die Bezirks-Kraftwagenkommissionen.

Als beratendes Organ besteht beim Ministerium für Eisenbahnen, Posten und Telegraphen ein besonderer Verkehrsrat, welcher alle Fragen, die sich auf die Entwicklung des Kraftfahrwesens, die Feststellung eines Netzes der öffentlichen Kraftwagenlinien, die grundlegenden Tarifvorschriften, die grundlegenden Vorschriften über die Verkehrsteilung zwischen Eisenbahn und Kraftwagen, die Erlassung von Durchführungsverordnungen zum Kraftwagengesetz, die Feststellung einer Staatstype für Kraftwagen und im allgemeinen auf die Motorisierung des Verkehres in Bulgarien und die Verkehrsaufteilung auf dem Landwege beziehen, zu behandeln hat (Art. 6 des Kraftwagenverkehrsgesetzes).

III. Einteilung des Kraftwagenverkehres.

Das Kraftwagenverkehrsgesetz unterscheidet im Art. 2 zwischen dem öffentlichen und dem privaten Personen- und Güterverkehr. Der öffentliche Personen-Kraftwagenverkehr ist derjenige, welcher im allgemeinen mit Kraftwagen, welche mehr als 7 Sitze einschließlich des Sitzes des Fahrers aufweisen, betrieben wird. Ausnahmsweise kann jedoch auf Strecken mit schwachem Verkehr der öffentliche Personenverkehr mit Wagen vorgenommen werden, welche weniger als 7 Sitzplätze haben. Zu dem öffentlichen Personenverkehr zählt weiters der Verkehr der Taxameterwagen in den Städten.

Unter privatem Kraftwagenverkehr versteht das Gesetz jenen Kraftwagenverkehr, welcher mit eigenen Wagen für den persönlichen Bedarf vorgenommen wird.

Der öffentliche Kraftwagenverkehr zerfällt nach dem Gesetze in den regelmäßigen und in den fallweisen. Als regelmäßiger Verkehr gilt derjenige, welcher während des ganzen Jahres oder während der Saison in der Dauer bis zu 6 Monaten nach einem festen Fahrplan mindestens einmal in der Woche stattfindet. Fallweise ist jener Verkehr, der zwischen Orten stattfindet, welche eines regelmäßigen Verkehres überhaupt entbehren oder wo der regelmäßige Verkehr zeitweilig den Verkehr nicht bewältigen kann. Zum fallweisen Verkehr wird auch der Ausflugsverkehr gerechnet.

IV. Die Bewilligungspflicht.

Der regelmäßige öffentliche Personen- und Güterverkehr unterliegt nach Art. 13 des Gesetzes dem Bewilligungsverfahren. Von der Bewilligung ist nach Art. 21 jedoch der Werksverkehr, d. i. der Verkehr mit eigenen Kraftwagen in Verbindung mit den Bedürfnissen der gewerblichen und Handelsunternehmungen des Eigentümers der Wagen sowie der Verkehr mit Personenkraftwagen für den persönlichen Bedarf ausgenommen.

Der öffentliche Personen-, Gepäcks- und Güterverkehr darf nur auf den von der Abteilung für Kraftwagenverkehr festgestellten und im Amtsblatte verlautbarten Strecken stattfinden. Das Verzeichnis dieser Strecken wurde mit Ministerialerlaß Nr. 3406 vom 3. Juli 1935 im Amtsblatte Nr. 148 kundgemacht.

Um den Verkehr auf einer dieser Strecken können sich nur bulgarische Staatsangehörige bewerben, welche die Erklärung abzugeben haben, daß sie bei Erlangung der Bewilligung ihre Firma im Handelsregister eintragen lassen und die vorgeschriebenen Bedingungen einhalten werden. Als solche Bedingungen kommen vor allem in Frage:

1. Sicherheitsleistung.

Wird einem Bewerber der Betrieb einer Strecke zugesprochen, so hat er die von der Zentral-Kraftwagenkommission festgesetzte Sicherheit, welche höchstens 50.000 Lewa beträgt, mit Bankhaftung zu leisten. Diese Kaution wird eingezogen, wenn der Betrieb vor Ablauf von drei Monaten nach dessen Aufnahme wieder eingestellt wird (Art. 15 Kraftwagenverkehrsgesetz).

2. Postbeförderung.

Die Unternehmer, welche die Bewilligung zum Betriebe einer Kraftwagenlinie erhalten haben, sind verpflichtet, die Post unter den mit der Generaldirektion für Posten, Telegraphen und Telephone vereinbarten Bedingungen zu befördern. Kommt es hinsichtlich der Vergütung für die Postbeförderung zu keinem Einverständnis, so setzt der Minister für Eisenbahnen, Posten und Telegraphen die Entschädigung auf Antrag der Zentral-Kraftwagenkommission fest (Art. 25 Kraftwagenverkehrsgesetz).

3. Fahrpläne.

Die Fahrpläne sind vom Unternehmer bereits bei der Bewerbung um eine Bewilligung vorzulegen und bedürfen der Genehmigung durch die Abteilung für Kraftwagenverkehr. Sie müssen im Mitteilungsblatt der Generaldirektion für Eisenbahnen und Häfen verlautbart und außerdem in den Stationen und Wagen angeschlagen werden. Die Fahrpläne sind so zu erstellen, daß die Fahrten einen unmittelbaren Anschluß an die Eisenbahnzüge haben (Art. 27 u. 28 des Kraftwagenverkehrsgesetzes).

4. Tarife.

Die Beförderungstarife für Personen, Gepäck und Güter werden von der Zentral-Kraftwagenkommission festgestellt und unterliegen der Genehmigung durch den Minister für Eisenbahnen, Posten und Telegraphen. Sie sind im Mitteilungsblatte der Generaldirektion für Eisenbahnen und Häfen zu verlautbaren und treten erst zwei Monate nach dieser Verlautbarung in Kraft (Art. 29 Kraftwagenverkehrsgesetz).

5. Führung von Büchern.

Die bewilligten Kraftwagenunternehmungen sind zur Führung von Handelsbüchern verpflichtet. Außerdem haben sie noch ein Beförderungsbuch, ein Lagerbuch, ein Abrechnungsbuch für die Fahrkartenblocks, Frachtbriefe und Gepäckscheine, sowie ein Revisionsbuch zu führen. In den Stationen muß außerdem ein Beschwerdebuch aufliegen (Art. 31 Kraftwagenverkehrsgesetz).

Die Fahrkarten für die Reisenden werden vom Finanzministerium ausgegeben und haben zu enthalten: Bezeichnung der Kraftwagenunternehmung, Wagennummer, Anfangs- und Endstation der Reise, Tag und Stunde der Fahrt und Unterschrift der Aufgabestation bzw. des Fahrers. Die Güterbeförderung hat auf Grund von Frachtbriefen zu erfolgen, deren Vordruck von der Abteilung für Kraftwagenverkehr festgelegt wird und welche enthalten: Bezeichnung der Kraftwagenunternehmung, Bezeichnung und Gewicht des Gutes, Aufgabe- und Empfangsstation, Aufgabe- und Behebungstag, Frachtgebühr, Anschrift und besondere Weisungen des Absenders, Anschrift des Empfängers, Unterschrift der Übernahmsstation, des Schaffners, des Versenders und Empfängers (Art. 34 Kraftwagenverkehrsgesetz).

6. Versicherung.

Nach Art. 37 des Kraftwagenverkehrsgesetzes sind die Unternehmer verpflichtet, die Reisenden gegen Verkehrsunfälle bei bulgarischen Versicherungsgesellschaften oder der Versicherungsabteilung der bulgarischen Landwirtschafts- und Genossenschaftsbank im Ausmaße von 50.000 Lewa für den Reisenden zu versichern.

B. Die Besteuerung der Kraftwagen und des Kraftwagenverkehres.

I. Die Kraftwagensteuern.

Die Besteuerung der Kraftwagen und des Kraftwagenverkehres erfolgt in Bulgarien auf Grund des Verordnungsgesetzes über Straßen vom 12. Dezember 1934, Nr. 215 (D. V. Nr. 210), abgeändert durch das Verordnungsgesetz vom 22. Dezember 1934, Nr. 231 (D. V. Nr. 222).

Die Kraftwagen für die Personen- und Güterbeförderung sowie die Krafträder unterliegen danach einer einmaligen Gebühr und einer Jahresgebühr.

1. Die einmalige Gebühr für Personen- und Lastkraftwagen beträgt 3% vom Marktwerte und wird anläßlich der Betriebsbewilligung eingehoben (Art. 6, e).

2. Die Jahresgebühr wird nach Art. 6, g, im nachstehenden Ausmaße eingehoben:

a) für einen leichten Kraftwagen, welcher auf den Märkten benützt wird, 500 Lewa;

b) für einen leichten Kraftwagen für den eigenen Bedarf 2000 Lewa;

c) für Lieferwagen und Lastkraftwagen 1500 Lewa;

d) für Krafträder 500 Lewa.

II. Fahrkartensteuer.

Auf Grund des Art. 6, h, wird außerdem eine Fahrkartensteuer im Ausmaße von 10% vom Fahrkartenpreis im Personen-Kraftwagenverkehr eingehoben.

III. Benzinzoll.

Benzin unterliegt nach Nr. 152 a, Punkt 3, des geltenden Zolltarifes einem Einfuhrzoll von 24 Goldlewa oder 360 Papierlewa. Außer diesem Zoll wird noch die Gemeindeauflage im Ausmaße von 20% des Wertes und die Verbrauchssteuer im Ausmaße von $7^1/_2$ Goldlewa eingehoben.

Auf Grund des Art. 6, f, des Straßengesetzes ist weiters eine Abgabe von Lewa 1,50 für das Kilogramm Benzin einzuheben.

Außerdem haben die Einführer von Benzin auf Grund des Art. 31 des Einkommensteuergesetzes vom 29. Jänner 1936, Nr. 27 (D. V. Nr. 24) eine Steuer von 0,10 Lewa je 1 kg Benzin zu entrichten.

4. Dänemark.

A. Verkehrsvorschriften.

I. Die gesetzlichen Grundlagen.

In Dänemark bilden die gesetzlichen Grundlagen für den Kraftwagenverkehr die nachstehenden Gesetze:

I. Das Gesetz über Kraftfahrzeuge (Lov om Motorköretöjer) vom 1. Juli 1927 (Lovtidende Nr. 144), abgeändert durch Gesetz vom 14. April 1932, Nr. 130 (Lovtidende Nr. 130).

II. Das Gesetz über den Stellwagen- und Last-Kraftwagenverkehr (Lov om Omnibus- og Fragtmandskörsel med Motorköretöjer) vom 4. Juli 1927 (L. T. Nr. 166).

II. Behörden.

Mit der Durchführung der gesetzlichen Bestimmungen über den Kraftwagenverkehr sind die Orts-, die Bezirksbehörden und in letzter Instanz das Ministerium für öffentliche Arbeiten betraut.

III. Konzessionspflicht.

Unter das Gesetz über den Stellwagen- und Lastkraftwagenverkehr fallen:

a) Stellwagenfahrten, und
b) Frachtfahrten.

Unter Stellwagenfahrten versteht das Gesetz den Verkehr von Kraftfahrzeugen, welche gegen Entgelt zur Benützung bestimmt sind oder tatsächlich zur gleichzeitigen Beförderung von mehreren voneinander unabhängigen Personen verwendet werden, ohne Rücksicht, ob zu den Fahrten Omnibusse, Gesellschaftswagen, Touristenwagen oder andere benützt werden.

Unter Frachtfahrten versteht das Gesetz regelmäßige Fahrten zwischen vorausbestimmten Endpunkten mit Kraftfahrzeugen, die zur Benützung gegen Entgelt bestimmt sind oder tatsächlich verwendet werden, zur gleichzeitigen Beförderung von Gütern für mehrere voneinander unabhängige Personen (§ 1). Es fallen daher unter die Bestimmungen des Gesetzes sowohl die regelmäßigen als auch die unregelmäßigen Personenfahrten gegen Entgelt, sobald mehrere voneinander unabhängige Personen davon Gebrauch machen können, sowie die regelmäßigen Frachtfahrten, nicht aber der Werkverkehr.

Sowohl für den Stellwagen- als für den Frachtfahrtverkehr bedarf es einer Bewilligung. Handelt es sich nur um einzelne Personenfahrten an einem bestimmten Tag oder aus einem bestimmten Anlaß, ist zur Erteilung derselben die Polizeibehörde berufen. Die Bewilligung erteilt im übrigen, sobald der Verkehr auf das Gebiet einer Stadt beschränkt ist, der Magistrat. Geht der Verkehr nur innerhalb einer Landgemeinde vor sich, erteilt die Bewilligung der betreffende Gemeinderat. Geht er durch mehrere Gemeinden, so ist zur Erteilung der Amtsrat berufen. Soll der Verkehr über mehrere Ämter ausgedehnt werden, erteilt der Amtsrat, in dessen Sprengel das Fahrzeug registriert ist, die Bewilligung nach Einholung der Zustimmung der verschiedenen Gemeinden. Ist das Fahrzeug in keinem der Ämter, welche durchfahren werden, registriert, erteilt der Amtsrat, in dessen Kreis die längste befahrene Strecke liegt, gleichfalls nach Einholung der Zustimmung der Gemeinden die Bewilligung. Können sich die Gemeinden nicht einigen, entscheidet der Minister für öffentliche Arbeiten (§ 2).

1. Postlinien.

Postlinien kann der Minister ohne Zustimmung der Gemeinden bewilligen (§ 4).

2. Prüfung des Wettbewerbes.

Vor jeder Erteilung einer Verkehrsbewilligung ist das Ansuchen mit allen Beilagen dem Minister für öffentliche Arbeiten vorzulegen, welcher zu untersuchen hat, ob die betreffende Linie für bestehende Eisenbahnen, Postlinien oder konzessionierte Bahnen einen Wettbewerb bedeutet. Findet er, daß eine Konkurrenzierung vorliegt, wird das Gesuch an die betreffende Gemeinde bzw. den Amtsrat zurückgeleitet, welche darüber neuerdings zu entscheiden haben. Bleibt die bewilligende Behörde mit Dreiviertelmehrheit bei ihrem ersten Beschluß, so ist dieser endgültig. Ist dies nicht der Fall, so entscheidet der Minister (§ 3).

3. Fahrpreise.

Die Bewilligung ist an die Einhaltung der festgesetzten Fahrgebühren, bei Personenfahrten auch an die in der Bewilligung festgesetzte Höchstzahl der Fahrgäste gebunden (§ 5).

4. Höchstbreite.

Nach § 18 des Straßenverkehrsgesetzes vom 14. April 1932 (L. T. Nr. 129) dürfen die Wagen im beladenen und unbeladenen Zustand nicht breiter als 230 cm sein.

5. Höchstgewicht.

Die Bestimmungen über das Höchstgewicht von Kraftfahrzeugen sowie über die größte zulässige Geschwindigkeit finden sich in Dänemark im Kraftfahrzeuggesetz vom 1. Juli 1927. Das Eigengewicht der Kraftfahrzeuge und der Anhänger darf 4000 kg, das Gewicht mit Ladung 8000 kg und der Achsdruck nicht 6000 kg übersteigen (§ 4).

6. Höchstgeschwindigkeit.

Die Bestimmungen über die zulässige größte Geschwindigkeit sind im § 27 des vorgenannten Gesetzes enthalten. Es darf danach die Geschwindigkeit nicht übersteigen:

15 km in der Stunde für Zugmaschinen und andere Kraftfahrzeuge mit Vollgummireifen, für Zugmaschine mit Anhänger, wenn diese mit Vollgummireifen versehen sind;

25 km in der Stunde für Zugmaschinen mit Anhänger, wenn beide mit Luftreifen versehen sind;

30 km in der Stunde für Liefer- und Lastkraftwagen mit Luftreifen, wenn das Gewicht mit der Last 4000 kg übersteigt, sowie für Zugmaschinen mit Luftreifen, ohne Anhänger;

40 km in der Stunde für alle Personenkraftwagen mit Luftreifen mit mehr als sieben Sitzen, sowie für Liefer- und Lastwagen mit Luftreifen bis zu einem Gesamtgewicht von 4000 kg;

50 km in der Stunde für Liefer- und Lastwagen mit Luftreifen und einem Gesamtgewicht bis zu 3000 kg;

60 km in der Stunde für Personenkraftwagen mit Luftreifen bis zu sieben Sitzen, sowie für Krafträder.

IV. Versicherungspflicht.

Nach § 39 des vorgenannten Gesetzes hat jeder Eigentümer eines Kraftwagens bei einer staatlich genehmigten Versicherungsgesellschaft gegen Ansprüche aus beim Verkehr erlittene

Schäden versichert zu sein. Die Höhe der Versicherung beträgt bei Krafträder 15.000 Kronen, bei Kraftwagen 30.000 Kronen. Kraftwagen, welche gewerbsmäßig zur Personenbeförderung verwendet werden, müssen mit 5000 Kronen für jeden Fahrgast, der befördert werden kann, versichert sein. Die näheren Vorschriften über die Durchführung der Versicherung sind in der Justizministerialverordnung vom 22. Dezember 1927, Nr. 314, enthalten.

B. Die Besteuerung der Kraftwagen und des Kraftwagenverkehres.

I. Kraftwagensteuer.

Die Kraftwagen unterliegen auf Grund des Kraftwagensteuergesetzes (Lov om Afgift af Motorköretöjer) vom 28. April 1931, Nr. 135 (L. T. Nr. 135), abgeändert durch Gesetz vom 23. März 1932, Nr. 122 (L. T. Nr. 122) einer jährlichen Abgabe, welche nach § 6 dieses Gesetzes wie nachstehend zu entrichten ist:

1. Von Kraftfahrzeugen, welche Benzin und dergleichen Treibstoffe benützen:

a) von Krafttahrrädern, sowie Bei- und Anhängewagen hiezu, 6 Kronen für je 50 kg Eigengewicht;

b) von Personenkraftwagen, auch Stellwagen, mit Luftreifen, sowie Anhängern hiezu mit Luftreifen:

bei einem Eigengewicht bis 1.250 kg für 100 kg Eigengewicht 10 Kr
„ „ „ von 1.251—1.500 „ „ 100 „ „ 12 „
„ „ „ „ 1.501—1.750 „ „ 100 „ „ 15 „
„ „ „ „ 1.751—2.000 „ „ 100 „ „ 17 „
„ „ „ „ 2.001—2.500 „ „ 100 „ „ 20 „
„ „ „ „ 2.501 und darüber 1 Krone mehr für je 100 kg Eigengewicht, jedoch nicht mehr als 25 Kronen für 100 kg Eigengewicht;

c) von Lieferungs- und Lastkraftwagen mit Luftreifen, von registrierungspflichtigen Zugmaschinen mit Luftreifen und Anhängern mit Luftreifen hiezu:

bei einem Eigengewicht bis 1.450 kg für je 100 kg Eigengew. 13 Kr.
„ „ „ von 1.451—1.700 „ „ „ 100 „ „ 16 „
„ „ „ „ 1.701—2,000 „ „ „ 100 „ „ 18 „
„ „ „ „ 2.001—2.500 „ „ „ 100 „ „ 20 „
„ „ „ „ 2.501 und darüber 1 Krone mehr für je 100 kg, jedoch nicht mehr als 30 Kronen für 100 kg Eigengewicht;

d) für Fahrzeuge mit Luftkammerreifen genehmigter Typen erhöht sich die Steuer um 25%, für andere Luftkammer- und Vollgummireifen um 50%.

2. Für Kraftwagen, welche nicht Benzin und dergleichen Treibstoffe benutzen, gelten die doppelten vorstehenden Sätze. Wagen, welche als Treibstoff Holz oder Holzkohlen benutzen, unterliegen jedoch der einfachen Steuer.

II. Umsatzsteuer.

Die Kraftwagen unterliegen außerdem einer anläßlich der ersten Registrierung einzuhebenden Umsatzsteuer auf Grund des Gesetzes über die Umsatzsteuer für Kraftfahrzeuge (Lov om Omsätnigsafgift af Motorköretöjer) vom 20. Dezember 1924 (L. T. Nr. 312), abgeändert durch Gesetz vom 14. Juli 1927 (L. T. Nr. 176) und vom 28. April 1931 (L. T. Nr. 134).

Die Umsatzsteuer beträgt nach § 1 des Gesetzes:

Bei einem steuerpflichtigen Werte von:

1. bis 2.000 Kr.				15% vom Werte
2. über 2.000— 5.000 Kr.	300 Kr. für die ersten	2.000 Kr.,	dann	20%
3. „ 5.000—10.000 „	900 „ „ „ „	5.000 „	„	25%
4. „ 10.000—15.000 „	2.150 „ „ „ „	10.000 „	„	30%
5. „ 15.000 Kr.	3.650 „ „ „ „	15.000 „	„	40%

Nach § 8 des genannten Gesetzes unterliegen jedoch Kraftwagen, welche ausschließlich der Güterbeförderung dienen, dieser Steuer nicht. Kraftwagen, für die Personenbeförderung, mit mehr als zehn Sitzen, entrichten die Steuer mit 15% von den ersten 2000 Kronen und mit 20% vom Reste.

III. Benzinsteuer.

Durch das Gesetz über die Benzinsteuer vom 29. Juni 1927 (L. T. Nr. 132) wurde für in- und ausländisches Benzin eine Steuer von 7 Öre für den Liter eingeführt, wobei unter Benzin auch Petroleumäther, Gasolin und Kerosolin, sowie Mischungen von Benzin und Benzol verstanden sind. Durch Gesetz vom 19. Oktober 1931 (L. T. Nr. 243) wurde bis 31. Oktober 1932 für eingeführtes und im Inland erzeugtes Benzin eine Zuschlagssteuer von 2 Öre für den Liter eingeführt und durch Gesetz vom 21. Juni 1932 (L. T. Nr. 177) die Dauer dieser Zuschlagssteuer bis 31. März 1933 verlängert und der Zuschlag gleichzeitig auf 5 Öre für den Liter erhöht. Die Wirkung dieses Gesetzes wurde durch Gesetz vom 31. März 1933

(L. T. Nr. 99) bis zum 31. März 1934, durch Gesetz vom 23. März 1934 (L. T. Nr. 83) bis Ende Juni 1935 und durch Gesetz vom 21. März 1935 (L. T. Nr. 75) bis Ende Juni 1936 erstreckt. Durch Gesetz vom 8. April 1932 (L. T. Nr. 115) wurde weiters zur Deckung der Baukosten von bestimmten Brücken eine Abgabe von 1 Öre für den Liter eingeführtes oder im Inland erzeugtes Benzin festgesetzt, so daß die Gesamtsteuer für Benzin gegenwärtig 13 Öre für den Liter beträgt.

Nach dem Finanzgesetz 1935/36 (L. T. Nr. 108) trägt die Kraftwagensteuer 19 Millionen Kronen, die Kraftwagenumsatzsteuer 5 Millionen Kronen, die Benzinsteuer 21 Millionen und die Benzinzuschlagsteuer 16,4 Millionen Kronen. Die Gesamtbelastung des Kraftwagenverkehrs an Steuern beträgt daher in Dänemark 57 Millionen Kronen.

IV. Benzinzoll.

Benzin ist in Dänemark zollfrei.

5. Deutsches Reich.

A. Verkehrsvorschriften.

I. Die gesetzlichen Grundlagen.

Die gesetzlichen Grundlagen für den Kraftwagenverkehr bilden:

a) Das Gesetz vom 3. Mai 1909 über den Verkehr mit Kraftwagen (RGBl. I, S. 437), abgeändert durch die Gesetze vom 21. Juli 1923 (RGBl. I, S. 743) und vom 13. Dezember 1933 (RGBl. I, S. 1058) sowie durch die Verordnungen vom 5. Februar 1924 (RGBl. I, S. 43), vom 6. Februar 1924 (RGBl. I, S. 42) und vom 11. April 1934 (RGBl. I, S. 303).

b) Die Reichsstraßenverkehrsordnung nebst Einführungsverordnung vom 28. Mai 1934 (RGBl. I, S. 455) und die Ausführungsanweisung hiezu vom 29. September 1934 (RGBl. I, S. 869).

c) Das Gesetz über die Beförderung von Personen zu Lande vom 4. Dezember 1934 (RGBl. I, S. 1217).

d) Die Verordnung zur Durchführung des Gesetzes über die Beförderung von Personen zu Lande vom 26. März 1935 (RGBl. I, S. 473).

e) Das Gesetz über den Güterfernverkehr mit Kraftfahrzeugen vom 26. Juni 1935 (RGBl. I, S. 788).

II. Die Behörden.

Mit der Durchführung der Vorschriften über den Kraftwagenverkehr sind die von der obersten Landesbehörde betrauten Behörden, die obersten Landesbehörden selbst und der Reichsverkehrsminister betraut (§ 5 des Gesetzes vom 3. Mai 1909).

III. Allgemeine Verkehrsvorschriften.

(Achsdruck, Breite und Geschwindigkeit der Wagen.)

Nach § 8 der Reichsstraßenverkehrsordnung darf der Druck einer Achse des Kraftfahrzeuges oder seines aufgesattelten Anhängers 7,5 Tonnen, der Druck aller übrigen Achsen 5,5 Tonnen nicht übersteigen; bei zweiachsigen Kraftfahrzeugen kann der Gesamtachsdruck beliebig auf beide Achsen, unter Einhaltung des Höchstachsdruckes von 7,5 Tonnen für eine Achse verteilt werden.

Der Druck eines Rades auf die ebene Fahrbahn (Raddruck) darf bei Vollgummibereifung je Zentimeter Breite der Grundfläche der Gummireifen, bei metallischer Bereifung je Zentimeter Felgenbreite 125 kg nicht übersteigen.

Die Breite eines Fahrzeuges darf nach § 7 der Reichsstraßenverkehrsordnung 2,35 m, die Breite eines Fahrzeuges mit einem Gesamtgewicht (Summe der zulässigen Achsdrücke) von mehr als 7 Tonnen darf 2,50 m, die Höhe 4 m und die Länge des Zuges miteinander verbundener Fahrzeuge 22 m nicht übersteigen.

Eine Höchstgeschwindigkeit ist nicht vorgeschrieben. Nach der Ausführungsanweisung zur Reichsstraßenverkehrsordnung ist die Geschwindigkeit so einzurichten, daß nötigenfalls rechtzeitig angehalten werden kann.

IV. Die Vorschriften über die Beförderung von Personen und Gütern zu Lande.

Im Deutschen Reiche wurden in letzter Zeit die Vorschriften über die Beförderung von Personen und Gütern zu Lande einer neuen Regelung unterzogen. Das Gesetz vom 4. Dezember 1934 bemerkt in der Einleitung, daß im nationalsozialistischen Staate die Führung des Verkehres zu den Aufgaben des Staates gehöre. Jedem Beförderungszweige müssen diejenigen Aufgaben zugewiesen werden, die er im Rahmen des Gesamtverkehres und der Wirtschaft am besten zu lösen vermag. Voraussetzung hierfür sei ein Reichsverkehrsrecht, das die unmittelbar zusammengehörigen Verkehrszweige regelt. Dieser Zielsetzung gemäß wurden zwei Gesetze erlassen, nämlich das Gesetz vom 4. Dezember 1934 über die Beförderung von Personen zu Lande und das Gesetz vom 26. Juni 1935 über den Güterfernverkehr mit Kraftfahrzeugen.

Die Beförderung von Personen zu Lande.

Nach § 1 des Gesetzes vom 4. Dezember 1934 gilt dieses:

a) für die gewerbsmäßige Beförderung von Personen mit Straßenbahnen und Landfahrzeugen, die durch die Kraft von Tieren oder Maschinen bewegt werden,

b) für die Beförderung von Personen durch die Deutsche Reichspost.

1. Die Genehmigung.

Nach § 2 bedarf derjenige einer Genehmigung, wer gewerbsmäßig Personen:

a) mit Straßenbahnen befördern will (Unternehmer von Straßenbahnen),

b) mit Kraftomnibussen linienmäßig befördern will (Unternehmer von Linienverkehr),

c) mit Landfahrzeugen nicht linienmäßig befördern will (Unternehmer von Gelegenheitsverkehr).

Eine Beförderung gilt als linienmäßig, wenn während eines Zeitraumes von zwei aufeinanderfolgenden Monaten im Jahr wöchentlich mehr als zwei Fahrten zwischen bestimmten Punkten ausgeführt werden und das Unternehmen dem öffentlichen Verkehr dient (§ 4).

Die Genehmigung ist erforderlich:

a) bei einer Straßenbahn für den Bau, die Einrichtungen und den Betrieb der Bahn,

b) bei einem Linienverkehr für die Einrichtungen und den Betrieb der Linie,

c) bei einem Gelegenheitsverkehr für das Unternehmen als solches und für Zahl, Art und Beschaffenheit der Fahrzeuge.

Der Genehmigung bedarf ferner:

a) jede Erweiterung oder wesentliche Änderung des Unternehmens und seiner Einrichtungen, bei einem Gelegenheitsverkehr auch jede Vermehrung der Fahrzeuge,

b) die Übertragung der aus der Genehmigung erwachsenden Rechte und Pflichten auf einen anderen,

c) die Übertragung des Betriebes auf einen anderen (§ 5).

Für die Erteilung der Genehmigung ist zuständig:

a) bei einer Straßenbahn und einem Linienverkehr die höhere Verwaltungsbehörde, in deren Bezirk das Unternehmen betrieben werden soll,

b) bei einem Gelegenheitsverkehr mit Landfahrzeugen, die auf öffentlichen Wegen oder Plätzen bereitgehalten werden und nicht mehr als 8 Sitzplätze einschließlich Führersitz aufweisen (Droschken), die Polizeibehörde, in deren Bezirk das Unternehmen seinen Sitz hat,

c) bei einem anderen Gelegenheitsverkehr die höhere Verwaltungsbehörde, in deren Bezirk das Unternehmen seinen Sitz hat (§ 8).

2. Dauer der Genehmigung.

Die Genehmigung wird dem Unternehmer auf Zeit und nur für seine Person erteilt; sie läßt die Rechte anderer unberührt (§ 9).

3. Beförderungsbedingungen, Beförderungspreise und Fahrpläne.

Sowohl bei Straßenbahnen als auch beim Linienverkehr bedürfen die Beförderungsbedingungen, Beförderungspreise und Fahrpläne der Zustimmung der Genehmigungsbehörde. Sie müssen vor der Einführung veröffentlicht werden. Die angesetzten Beförderungspreise sind gleichmäßig anzuwenden (§§ 17 und 24).

4. Sicherheitsstellung.

Der Unternehmer ist verpflichtet, den Betrieb während der Dauer der Genehmigung ordnungsmäßig aufrecht zu erhalten und hierfür auf Verlangen Sicherheit zu bestellen (§§ 23, 24).

5. Versicherung.

Der Unternehmer ist verpflichtet, sich wegen der Ansprüche, die aus dem Betrieb der Fahrzeuge von den beförderten Personen oder von Dritten gegen ihn erhoben werden können, zu versichern und den Nachweis der Versicherung der Genehmigungsbehörde jederzeit zu erbringen (§ 26).

Der Güterfernverkehr mit Kraftfahrzeugen.

Der Güterfernverkehr mit Kraftfahrzeugen ist durch das Gesetz vom 26. Juni 1935 (siehe Abschnitt I, d) geregelt. In seiner Einleitung betont das Gesetz ausdrücklich, daß es geschaffen wurde, um einen gerechten Leistungswettbewerb zwischen Eisenbahnen und Kraftfahrzeugen sicherzustellen.

1. Genehmigung.

Wer mit Kraftfahrzeugen über die Grenzen eines Gemeindebezirkes hinaus außerhalb eines Umkreises von 50 km, gerechnet vom Standort des Kraftfahrzeuges aus, Güter für andere befördern will (Unternehmer von Güterfernverkehr), bedarf der Genehmigung.

Als Güter im Sinne des Gesetzes gelten auch Möbel und lebende Tiere. Die Beförderung von Möbeln (Umzugsgut, Heiratsgut, Erbgut, jedoch nicht für den Handel bestimmte Möbel) in besonders hierfür eingerichteten und ausschließlich solchen Beförderungen dienenden Kraftfahrzeugen sowie die Beförderung lebender Tiere kann der Reichsverkehrsminister abweichend von den Vorschriften des Gesetzes regeln (§ 1).

Die Vorschriften finden keine Anwendung:

a) auf die Beförderung von Postsendungen, mit Ausnahme von Stückgütern,

b) auf den Werksverkehr,

c) auf die Beförderung von Leichen in besonders hierfür eingerichteten und ausschließlich solchen Beförderungen dienenden Kraftfahrzeugen (§ 2).

Für die Erteilung der Genehmigung ist diejenige höhere Verwaltungsbehörde zuständig, in deren Bezirk das Unternehmen seinen Sitz hat. Die Genehmigung gilt für das ganze Reich (§ 5).

Die Genehmigung ist zu versagen, wenn kein volkswirtschaftliches Bedürfnis vorliegt (§ 7).

2. Dauer der Genehmigung.

Die Genehmigung wird dem Unternehmer auf Zeit und nur für seine Person erteilt; sie läßt die Rechte anderer unberührt (§ 8).

3. Der Reichs-Kraftwagen-Betriebsverband.

Die Unternehmer werden zu einem öffentlich-rechtlichen Verband zusammengeschlossen, der den Namen „Reichs-Kraftwagen-Betriebsverband" führt (§ 9).

Die Aufgaben des Verbandes sind:

a) die Ausbildung und Ordnung des Güterfernverkehrs,

b) die Einrichtung von Laderaumverteilungsstellen, deren Benutzung allen Mitgliedern des Verbandes gestattet sein muß,

c) die Berechnung, Einziehung und Auszahlung des Beförderungsentgelts,

d) die Versicherung der von den Mitgliedern des Verbandes beförderten Güter gegen Schaden entsprechend dem Umfang ihrer Haftung nach den Beförderungsbedingungen,

e) die Überwachung der gesetzlichen Pflichten aller am Beförderungsvertrag Beteiligten (§ 10).

Der Verband untersteht der Aufsicht des Reichsverkehrsministers (§ 11). Er kann die Befolgung seiner Anordnungen durch Ordnungsstrafen erzwingen, welche nach den Vorschriften über die Beitreibung öffentlicher Abgaben eingezogen werden (§ 12).

4. Tarife für den Güterfernverkehr.

Der Verband hat im Einvernehmen mit der deutschen Reichsbahn Tarife für den Güterfernverkehr aufzustellen, die alle zur Berechnung des Beförderungsentgelts (Beförderungspreise und Entgelt für Nebenleistungen) notwendigen Angaben sowie alle anderen für den Beförderungsvertrag maßgebenden Bestimmungen (Beförderungsbedingungen) enthalten müssen.

Die Tarife bedürfen der Genehmigung des Reichsverkehrsministers. Kommt zwischen dem Verband und der Deutschen Reichsbahn keine Einigung über die Tarife zustande, so setzt sie der Reichsverkehrsminister fest. Der Reichsverkehrsminister kann jederzeit Änderungen der Tarife verlangen, die er für notwendig hält (§ 13). Der Anspruch auf Zahlung des Beförderungsentgelts steht ausschließlich dem Verband zu. Entgegenstehende Vereinbarungen sind nichtig (§ 15).

5. Versicherung.

Der Unternehmer ist verpflichtet, sich für alle Schäden, für die er gemäß den Vorschriften des Gesetzes über den Verkehr mit Kraftfahrzeugen haftet, zu versichern.

6. Beförderungs- und Begleitpapiere, Buchführung.

Unternehmer und Absender sind verpflichtet, dafür zu sorgen, daß über jede Sendung die von dem Reichsverkehrsminister oder dem Verband vorgeschriebenen Beförderungs- und Begleitpapiere ausgefertigt werden (§ 20). Unternehmer und Absender haben über den Güterfernverkehr Bücher zu führen und in diesen die Beförderungsgeschäfte, insbesondere das Beförderungsentgelt, nach den Grundsätzen ordnungsmäßiger Buchführung ersichtlich zu machen (§ 21).

7. Reichsbahn-Güterfernverkehr.

Die Deutsche Reichsbahn betreibt den Güterfernverkehr mit eigenen Kraftfahrzeugen. Im Bedarfsfalle können zwischen der Deutschen Reichsbahn und dem Reichs-Kraftwagen-Betriebsverbande Vereinbarungen über die Beschäftigung der Unternehmer von Güterfernverkehren im Reichsbahn-Güterfern- und -nahverkehr getroffen werden. Der Reichsverkehrsminister kann der Deutschen Reichsbahn hinsichtlich Art und Umfang des Güterfernverkehres Beschränkungen auferlegen (§ 29).

Wie aus den vorstehenden Bestimmungen hervorgeht, bezwecken diese nicht die Hemmung des Kraftwagenverkehres, sondern die Durchsetzung einer Zusammenarbeit mit den deutschen Reichsbahnen.

V. Reichsautobahnen.

Das Gesetz vom 27. Juni 1933 (RGBl. II, S. 509) über die Errichtung eines Unternehmens „Reichsautobahnen", abgeändert durch Gesetz vom 18. Dezember 1933 (RGBl. I, S. 1081) ermächtigt die Deutsche Reichsbahngesellschaft, zum Bau und Betrieb eines leistungsfähigen Netzes von Kraftfahrbahnen ein Zweigunternehmen zu errichten, welches den Namen „Reichsautobahnen" trägt (§ 1). Die Kraftfahrbahnen (Autostraßen) sind öffentliche Wege und ausschließlich für den allgemeinen Verkehr mit Kraftfahrzeugen bestimmt (§ 2). Das Unternehmen „Reichsautobahnen" hat das Recht, Benutzungsgebühren zu erheben. Der Gebührentarif bedarf der Genehmigung des Reichsverkehrsministers (§ 7). Es hat zur Erfüllung seiner Aufgaben auch das Enteignungsrecht (§ 9).

B. Besteuerung der Kraftwagen und des Kraftwagenverkehres.

II. Kraftfahrzeugsteuer.

Die Besteuerung der Kraftfahrzeuge ist in Deutschland durch das Kraftfahrzeugsteuergesetz vom 23. März 1935 (RGBl. I, S. 407) geregelt. Das Halten eines Kraftfahrzeuges zum Verkehr auf öffentlichen Straßen unterliegt einer Steuer (§ 1). Die Steuer wird berechnet:

1. bei Zwei- und Dreiradkraftfahrzeugen und Personenkraftwagen (ausgenommen Kraftomnibussen), die mit flüssigen Brennstoffen angetrieben werden, nach dem Hubraum und

2. bei allen übrigen Kraftfahrzeugen nach dem Eigengewicht des betriebsfertigen Kraftfahrzeuges (§ 10).

Die Jahressteuer beträgt:

Fahrzeugtype	Für je 200 kg Eigengewicht oder einem Teil hievon	Je 100 Kubikzentimeter Hubraum oder einem Teil hievon
	Reichsmark	
I. Kraftfahrzeuge mit Antrieb durch Verbrennungsmaschinen, wenn das Gas zum Antrieb mittels eingebauten Gaserzeugers aus festem Brennstoff hergestellt wird und Kraftfahrzeuge, die mit Speichergas, elektrisch oder mit Dampf angetrieben werden, von dem Eigengewicht bis zu 2400 kg	15	—
von dem Eigengewicht über 2400 kg	5	—
II. Kraftfahrzeuge mit Antrieb durch andere (flüssige) Brennstoffe:		
1. Zwei- und Dreiradkraftfahrzeuge	—	8
2. Personenkraftwagen, ausgenommen Kraftomnibusse	—	12
3. Kraftomnibusse und Lastkraftwagen,		
a) wenn sie vor dem 1. April 1935 erstmalig zum Verkehr zugelassen sind	30	—
b) wenn sie in der Zeit seit dem 1. April 1935 erstmalig zum Verkehr zugelassen sind, von dem Eigengewicht bis zu 2400 kg	30	—
von dem Eigengewicht über 2400 kg	10	—
4. Zugmaschinen ohne Güterladeraum		
a) wenn sie vor dem 1. April 1935 erstmalig zum Verkehr zugelassen sind	20	—
b) wenn sie in der Zeit seit dem 1. April 1935 erstmalig zum Verkehr zugelassen sind, von dem Eigengewicht bis zu 2400 kg	20	—
von dem Eigengewicht über 2400 kg	10	—
5. Kraftfahrzeuge, die unter Ziffer II zu 1 bis 4 nicht besonders aufgeführt sind, unterliegen dem Steuersatz für Zugmaschinen ohne Güterladeraum		

II. Benzinzoll.

Benzin aller Art, rohes und gereinigtes Erdöl sowie leichte Steinkohlenteeröle (Benzol, Toluol, Xylol usw.) unterliegen nach Tarif Nr. 239 einem Zollsatz von 17 Reichsmark für 100 kg. Bei der Einfuhr in Fahrzeugen, die zum Versand der Flüssigkeit ohne Umschließung eingerichtet sind, oder in anderer als handelsüblicher unmittelbarer Umschließung wird ein Tarazuschlag berechnet, der für Öle mit einer Dichte bei 15° C von 0,750 und darunter 29 v. H., von mehr als 0,750 bis 0,830 einschließlich 25 v. H. und von mehr als 0,830 20 v. H. beträgt.

III. Ausgleichssteuer.

Die im Inlande gewonnenen Mineralöle (rohes und gereinigtes Erdöl, Benzin usw.) mit Ausnahme derjenigen, deren Dichte bei + 15° C mehr als 0,830 beträgt (z. B. Gasöl, Schmieröl usw.) und der pechartigen Rückstände sowie des Harzöles, ferner die leichten Steinkohlenteeröle einschließlich der ölartigen Destillate aus Steinkohlenteerölen unterliegen einer Ausgleichssteuer von 3,80 Reichsmark für 100 kg Eigengewicht (Gesetz über Zolländerungen vom 15. April 1930, RGBl. I, S. 131). Außer dem Zoll wird bei der Einfuhr eine Ausgleichssteuer von 2% vom Wert der Ware, einschließlich Zoll, eingehoben. Durch Verordnung vom 23. Oktober 1933 (RZBl. S. 519) wurden fixe Durchschnittswerte festgesetzt. Diese betragen für 100 kg:

a) für Mineralöle mit einer Dichte bis 0,750 (bei + 15° C): RM 6,65,

b) über 0,750 bis 0,830: RM 4,80,

c) über 0,830 bis 0.900:

nicht zu Schmierzwecken geeignet oder mit Erlaubnisschein zur Verwendung zum Betrieb von Motoren: RM 3,80,

andere: RM 10,50,

d) über 0,900: RM 10,50.

IV. Verpflichtung zum Bezuge von Spiritus und Methanol.

Durch Art. 2 des Gesetzes vom 15. April 1930 über Zolländerungen (RGBl. I, S. 131), abgeändert durch die Verordnung vom 15. August 1935 (RGBl. I, S. 1095) wurde die Reichsregierung ermächtigt, anzuordnen, daß diejenigen, die Treibstoffe aus dem Ausland einführen oder im Inland herstellen, einen entsprechenden Anteil Spiritus oder Methanol zur Verwendung als Treibstoff beziehen müssen.

Die Regierung hat von dieser Ermächtigung mit Verordnung vom 4. Juli 1930 (RGBl. I, S. 199), abgeändert durch die Verordnungen vom 19. September 1931 (RGBl. I, S. 511), vom 5. August 1932 (RGBl. I, S. 402) und vom 30. Oktober 1935 (RGBl. I, S. 1274) Gebrauch gemacht. Nach § 1 der Verordnung ist derjenige, welcher Treibstoffe aus dem Zollausland einführt oder im Zollinland herstellt, verpflichtet, von der Reichsmonopolverwaltung für Branntwein eine Menge Spiritus zu beziehen, die 4 v. H. des Eigengewichts der eingeführten oder im Zollinland hergestellten Treibstoffmenge entspricht, wenn der Treibstoffspirituspreis 70 RM je Hektoliter Weingeist beträgt. Die Spirituspflichtmenge erhöht oder ermäßigt sich für je 10 RM, um die die Kosten des Treibstoffspiritus niedriger oder höher sind als 70 RM, um 1 v. H. der eingeführten oder hergestellten Treibstoffmenge.

Die sich hiernach ergebende Pflichtmenge erhöht sich für Treibstoffe (mit Ausnahme von Petroleum) um weitere 4 v. H. der Treibstoffmenge, wenn der durchschnittliche Branntweingrundpreis nicht mehr als RM 48,30 beträgt. Der Reichsminister der Finanzen kann die Ausnahme für Petroleum beseitigen, wenn nach seinen Feststellungen Petroleum in zunehmendem Umfang zu Treibstoffzwecken verwendet wird.

Der Preis für Treibstoffspiritus darf die Gestehungskosten des Spiritus für die Reichsmonopolverwaltung einschließlich der Kosten für die Methanolbeimischung nicht übersteigen (§ 5).

Die Reichsmonopolverwaltung kann dem zu liefernden Spiritus Methanol beimischen, doch dürfen auf 8,5 Teile Spiritus nicht mehr als 1,5 Teile Methanol entfallen (§ 6).

6. Frankreich.

A. Verkehrsvorschriften.

I. Die gesetzlichen Grundlagen.

Die gesetzliche Grundlage für den Kraftwagenverkehr bilden in Frankreich die nachstehenden Verordnungen:

1. die Verordnung des Präsidenten der Republik vom 31. Dezember 1922 (Journal Officiel vom 6. Jänner 1923), betreffend die Regelung der Straßenpolizei, abgeändert durch die Verordnungen vom 12. September 1925, 12. April 1927 (J. O. vom 15. April), 21. August 1928 (J. O. vom 25. August), 5. Oktober 1929 (J. O. vom 29. Oktober 1929) und Verordnung vom 30. Juni 1934 (J. O. vom 4. Juli 1934);

2. die Verordnung des Präsidenten der Republik vom 19. April 1934 über die Aufteilung der Beförderung zwischen Eisenbahn und Straße (Decret portant coordination des transports ferroviaires et routiers, J. O. vom 20. April 1934);

3. die Verordnung des Präsidenten der Republik vom 25. Februar 1935 über die Aufteilung des Personenverkehres (J. O. vom 26. Februar 1935);

4. die Verordnung des Präsidenten der Republik vom 13. Juli 1935 über die Aufteilung des Güterverkehres (J. O. vom 17. Juli 1935);

5. die Verordnung des Präsidenten der Republik vom 9. Juli 1935 über die Errichtung des Obersten Verkehrs-Aufteilungsausschusses (J. O. vom 10. Juli 1935).

II. Allgemeine Verkehrsvorschriften.

a) Das Gewicht der Kraftwagen.

Nach Verordnung vom 30. Juni 1934 (J. O. vom 4. Juli 1934) darf das Gesamtgewicht eines beladenen Wagens 15 Tonnen und der Achsdruck 10 Tonnen nicht überschreiten.

b) Die Wagenbreite und Länge.

Die Fahrzeuge dürfen nach Art. 2 der vorgenannten Verordnung nicht breiter als 2,35 m und nicht länger als 10 m sein. Bei einem Zugwagen mit Anhänger darf die Länge 12 m nicht überschreiten.

c) Die Geschwindigkeit der Kraftwagen.

Die Vorschriften über die zulässige Höchstgeschwindigkeit sind durch Erlaß vom 17. August 1932 (J. O. vom 18. August) festgelegt worden. Sie darf betragen für Kraftwagen im Gesamtgewichte von:

a) 3.001 bis	6.500 kg	mit Vollgummireifen	30 km,	mit Luftreifen	65 km
b) 6.501 „	10.000 „	„ „	24 „	„ „	55 „
c) über	10.000 „	„ „	20 „	„ „	45 „

Bei Wagen, welche breiter als 2,20 m sind, darf die Höchstgeschwindigkeit in keinem Falle 50 km überschreiten.

III. Regelung des Wettbewerbes „Eisenbahn—Kraftwagen".

Auch in Frankreich macht sich der Wettbewerb der Kraftwagen fühlbar, was zur Folge hatte, daß die Konferenz der Handelskammerpräsidenten am 8. November 1932 die nachstehende Resolution faßte:

a) Die für die Wirtschaft schädliche Verkehrslage ist baldigst zu verbessern;

b) die Regierung hat sich mit der Sicherung des Gleichgewichtes zwischen den einzelnen Verkehrsmitteln zu befassen;

c) die die Eisenbahnen belastenden Vorschriften sind aufzuheben;

d) die Kraftwagendienste für die Personen- und Güterbeförderung sind der Konzession zu unterwerfen, wobei genaue Vorschriften über die Verpflichtungen dieser Dienste, insbesondere hinsichtlich der Regelmäßigkeit des Dienstes, der Verlautbarung der Tarife und der Sicherheitsbestimmungen, zu erlassen wären.[1])

Wie aus dem Punkte 3 der vorstehenden Resolution zu ersehen ist, geht die Klage der Eisenbahnen vor allem dahin, daß sie im Wettbewerb mit den Kraftwagen durch die ver-

---

[1]) Bulletin de la Chambre de Commerce de Paris 1932, S. 1873.

alteten Bestimmungen ihrer Konzessionsurkunden — cahiers de charges — sowie des am 28. Juni 1921 zwischen dem Minister für öffentliche Arbeiten einerseits und den sieben großen französischen Eisenbahnen sowie den Pariser Gürtelbahnen abgeschlossenen Übereinkommens behindert seien. Durch einen mit dem Minister am 6. Juli 1933 abgeschlossenen Zusatzvertrag, welcher durch Gesetz vom 8. Juli 1933 (J. O. vom 23. Juli 1933) genehmigt wurde, gelang es den Gesellschaften, die Aufhebung der sie besonders belastenden Bestimmungen zu erreichen. Art. 2 des bezeichneten Gesetzes ermächtigt nunmehr die Regierung, diese in den Cahiers de charges enthaltenen Bestimmungen im Verordnungswege aufzuheben. Es sind dies insbesondere Vorschriften, welche sich beziehen auf: den Zwang, einmal gebaute Strecken dauernd zu betreiben, die Zahl der Wagenklassen und der mitzuführenden besonderen Wagen, die Tarife, das Freigepäck, den Zwang, die Güter in der Reihenfolge ihres Einganges zu befördern, die Zeiten, während welchen die Bahnhöfe offenzuhalten sind, die Ausstellung der Frachtbriefe und die Ladelisten. Alle diese Bestimmungen wurden erleichtert, ebenso diejenigen über das Zustreifen und Abholen der Güter und das Zusammenwirken mit anderen Verkehrsunternehmungen, über die Abschrankung und Bewachung der Bahnübergänge und über die Einfriedungen. Von besonderer Bedeutung ist die neue Bestimmung, daß die Eisenbahnen nicht mehr gezwungen sein sollen, auf jeder Strecke täglich mindestens drei Züge verkehren zu lassen. Auf verkehrsschwachen Strecken überschritt die Zahl von drei Zügen bei weitem das Verkehrsbedürfnis und die Eisenbahn hätte gern den Zugsverkehr durch einen Kraftomnibusverkehr auf der Straße ersetzt, wenn sie nicht gezwungen worden wäre, trotzdem die Züge aufrechtzuhalten. Das Gesetz gibt weiters die Möglichkeit, die Verkehrssteuer im Personenverkehr im Verordnungswege von 32,5% auf 12% herabzusetzen.

1. Verkehrs-Aufteilungsausschuß.

Die endgültige Regelung des Wettbewerbes zwischen Eisenbahn und Kraftwagen wurde in Frankreich durch die Verordnung des Präsidenten der Republik vom 19. April 1934 eingeleitet. Mit Art. 1 dieser Verordnung wird ein Verkehrs-Aufteilungsausschuß beim Ministerium für öffentliche Arbeiten (Comité de coordination) errichtet, und zwar wie Art. 1 ausdrücklich sagt, „in der Absicht, die finanziellen Lasten des Staates herabzusetzen“.

Diesem Koordinationskomitee gehören an: ein Vertreter der großen Eisenbahnen, ein Vertreter der Lokalbahnen, ein von den gewerblichen Organisationen der Verfrächter auf der Straße, welche mit dem Staate, den Departements oder Gemeinden in einem Vertragsverhältnis stehen, bestellter Fachmann, zwei Vertreter jener Verfrächter, die in keinem solchen Vertragsverhältnisse stehen. Diese fünf Fachmänner haben einstimmig einen Schiedsrichter zu ernennen, welcher vom Minister für öffentliche Arbeiten endgültig zu genehmigen ist.

Nach Art. 3 der Verordnung besteht die Aufgabe dieses Koordinationskomitees darin, die beteiligten Beförderungsunternehmungen eines Departements oder Gebietes hinsichtlich der Durchführung der Reisenden- und Güterbeförderung zu einem freiwilligen Abkommen zu veranlassen.

Gelingt ihm dies nicht, so hat der Schiedsrichter dem Minister für öffentliche Arbeiten Vorschläge über die Aufrechterhaltung oder Abänderung oder Auflassung bestehender Dienste innerhalb fallsweise vorzuschreibender Fristen oder über die Errichtung neuer Verkehrsdienste zu erstatten (Art. 3). Der Minister setzt sowohl die freiwilligen Abkommen als auch die von ihm verfügte Verkehrsregelung mittels Erlasses in Kraft. In diesen Erlässen sind die Bedingungen, welchen die Straßentransporte auf den vorgeschriebenen Linien entsprechen müssen, anzuführen. Diese Bedingungen können sich insbesondere auf den Fahrplan und die Fahrgebühren, die Versicherungspflicht, die gleichmäßige Behandlung aller Benützer des Verkehrsmittels und die Postbeförderung beziehen. Außerdem ist in den Erlässen die Dauer anzugeben, innerhalb welcher die freiwillige oder vorgeschriebene Verkehrsregelung Gültigkeit haben soll (Art. 4).

Art. 5 verfügt endlich, daß bis zur Verkehrsordnung im Sinne dieser Verordnung neue öffentliche Verkehrsdienste nicht errichtet werden dürfen.

Durch Verordnung des Präsidenten der Republik vom 9. Juli 1935 (J. O. vom 10. Juli 1935), abgeändert durch die Verordnungen vom 5. Oktober 1935 und 28. November 1935 wurde dieser Ausschuß durch den Obersten Verkehrs-Aufteilungsausschuß (Comité supérieur de coordination des transport) beim Ministerium für öffentliche Arbeiten ersetzt, dessen Aufgabe nach Art. 1 der Verordnung in der „einheitlichen Regelung der Beförderung im Sinne der allgemeinen Wirtschaftlichkeit" besteht.

Dieser Oberste Verkehrs-Aufteilungsausschuß besteht aus:

dem Minister für öffentliche Arbeiten als Vorsitzenden,
dem Präsidenten der Sektion für öffentliche Arbeiten des Staatsrates als Stellvertreter des Vorsitzenden,
dem Generaldirektor für Eisenbahnen und Straßen,
dem Direktor für Wasserstraßen und Seehäfen,
dem Direktor für die Handelsflugschiffahrt,
dem Direktor für die Handelsmarine und Seearbeiten,
dem Direktor des Budgets und der Finanzkontrolle.

Bereits vor Errichtung dieses Obersten Verkehrs-Aufteilungsausschusses wurde jedoch die Beförderung von Personen und Gütern mit Kraftfahrzeugen durch zwei Verordnungen des Präsidenten, und zwar durch die Verordnung des Präsidenten der Republik vom 25. Februar 1935 über die Aufteilung des Personenverkehres und durch die Verordnung des Präsidenten der Republik vom 13. Juli 1935 über die Aufteilung des Güterverkehres endgültig geregelt.

2. Aufteilung der Personenbeförderung zwischen Eisenbahn und Kraftwagen.

a) Der Verkehrsausschuß des Departements.

Die Grundlage für die Aufteilung des Personenverkehres zwischen Eisenbahn und Kraftwagen ist in der Verordnung des Präsidenten der Republik vom 25. Februar 1935 enthalten. Nach dieser Verordnung sind mit der Vorbereitung und Durchführung dieser Aufteilung die technischen Verkehrsausschüsse (Comité technique departemental des transports), welche in den einzelnen Departements errichtet werden, betraut.

In diese Ausschüsse entsenden je einen Vertreter und einen Ersatzmann:

1. die großen Eisenbahngesellschaften, welche im Departement Eisenbahnlinien betreiben,

2. die Lokalbahngesellschaften von allgemeiner Bedeutung, welche im Departement Eisenbahnlinien betreiben, die Lokalbahngesellschaften von örtlicher Bedeutung und die Straßenbahnen,

3. die Kraftwagenunternehmungen, welche mit dem Staat, dem Departement oder den Gemeinden im Vertragsverhältnis stehen,

4. die freien Kraftwagenunternehmungen, welche Personen befördern,

5. die freien Kraftwagenunternehmungen, welche Güter befördern.

Bei Abstimmungen hat jedoch nicht jeder Vertreter nur eine Stimme, sondern es wird die Zahl der ihm zustehenden Stimmen nach der Größe der Unternehmung bzw. der Gruppe festgesetzt wie folgt:

Die 2. Gruppe verfügt für je 10 km Linie über 1 Stimme, die 3., 4. und 5. Gruppe über je 1 Stimme für 5 Wagen (Art. 2).

Die Funktionsdauer der Mitglieder des Ausschusses beträgt drei Jahre (Art. 4).

In der ersten Sitzung wählt der Ausschuß aus seiner Mitte den Vorsitzenden und seinen Stellvertreter (Art. 5).

Zur Deckung der Kosten des Ausschusses haben alle im Departement befindlichen Verkehrsunternehmungen, welche an dem erzielten Abkommen teilnehmen, einen Beitrag zu leisten, dessen Höhe vom Ausschuß selbst festgestellt wird. Der Beitrag darf jedoch nicht überschreiten:

20 Francs für den Kraftwagen,

30 Francs für den Kilometer der Eisenbahnen von allgemeiner Bedeutung,

10 Francs für den Kilometer der Eisenbahnen von örtlicher Bedeutung (Art. 5).

b) Aufgaben des Verkehrausschusses.

Nach Art. 7 der Verordnung spielt der Verkehrsausschuß des Departements gegenüber dem Verkehrs-Aufteilungsausschuß des Ministeriums für öffentliche Arbeiten die Rolle eines Informations-, Studium- und Überwachungsorgans. Nach Art. 10 ist er berufen, die Grundlagen für die Zusammenarbeit bzw. Verkehrsteilung zwischen den einzelnen Verkehrsgruppen zu schaffen und Abkommen zwischen diesen über die Verkehrsaufteilung zu erzielen.

Wie der Ausschuß bei der Erfüllung dieser seiner Aufgabe vorzugehen hat, gibt Art. 11 an. Nach diesem haben vor allem die Eisenbahngesellschaften dem Ausschusse jene Linien oder Linienteile bekanntzugeben, auf denen mit Rücksicht auf die Vorteile anderer Verkehrsmittel und das finanzielle Ergebnis des bisherigen Verkehres die vollständige oder teilweise Einstellung des Eisenbahnverkehres als notwendig erkannt wurde. Die Kraftwagenunternehmungen haben ihrerseits wieder dem Ausschuß jene Kraftwagendienste bekanntzugeben, deren Einstellung eine Entschädigung rechtfertigen würde.

Als Entschädigung kommen nach Art. 12 in Betracht:

1. soweit sie auf Kosten der großen Eisenbahngesellschaften von allgemeiner Bedeutung gehen:

a) Überlassung des Personenverkehres an die Kraftwagenunternehmungen auf solchen Linien, auf denen der Eisenbahnverkehr im allgemeinen Interesse einzustellen wäre,

b) Überlassung des Personenverkehres zwischen wichtigeren Eisenbahnstationen mit großem oder mittlerem Verkehr, wenn die Bedeutung der dazwischenliegenden Orte und ihre Entfernung von der Eisenbahn dies im Interesse der Reisenden für zweckmäßig erscheinen läßt;

2. soweit sie auf Kosten der Lokalbahnen von allgemeiner Bedeutung und der Lokalbahnen von örtlicher Bedeutung gehen:

a) Überlassung der Personenbeförderung auf den von ihnen aufgegebenen Linien an die Kraftwagenunternehmungen, und

b) Betrieb der an Stelle der Züge tretenden Kraftwagenlinien durch Kraftwagenunternehmungen;

3. soweit sie auf Kosten der Kraftwagenunternehmungen gehen, bildet die von den freien Kraftwagenunternehmungen geforderte Einstellung von Verkehrsdiensten den Gegenstand von Betriebsvereinbarungen zwischen allen Kraftwagenunternehmungen, die an solchen Vereinbarungen interessiert sind (Art. 12).

Erklärt ein Kraftwagenunternehmer, daß er sich dem Abkommen nicht anschließen könne, weil die nach den vorstehenden Grundsätzen durchgeführte Verkehrsaufteilung ihn schlechter stelle als die anderen Kraftwagenunternehmungen, und bringt er hiefür den Nachweis, so ist er auf gemeinsame Rechnung der Eisenbahnen und Kraftwagenunternehmer zu entschädigen (Art. 13).

c) Außerhalb der Abkommen liegende Beförderungen.

Nach Art. 16 der Verordnung beziehen sich die Verkehrsabkommen nicht auf Beförderungsdienste, die nur in Ausnahmsfällen stattfinden, also nicht regelmäßig wiederkehren.

Täglich oder von Zeit zu Zeit stattfindende Fremdenverkehrsfahrten sowie die anläßlich von Festen, Märkten und Messen wiederkehrenden Fahrten gehören zu den regelmäßigen Diensten und fallen unter die Abmachungen. Bei diesen ist aber eine Doppelgeleisigkeit im Einvernehmen mit dem ersten Unternehmer zulässig, wenn dieser den Verkehr allein nicht bestreiten kann.

Der Taxameterverkehr fällt nicht unter die Bestimmungen dieser Verordnung (Art. 16).

d) Die Kraftwagenunternehmungen der großen Eisenbahnen.

Nach Art. 17 der Verordnung haben die Eisenbahnen alle Maßnahmen zu treffen, um innerhalb dreier Jahre von Inkrafttreten der Abkommen jede direkte oder indirekte Beteiligung an Kraftwagenunternehmungen einzustellen. Sie können jedoch in Ausnahme von dieser Bestimmung:

1. zu den Kosten von Kraftwagendiensten, welche für ihren eigenen Betrieb wertvoll sind, wie Verbindung der Stationen mit den Ortschaften oder Fremdenverkehrsdienste, beitragen, wenn keine freie Kraftwagengesellschaft einen solchen Dienst auf eigene Gefahr und Kosten durchführen will;
2. längs ihrer für den Personenverkehr aufrecht erhaltenen Linien Personenkraftwagendienste dann einführen, wenn dies das Zustandekommen von Abkommen erleichtern würde. Sie dürfen aber nur mit den am Abkommen teilnehmenden Kraftwagenunternehmungen Betriebsverträge eingehen.

e) Zusammenarbeit zwischen Eisenbahn und Kraftwagen.

Nach Art. 18 haben sich die Eisenbahnen und Kraftwagenunternehmungen über eine die Interessen der Benützer am besten entsprechende Organisation, sowie auf gemischten Strecken über den Übergang von einem Beförderungsmittel auf das andere zu verständigen. Sie haben zu diesem Zwecke in ständiger Verbindung zu stehen. Unter Vorbehalt der Genehmigung durch die zuständige Behörde haben die Eisenbahnen mit den Kraftwagenunternehmungen Vereinbarungen über die gegenseitige Benützung ihrer Einrichtungen, der Bahnhöfe, Wartesäle, Fahrkartenschalter, Gepäckaufbewahrungsräume, Unterkunftsstellen (Wartehäuser) usw. zu treffen.

Die Kraftwagenunternehmungen haben weiters mit den Eisenbahnen die Ausstellung von kombinierten Fahrkarten und die direkte Einschreibung von Gepäckstücken in vereinfachter Form unter Beachtung der Bedürfnisse des Kraftwagenverkehres zu vereinbaren.

f) Vorschriften bei Doppelgeleisigkeit des Verkehres.

Dort, wo auf einer Strecke neben der Eisenbahnlinie auch eine Kraftwagenverbindung besteht und die Verkehrsverhältnisse nicht die Auflassung der Eisenbahnlinie gestatten, müssen die Betriebsbedingungen für den Kraftwagenverkehr derart erstellt werden, daß der Eisenbahn der Personenverkehr zwischen den Hauptorten, welche sowohl von der Eisenbahn als auch dem Kraftwagen bedient werden, verbleibt.

Zu diesem Zwecke muß der Fahrpreis auf den freien Kraftwagenunternehmungen den Preis eines einfachen Fahrscheines der letzten Klasse der Eisenbahn für die gleiche Strecke übersteigen, sofern nicht der Weg, welchen der Kraftwagen zurücklegt, erheblich kürzer ist als der der Eisenbahn. Außerdem muß auch die Zahl der Fahrten und der Fahrplan in Hinsicht auf eine Verkehrsteilung erstellt werden. Sollten diese Maßnahmen noch nicht genügen, um der Eisenbahn den ihr zugewiesenen Verkehr sicherzustellen, können zwischen der Eisenbahn und den Kraftwagenunternehmungen vertraglich weitere Maßnahmen vereinbart werden.

Wurde der Verkehr einer freien Kraftwagenunternehmung auf einer Strecke aufrecht erhalten, welche von einer städtischen Straßenbahn bedient wird, so kann die freie Kraftwagenunternehmung auf der gemeinsamen Strecke keinen Lokalverkehr durchführen.

Hat die freie Kraftwagenunternehmung mit einer zum Staat, zum Departement oder zu einer Gemeinde im Vertragsverhältnis stehenden Kraftwagenunternehmung eine gemeinsame Strecke, so müssen die Fahrpreise auf der gemeinsamen Strecke mindestens gleich sein, oder, wenn notwendig, der Fahrpreis der freien Kraftwagenunternehmung höher sein. Die Fahrpläne müssen außerdem so erstellt werden, daß sich die Unternehmungen keinen gegenseitigen Wettbewerb machen (Art. 19).

g) Ausflugs- und Fremdenverkehrsdienste.

Ausflugs- und Fremdenverkehrsdienste, welche regelmäßig zu einer bestimmten Jahreszeit wiederkehren, nennt Art. 20 der Verordnung „Gelegenheitsdienste“. Auch sie bilden den Gegenstand des Abkommens. Befahren sie eine Strecke, die von der Bahn oder einer Kraftwagenunternehmung bedient wird, müssen die Fahrpreise um einen vom Verkehrsausschuß des Departements, bzw., wenn in diesem keine Einstimmigkeit erreicht wird, vom Minister für öffentliche Arbeiten festgesetzten Prozentsatz höher sein.

h) Fahrpreise.

In den zu schließenden Abkommen werden auch für die einzelnen Linien oder Gruppen von Linien Höchstsätze für den Tarifkilometer und Mindestfahrpreise festgesetzt, die vom Ministerium zu genehmigen sind (Art. 23). Für Linien, welche früher von der Eisenbahn bedient wurden, dürfen die Höchsttarifsätze höchstens 30 Centimes für den Kilometer betragen. Aber auch innerhalb dieser Höchstsätze ist es den Unternehmungen nicht gestattet, ihre Tarife selbständig festzusetzen. Sie haben den von ihnen beabsichtigten Tarif dem Verkehrsausschuß vorzulegen, welcher dem Publikum durch Anschlag in den Geschäftsstellen und Haltestellen der Unternehmung zur Kenntnis gebracht wird. Nach acht Tagen prüft der technische Ausschuß die über den Tarif eingelaufenen Beschwerden. Erhebt der Ausschuß selbst keine Einwendung, so tritt der Tarif in weiteren 15 Tagen in Kraft. Erhebt er aber solche, so verhandelt er mit der Unternehmung über die zutreffenden Abänderungen. Kommt es mit dieser zu keiner Vereinbarung, so entscheidet der Minister für öffentliche Arbeiten nach Einholung eines Gutachtens des Verkehrs-Aufteilungsausschusses.

Für die Erstellung des Gepäcktarifes kommen die gleichen Bestimmungen zur Anwendung.

i) Festlegung der Strecke, der Haltestellen und des Fahrplanes.

Auch die Strecke, die Haltestellen und der Fahrplan werden in dem Abkommen festgelegt. Bei Feststellung des Fahrplanes ist auf Ausschaltung eines unnötigen Wettbewerbes Rücksicht zu nehmen. Die Fahrpläne sind dem Ausschuß des Departements bekanntzugeben, welcher die nötigen Änderungen mit der Unternehmung vereinbaren kann. Stimmt diese den Änderungen nicht zu, so verfügt diese der Ausschuß unter Vorbehalt der Genehmigung durch den Präfekten. Kommt es innerhalb des Ausschusses selbst hinsichtlich des Fahrplanes zu keiner Einigung oder stimmt der Präfekt der vom Verkehrsausschuß verlangten Änderung nicht zu, so entscheidet der Minister für öffentliche Arbeiten nach Befragung des Verkehrs-Aufteilungsausschusses. Die Fahrpläne sind einzuhalten und müssen in der Geschäftsstelle der Unternehmung und in den Wagen angeschlagen sein (Art. 27).

j) Zustand und Fassungsraum der Wagen.

Nach Art. 29 haben die Wagen den Bedürfnissen der Reisenden zu entsprechen. Im allgemeinen sollen die Reisenden sitzend befördert werden. Es muß außerdem die Möglichkeit gegeben sein, das Gepäck der Reisenden im Ausmaß von 20 kg für den Reisenden und das Stück zu befördern.

k) Versicherung.

Die Personenbeförderungsunternehmungen müssen zur Deckung der aus dem Betrieb der Fahrzeuge sich ergebenden Haftungspflicht mit dem Mindestbetrag von 1 Million Francs für jeden in Betrieb stehenden Wagen und Unfall, vermehrt um 50.000 Francs für jeden vorhandenen Sitzplatz versichert sein. Die Versicherung darf nur bei einer vom Arbeitsminister genehmigten Versicherungsgesellschaft erfolgen (Art. 30).

l) Postbeförderung.

Nach Art. 31 hat die Kraftwagenunternehmung über Verlangen der Postanstalt die Postbeförderung im Ausmaße von einem Kubikmeter für jede Reise durchzuführen. Die Postsachen müssen in einem Koffer untergebracht werden, welcher ein automatisches Schloß besitzt und, soweit als möglich, vom Fahrer beobachtet werden kann. Außerdem hat der Unternehmer über Verlangen der Postanstalt an jedem Wagen einen von ihr gelieferten Briefkasten anzubringen und die Weitergabe der eingelangten Post an den Postbeamten vorzunehmen.

Für die Postbeförderung leistet die Post die nachstehende Vergütung im Ausmaße von:

$^1/_3$ Fahrkarte für einen Raum von 0 bis 250 Kubikzentimeter,
2 Fahrkarten für einen Raum von 500 Kubikzentimeter,
$2^1/_2$ Fahrkarten für einen Raum von 750 Kubikzentimeter,
3 Fahrkarten für einen Raum von 1 Kubikmeter.

Für die im Koffer nicht unterzubringenden Postsäcke, welche dem Fahrer anvertraut werden, ist eine Bauschgebühr von 1,25 Francs für den Sack mit einem Höchstgewicht von 40 kg und die Reise zu entrichten (Art. 31). Kraftwagen, welche Bahnanschluß haben, haben über Verlangen des Ausschusses die Beförderung von Zeitungen und Eilstücken gegen eine vom Ministerium nach Einholung eines Gutachtens des Verkehrs-Aufteilungsausschusses festgesetzte Entschädigung vorzunehmen (Art. 32).

m) Sicherheitsleistung.

Die Kraftwagenunternehmungen haben eine Sicherheit zu erlegen, deren Betrag im betreffenden Abkommen festgesetzt wird, und zwar auf folgender Grundlage:

1000 Francs für die ersten 25 im Departement zwecks Durchführung des Dienstes in Betrieb genommenen Wagen,

500 Francs für jeden Wagen über 25 bis einschließlich den hundertsten Wagen,

300 Francs für jeden Wagen über den hundertsten.

Die Sicherheit ist bei der Depot- und Konsignationskasse in barem, in Staatspapieren oder staatlich garantierten Wertpapieren zu erlegen und bildet ein Pfand für die Einhaltung der von der Unternehmung übernommenen Verpflichtungen. Statt der Sicherheit kann auch die Haftung einer Haftpflichtgesellschaft angenommen werden (Art. 34).

3. Aufteilung der Güterbeförderung zwischen Eisenbahn und Kraftwagen.

Die Vorschriften über die Regelung des Güterverkehres mit Kraftwagen überhaupt und die Aufteilung der Güterbeförderung zwischen Eisenbahn und Kraftwagen sind in der Verordnung des Präsidenten der Republik vom 13. Juli 1935 (siehe Abschnitt I/4) enthalten.

Diese Verordnung teilt vor allem den Güterverkehr in den privaten und den öffentlichen Verkehr ein.

a) Privatgüterverkehr.

Unter privaten Güterverkehr (Werkverkehr) versteht Art. 4 die Beförderung von Gütern für den eigenen Bedarf seitens Personen oder Gesellschaften, durch welche eine Ortsveränderung der eigenen Güter oder von Gütern, welche den Gegenstand ihres Handels, ihrer Erzeugung oder ihres Betriebes bilden, vorgenommen wird, mittels den diesen Personen gehörigen oder ihnen für eine Mindestdauer von drei Monaten ausschließlich zur Verfügung gestellten Fahrzeugen.

Unter die private Güterbeförderung gehören weiters die von Verwaltungen für ihre eigenen Dienste mit eigenen oder ihnen für mindestens drei Monate zur Verfügung gestellten Fahrzeugen vorgenommenen Beförderungen, sowie die in der Landwirtschaft gelegentlich von einem Landwirt durchgeführten Beförderungen, wenn die beförderten Güter einem anderen Landwirte derselben oder einer Nachbargemeinde gehören und die Beförderung unentgeltlich erfolgt (Art. 5).

b) Öffentlicher Güterverkehr.

Jeder andere Verkehr fällt nach Art. 6 unter den öffentlichen Güterverkehr.

Der öffentliche Güterverkehr zerfällt wieder:

1. in den Rollfuhrverkehr, d. h. die Güterbeförderung innerhalb einer Stadt,
2. in den übrigen öffentlichen Güterverkehr.

Der Güterverkehr außer dem Rollfuhrdienst zerfällt wieder in nachstehende fünf Verkehrsgruppen:

1. den allgemeinen regelmäßigen Güterverkehr,
2. den Viehverkehr zur Bedienung der Schlachthäuser und Märkte,
3. den Kesselwagenverkehr,
4. den Umzugsverkehr,
5. den Verkehr auf Bestellung (Art. 8).

Der allgemeine regelmäßige Güterverkehr wird untergeteilt in:

a) den Sammel- und Zustellungsdienst, welcher im Einvernehmen mit den Eisenbahnen zwecks Bedienung von im vorhinein bestimmten Strecken oder zur fallweisen Bedienung von bestimmten Orten (Zubringe- und Zustellungsdienste) erfolgt;

b) den Eildienst, insbesondere zur Beförderung von kleinen Packstücken, und die regelmäßigen Beförderungsdienste mit einer Geschwindigkeit von wenigstens 40 km in der Stunde,

c) andere unter die Begriffsbestimmung „regelmäßige Dienste" fallenden Dienste.

Der Viehverkehr wird nach der Verordnung (Art. 8) untergeteilt in:

a) die Beförderung in einem beschränkten Umkreise zur Bedienung der Schlachthäuser und Märkte des Bezirkes,

b) die Beförderung von Vieh auf große Entfernungen durch regelmäßige oder wiederkehrende Dienste zur Bedienung von bedeutenden Messen, großen Märkten der Provinz oder des Pariser Marktes.

Der Kesselwagenverkehr zerfällt:

a) in die Beförderung von Nahrungsmitteln (geschüttet wie Milch, Wein usw.) und

b) in die Beförderung aller anderen Erzeugnisse (Benzin, Petroleum, Mineralöle, Teer, chemische Erzeugnisse usw.).

Der Umzugsverkehr fällt dann unter den öffentlichen Verkehr, wenn er mit besonderen Fahrzeugen entweder während des ganzen Jahres oder zu bestimmten Zeiten gegen Bestellung zur Beförderung von Möbeln und anderen Wohnungs- und Kontorgegenständen sowie Nahrungsmitteln, die zum Umzuge gehören, stattfindet.

Unter Verkehr auf Bestellung fallen alle Massen- oder Kleintransporte, wenn sie über den Rollfuhrdienst hinausgehen und nicht unter eine andere Gruppe fallen.

c) Aufnahme und Zählung der für den Güterverkehr bestimmten Fahrzeuge.

Als vorbereitenden Schritt für die Verkehrsaufteilung enthält das II. Hauptstück dieser Verordnung Vorschriften für die Aufnahme aller für den öffentlichen Güterverkehr bestimmten Fahrzeuge innerhalb eines Departements.

Die Aufnahme der für den öffentlichen Güterverkehr gewidmeten Kraftfahrzeuge hat nach Art. 13 der Verordnung den Zweck, festzustellen:

a) die Zahl und Art aller am 15. Juli 1935 für den Güterverkehr bestimmten Kraftfahrzeuge,

b) die am Wagenpark zwischen dem 21. April 1934 und 15. Juli 1935 vorgekommenen Änderungen,

c) die am 21. April 1934 bestandenen Unternehmungen, welche sich mit der Güterbeförderung befassen.

d) Ausstellung von vorläufigen Karten für die öffentliche Beförderung.

Auf Grund dieser Fahrzeugaufnahme hat der Präfekt auf Grund eines Beschlusses des technischen Verkehrsausschusses eine vorläufige Karte für jedes Fahrzeug auszustellen, auf welcher insbesondere angegeben ist, für welche Verkehrsgruppe das Fahrzeug bestimmt ist. Es darf dann nur mehr für diese Verkehrsgruppe verwendet werden. Außer dieser Widmung hat die Karte noch den Namen und die Anschrift des Kraftwagenunternehmers, dessen Einschreibenummer, die Einschreibenummer des Fahrzeuges und die Bezugsnummer auf das Aufnahmeverzeichnis der Kraftfahrzeuge zu enthalten. Diese Karten behalten bis zur Verkehrsaufteilung, die durch besondere Abkommen erfolgt, ihre Geltung.

e) Die Regelung des öffentlichen Güterverkehres.

Die Regelung des öffentlichen Güterverkehres hat auf Grund des Art. 3 der Verordnung des Präsidenten der Republik vom 19. April 1934 zu erfolgen; dieser Artikel lautet: „Art. 3. Der Verkehrs-Aufteilungsausschuß sucht zwecks Regelung der öffentlichen Beförderung von Reisenden und Gütern auf der Eisenbahn und Straße, unter Einschluß der Beförderung auf große Entfernung departementweise oder kreisweise Abkommen zwischen den beteiligten Verkehrsunternehmungen zu erzielen.

Kommt es unter diesen zu keinem Einvernehmen, so legt der Schiedsrichter dem Minister für öffentliche Arbeiten seine Anträge auf Aufrechterhaltung oder Abänderung der bestehenden Verkehrsdienste oder auf Einstellung bestimmter davon innerhalb einer für jeden einzelnen Fall festgesetzten Frist oder die Errichtung neuer Verkehrsdienste vor.

Die Abkommen oder Anträge werden nach ihrer mittels Erlasses des Ministers für öffentliche Arbeiten erfolgten Genehmigung vollstreckbar."

Die im Verordnungsgesetz vom 19. April 1934 vorgesehenen, zwischen den Eisenbahnen und den Kraftwagenunternehmungen abzuschließenden Abkommen sollen in jedem Departement vor dem 1. Januar 1936 zustande kommen (Art. 24 der Verordnung vom 13. Juli 1935).

f) Die Grundlagen für den Abschluß der Abkommen.

Um den Abschluß der vorstehend bezeichneten Abkommen zu ermöglichen und einen Überblick über die für eine Entschädigung vorhandenen Möglichkeiten zu erhalten, haben nach Art. 25 der Verordnung die großen Eisenbahngesellschaften von allgemeiner Bedeutung dem Verkehrsausschuß des Departements jene ihrer Linien oder Linienteile mit geringem Verkehre bekanntzugeben, auf denen der Güterverkehr vollständig einzustellen wäre, wenn die Kraftwagenunternehmungen diesen Verkehr unter in Hinblick auf die Preise und die Beförderungsmöglichkeit ähnlichen Bedingungen wie die Bahn übernehmen können. Außerdem haben sie jene Bahnhöfe an Linien, auf welchen der Güterverkehr nicht eingestellt werden soll, zu bezeichnen, welche für den Stückgutverkehr geschlossen werden sollen.

Die Lokalbahnen von örtlicher Bedeutung und die Kraftwagenunternehmungen, welche mit dem Staat, dem Departement oder Gemeinden in einem Vertragsverhältnis stehen, geben ihrerseits wieder jene Dienste bekannt, deren Einstellung im Einvernehmen mit der Konzessionsbehörde ganz oder teilweise nötig erscheint.

Die Kraftwagenunternehmungen haben außerdem dem Verkehrsausschuß jene Kraftwagendienste bekanntzugeben, deren Einstellung nur gegen eine Entschädigung stattfinden könnte (Art. 25).

g) Aufteilung des Verkehres zwischen Eisenbahn und Kraftwagen.

Zwecks Aufteilung des Verkehres zwischen Eisenbahn und Kraftwagen hat der Verkehrsausschuß einen Verkehrsregelungsplan auszuarbeiten, welcher den Zweck hat, den für die öffentlichen Finanzen und die Wirtschaft schädlichen Wettbewerb, der durch die Doppelbedienung entsteht, durch die Zusammenarbeit zwischen Eisenbahn und Kraftwagenunternehmungen zu ersetzen.

Diese *Zusammenarbeit* hat nach Art. 26 vor allem darin zu bestehen, daß den *Kraftwagenunternehmungen der Verkehr auf kurze Entfernung* vorbehalten wird und der *Verkehr auf mittlere Entfernungen* unter Berücksichtigung des Charakters der beiden Verkehrsarten in billiger Weise zwischen ihnen *aufgeteilt* wird.

Zu diesem Zwecke haben die Eisenbahnen die Kraftwagendienste zu bezeichnen, welche mit ihnen im Wettbewerb stehen und deren Auflassung sie verlangen, wobei sie gleichzeitig als Ersatz hiefür auf Kraftwagenlinien hinweisen, die errichtet werden könnten.

Sollten aber keine Linien mehr zur Verfügung stehen, die für aufgelassene Linien als Entschädigung angesehen werden können, so dürfen bestehende Linien nur dann eingestellt werden, wenn der Verkehrs-Aufteilungsausschuß des Ministeriums auf Grund eines Gutachtens des Verkehrsausschusses des Departements entscheidet, daß sie mit dem im allgemeinen Interesse der Wirtschaft aufrecht erhaltenen Eisenbahndienst unvereinbar sind.

Die Kraftwagenlinien, deren Einstellung im Verkehrsplan nicht vorgesehen ist, bleiben auch weiterhin bestehen, doch sind für sie besondere Beförderungskarten auszustellen, ihre Fahrpläne festzustellen; außerdem haben sie eine bestimmte Verkehrsabgabe (redevance) zu entrichten.

Unter Berücksichtigung der vorstehenden Grundsätze hat der Ausschuß des Departements nach Art. 27 einen Verkehrsregelungsplan auszuarbeiten. Dieser Plan bestimmt in bezug auf die großen Eisenbahngesellschaften:

1. die Linien oder Linienteile mit schwachem Verkehr, welche für den Güterdienst vollständig aufzulassen sind;

2. auf den im Verkehr belassenen Linien:

a) das Verzeichnis der Stationen, welche für den ganzen Güterverkehr oder für den Verkehr mit Ausnahme des Waggonladungsverkehres gesperrt werden;

b) das Verzeichnis der Stationen, welche für den gesamten Güterdienst offenbleiben;

c) das Verzeichnis der als Hauptstationen zu bezeichnenden Stationen.

Unter Berücksichtigung der vorstehend bezeichneten Verkehrsbeschränkungen der Eisenbahnen haben die Kraftwagenunternehmungen zu übernehmen:

a) die Beförderung der Stückgüter (weniger als 1000 kg für die Sendung) zwischen den Hauptstationen und den innerhalb ihrer Bereiche liegenden Örtlichkeiten,

b) den Verkehr zwischen Ortschaften, welche in den beiden an die Hauptstation anliegenden Zonen liegen.

Der direkte Verkehr zwischen den Hauptpunkten der beiden Zonen sowie der Verkehr auf größere Entfernung auf einer Strecke, die über Ortschaften geht, die von den beiden Hauptstationen bedient werden, verbleibt jedoch grundsätzlich der Eisenbahn.

Der Verkehrsregelungsplan setzt auch die Bedingungen fest, unter welchen ein kombinierter Eisenbahn-Straßendienst insbesondere für große Entfernungen einzurichten ist, wobei dem Kraftwagen die Sammlung und Zustellung der Güter zufällt.

Wo es die örtlichen wirtschaftlichen Verhältnisse gestatten, werden die großen Eisenbahnen solche tarifarische Maßnahmen treffen, daß die Zufuhr durch die Eisenbahn, insbesondere in den großen Häfen, vom Kraftwagen übernommen werden können.

Die Eisenbahnen werden die Errichtung von Ergänzungsdiensten, welche die Verbindung der offengehaltenen Eisenbahnstationen mit den von der Eisenbahn nicht bedienten Orten herstellen sollen, durch die Kraftwagenunternehmungen fördern. Sie werden sich auch mit den Kraftwagenunternehmungen über die Benützung der Anlagen für die Abfertigung der Stückgüter auf den gesperrten Bahnhöfen verständigen.

Betreffend die Lokalbahnen von allgemeiner Bedeutung und die Lokalbahnen von örtlicher Bedeutung, deren Konzessionen entweder auf der Schiene oder der Straße ausgeübt werden, hat der Verkehrsregelungsplan zu bestimmen:

a) die von den konzessionierten oder Pachtgesellschaften aufzulassenden Dienste, welche den Kraftwagenunternehmungen zu überlassen sind,

b) die von den Lokalbahnen statt der Züge einzurichtenden Kraftwagendienste, deren Betrieb sie den Kraftwagenunternehmungen auf eigene Rechnung übertragen.

Schließlich enthält der Plan auch die Bestimmungen über die Entschädigung für die von den freien Kraftwagenunternehmungen auferlegten Einstellungen, wobei diese den Gegenstand einer Abmachung unter allen am Verkehrsteilungsabkommen beteiligten Kraftwagenunternehmungen bilden.

h) Tarifänderungen der Eisenbahnen.

Um nach Abschluß der Verkehrsaufteilung die Kraftwagenunternehmungen vor einer durch eine Tarifänderung der Eisenbahnen eintretenden Schädigung zu schützen, dürfen die Eisenbahnen Tarifänderungen, welche das gegenseitige Verhältnis zwischen Eisenbahn und Kraftwagen ändern könnten, nur dann beim Ministerium beantragen, wenn sie vorher ein Gutachten des Verkehrs-Aufteilungsausschusses eingeholt haben.

i) Ersatz von Lokalbahnzügen durch Kraftwagenlinien.

Die Verkehrsteilung bildet nach Art. 30 der Verordnung kein Hindernis für die Auflassung von Lokalbahnzügen und Ersatz derselben durch den Kraftwagenverkehr, sofern nur der Kraftwagen die gleichen Orte wie früher die Eisenbahnlinie bedient und die neue Kraftwagenlinie möglichst längs der Eisenbahnlinie verläuft.

j) Beteiligung der Eisenbahnen an Kraftwagenunternehmungen.

Nach Art. 31 haben die großen Eisenbahngesellschaften ihre direkte oder indirekte Beteiligung an Kraftwagenunternehmungen aus ihrem gemeinsamen Fonds innerhalb eines Jahres nach Inkrafttreten der neuen Verkehrsabkommen aufzulassen.

k) Endgültiger Abschluß der Verkehrsabkommen.

Nachdem der Verkehrsausschuß des Departements sich auf Grund des von ihm ausgearbeiteten Verkehrsplanes ein Bild über die Art des zwischen den Eisenbahn- und Kraftwageninteressenten zu treffenden Verkehrsabkommens gebildet hat, sucht er die Zustimmung aller Beteiligten zur vorgeschlagenen Auflassung von Eisenbahn- bzw. Kraftwagenlinien und zur Errichtung neuer Kraftwagendienste sowie zur Aufteilung der Fahrzeuge nach Verkehrsgruppen zu erlangen. Das Abkommen gilt dann als abgeschlossen, wenn die Nutzlast aller dem Abkommen beigetretenen Fahrzeuge drei Viertel der gesamten Nutzlast aller registrierten Fahrzeuge erreicht. Im Abkommen sind für jede Kraftwagenunternehmung die im Betriebe verbleibenden Fahrzeuge, die jedem Fahrzeuge zugeteilte Beförderungskarte und allenfalls die Nutzlast der aus dem Verkehr gezogenen Kraftwagen anzugeben (Art. 28).

Die Abkommen werden nach Art. 47 bis zum 31. Dezember 1941 gültig sein, können jedoch auch früher einer Überprüfung und Abänderung unterzogen werden.

l) Die Beförderungskarten.

Die Verordnung vom 13. Juli 1935 (siehe Abschnitt 1/4) bringt aber auch eine Regelung des Güterverkehres und eine Überwachung desselben durch Einführung einer besonderen Verkehrskarte, mit welcher jeder in Betrieb stehende Kraftwagen versehen sein muß:

Es werden dreierlei Karten ausgegeben:

Die Karte P für Kraftfahrzeuge, welche die Beförderung auf kurze Entfernung vornehmen,

die Karte M für Kraftfahrzeuge, welche die Beförderung auf kurze und mittlere Entfernung vornehmen, und

die Karte G für Kraftfahrzeuge, welche Beförderungen für alle Entfernungen vornehmen.

Die Wagen können daher nur innerhalb der in der Karte angegebenen Entfernung verwendet werden.

m) Feststellung der kleinen, mittleren und großen Entfernung.

Die Vorschriften für die Feststellung der kleinen, mittleren und großen Entfernung sind im Art. 34 der Verordnung enthalten.

Der Verkehrsausschuß des Departements hat danach im Departement einen Mittelpunkt zu bestimmen und um diesen eine Grenzlinie, jedoch keinen Kreis zu ziehen, d. h. die Grenze muß vom Mittelpunkt in jeder Richtung nicht gleich weit entfernt sein. Bei der Bestimmung der Grenzpunkte gegen die einzelnen Richtungen ist auf die Verkehrsdichte und die Wichtigkeit der bedienten Orte Rücksicht zu nehmen. Die Verordnung setzt jedoch für die drei Entfernungen das Höchstausmaß fest. Dieses ist für den Verkehr auf kleine Entfernung 50 km, für den Verkehr auf mittlere Entfernungen nicht weniger als 100 und nicht mehr als 200 km, wobei die Höchstentfernung um so kleiner anzusetzen ist, je dichter das Eisenbahnnetz und je wichtiger die in die Zone fallenden Orte sind.

n) Verkehrsabgabe.

Um einen Ausgleich gegenüber den höheren Betriebskosten der Eisenbahnen zu schaffen, wurde in der Verordnung des Präsidenten der Republik vom 10. Juli 1935 (J. O. vom 11. Juli 1935) die Verfügung getroffen, daß im Kraftwagengüterverkehr eine Verkehrsabgabe (redevance) eingehoben werden kann.

Die Bestimmungen über diese Verkehrsabgabe sind in den Art. 35 bis 37 der Verordnung vom 13. Juli 1935 enthalten.

Für die Verkehrsabgabe bestehen die nachstehenden Sätze:

Satz a)	 10	Centimes für den	Tonnenkilometer	
„ b)	 13	„ „ „	„	
„ c)	 16	„ „ „	„	
„ d)	 19	„ „ „	„	
„ e)	 22	„ „ „	„	
„ f)	 25	„ „ „	„.	

Der anzuwendende Satz hängt sowohl von der Verkehrsgruppe als auch von der Entfernung ab.

In jeder Verkehrsgruppe wird der höchste Satz für jene Kraftwagenbeförderungen eingehoben, die sich nicht merklich von der Eisenbahnbeförderung unterscheiden, und der niedrigste für jene Beförderungen, welche die Eisenbahn nicht zufriedenstellend durchführen kann.

Auf kleine Entfernungen wird die Abgabe nur für Massenbeförderungen eingehoben, und zwar nach dem Satze unter a.

Die nachstehende Tabelle gibt einen Überblick über die innerhalb der verschiedenen Beförderungsgruppen für mittlere und große Entfernungen eingehobenen Sätze der Beförderungsabgabe.

Beförderungsgruppe	Transport über mittlere Entfernungen	Transport über große Entfernungen
Sammel- und Zustellungsdienst außerhalb der Städte	keine	keine
Eildienste	Satz b/d	Satz d/f
Andere regelmäßige Beförderungen	„ a/c	„ c/e
Beförderung lebender Tiere	„ a/c	„ c/e
Beförderung in Kesselwagen	„ a/c	„ c/e
Umzugsgüterbeförderungen	keine	„ d/f
Paketbeförderung durch Personendienste	Satz b/d	„ d/f
Verschiedene Beförderungen	„ b/d	„ d/f

Die Sätze werden in den ersten Jahren nicht im vollen Ausmaß eingehoben. Es ist die nachstehende Steigerung vorgesehen, so daß der volle Satz erst im dritten Jahre eingehoben wird.

Satz	1. Jahr	2. Jahr	3. Jahr
a	0,05	0,10	0,10
b	0,05	0,10	0,13
c	0,05	0,10	0,16
d	0,10	0,15	0,19
e	0,10	0,15	0,22
f	0,10	0,20	0,25

Diese Abgabe, welche den Tarifsätzen der Kraftwagenunternehmung zuzuschlagen ist, soll nach Art. 36 nicht den Zweck haben, den Verkehr von der Unternehmung zur Abwanderung zu bringen und die Unternehmung in ihrem Bestande zu schädigen. Erkennt der Ausschuß, daß dies der Fall wäre, so hat er die Eisenbahn zu einer entsprechenden Abänderung ihrer Tarife zu veranlassen, so daß ein billiges Verhältnis zu den Tarifen der in Frage kommenden Kraftwagenunternehmung zustande kommt.

o) Versicherung.

Die Unternehmer von öffentlichen Kraftwagendiensten haben vom 1. Januar 1936 an nur Fahrzeuge zu verwenden, für welche eine Versicherung abgeschlossen wurde. Jedes in Betrieb stehende Fahrzeug muß zur Sicherstellung der nach dem bürgerlichen Rechte obliegenden Haftung gegen Unfälle mit einem Betrag von mindestens 500.000 Francs versichert sein. Die Versicherung muß bei einer vom Arbeitsminister genehmigten Versicherungsgesellschaft abgeschlossen werden (Art. 48 der Verordnung vom 19. April 1934).

Auch die beförderten Güter müssen vom gleichen Tage gegen Feuerschaden, Verlust und Beschädigung während der Beförderung versichert sein.

p) Erkennungstafeln.

Zwecks Überwachung der durch die abgeschlossenen Abkommen erfolgten Verkehrsregelung und Verkehrsaufteilung müssen alle für den Güterverkehr bestimmten Kraftfahrzeuge mit besonderen Tafeln versehen sein, aus denen zu erkennen ist, für welche Verkehrsgruppe der Wagen bestimmt ist (Art. 54).

q) Frachtbriefe und Beförderungsscheine.

Jedes für öffentliche Beförderungen, aber nicht für den Rollfuhrdienst bestimmte Fahrzeug muß mit einem Beförderungsschein (Feuille de transport) versehen sein, welche die nachstehenden Angaben zu enthalten hat:

Tag der Abfertigung,
Art und Gewicht der beförderten Güter,
Anschrift des Absenders oder Kommissionärs,
Anschrift des Empfängers,
die Versicherungsbedingungen für die beförderten Güter.

Kraftwagenunternehmungen, welche die Beförderung für aufgelassene Eisenbahnverbindungen übernommen haben, haben auf dieser Urkunde auch den Beförderungspreis anzugeben.

Der Frachtbrief im Sinne des Art. 12 des Handelsgesetzbuches tritt an Stelle des Beförderungsscheines, sobald er die Versicherungsbedingungen für die beförderten Güter enthält.

Diese Urkunden sind einem Juxtenbuche mit numerierten Blättern zu entnehmen, welches vom Verkehrsausschuß des Departements vorzuschreiben ist (Art. 55).

B. Die Besteuerung der Kraftwagen und des Kraftwagenverkehres.

Die Besteuerung der Kraftwagen in Frankreich ist aus der Verordnung des Präsidenten vom 26. Dezember 1934 (J. O. vom 28. Dezember 1934), welche die gegenwärtig geltenden Vorschriften der Gesetzgebung über die indirekten Steuern in einem „Code des contributions indirectes" zusammenfaßt, zu ersehen.

I. Kraftwagensteuern.

Nach Art. 320 des Codes bestehen die nachstehenden Kraftwagensteuern.

1. Kraftfahrzeuge von Privatunternehmungen für öffentliche Beförderung von Personen und Gütern, zu deren Betrieb flüssige Treibstoffe nicht erforderlich sind, unterliegen der nachstehenden Steuer für das Jahr:

für die ersten 5 HP	72 Francs,
für die folgenden 5 HP	90 Francs,
für die folgenden 10 HP	108 Francs,
für die folgenden 10 HP	126 Francs,
für die folgenden HP über 30 HP	144 Francs.

2. Gewichtssteuer.

Ohne Rücksicht auf die Art des Treibstoffes unterliegen alle Kraftfahrzeuge und Anhänger der nachstehenden Gewichtssteuer, welche im Jahre beträgt:

bei einem Gewichte zwischen 5000 und 7000 kg 400 Francs,

bei einem Gewichte von mehr als 7000 kg bis 10.000 kg 600 Francs,

bei einem Gewichte von mehr als 10.000 kg bis 13.000 kg 900 Francs,

bei einem Gewichte über 13.000 kg 1200 Francs.

3. Flächensteuer.

Ohne Rücksicht auf die Art des Treibstoffes unterliegen die Kraftfahrzeuge und deren Anhänger einer Flächensteuer (Taxe à l'encombrement), welche beträgt:

bei einer Fläche von mehr als 10 m² bis 15 m² oder bei einer Breite von mehr als 2 m 600 Francs,

bei einer Fläche von mehr als 15 m² bis 20 m² 800 Francs,

bei einer Fläche von mehr als 20 m² 1000 Francs.

4. Gebühr für Anhänger.

Die Anhänger für Kraftwagen unterliegen außerdem einer festen Jahresgebühr, welche beträgt:

für Anhänger im Gewichte unter 500 kg 100 Francs,

für Anhänger im Gewichte zwischen 500 und 2000 kg 200 Francs,

für Anhänger im Gewichte über 2000 kg 400 Francs.

5. Gemeindesteuer auf Kraftfahrzeuge.

Die Gemeinden, welchen auf Grund des Gesetzes vom 13. August 1926 und des Art. 96 des Gesetzes vom 13. Juli 1925 zur Einhebung einer Kraftwagensteuer ermächtigt wurden, können diese Steuer auch weiterhin durch die Verwaltung der indirekten Steuern einheben, doch wurde ihr Höchstausmaß mit 17% der staatlichen Kraftwagensteuern festgesetzt (Art. 326).

II. Steuerfreiheit für Gasgeneratorwagen.

Nach Art. 322 des Codes sind Gasgeneratorwagen oder Wagen, welche mit Preßgas betrieben werden, von jeder Steuer befreit.

III. Die Kraftwagenverkehrsabgabe.

(Siehe die Bestimmungen hierüber unter A auf S. 152 ff.)

IV. Treibstoffsteuer.

Nach Art. 469 des Codes über die indirekten Steuern unterliegen die flüssigen Treibmittel für Kraftfahrzeuge einer Steuer im Betrage von 50 Francs für den Hektoliter. Diese Steuer kann für Treibstoffe, welchen Spiritus beigemengt wurde, herabgesetzt werden.

V. Alkoholbeimischungszwang.

Nach Art. 6 des Codes der indirekten Steuern haben die Einführer von Benzin allen von ihnen eingeführten Benzinmengen mit Ausnahme der „Essence tourisme“ und „White Spirits“ genannten Treibstoffe, soweit sie als Treibstoffe für Kraftfahrzeuge verwendet werden, mindestens 25 Liter und höchstens 35 Liter Spirits, welcher von der Staatsverwaltung anzukaufen ist, auf 100 Liter Benzin beizumischen. Das Beimischungsverhältnis wird durch Erlaß der Minister für Ackerbau, für Handel und Industrie und für Finanzen festgesetzt.

VI. Treibstoffzoll.

Der Zoll auf Benzin beträgt nach Nr. 197bis des Zolltarifes einschließlich sämtlicher bei der Verzollung eingehobenen Gebühren und inneren Steuern im Maximaltarif 293,75 Francs und im Minimaltarif 142 Francs für den Hektoliter. Hiezu kommt noch die Umsatzsteuer im Ausmaße von 8% des Wertes einschließlich des Zolles.

7. Großbritannien.

A. Verkehrsvorschriften.

I. Die gesetzlichen Grundlagen.

Die gesetzlichen Grundlagen für den Kraftwagenverkehr in Großbritannien, das ist England und Schottland, sind in zwei Gesetzen enthalten, von denen das erste die gesetzlichen Grundlagen für den Personenverkehr und das zweite die für den Güterverkehr enthält. Es sind dies: 1. das Straßenverkehrsgesetz (Road Traffic Act 1930) vom 1. August 1930 (20/21 Geo. V. ch. 43) und das Straßen- und Eisenbahnverkehrsgesetz (Road and Rail Traffic Act 1933) vom 17. November 1933 (23/24 Geo. V. ch. 53).

II. Die Vorschriften für den Personenkraftwagenverkehr.

1. Die Behörden.

Das Straßengesetz 1930, welches, wie schon gesagt, die Vorschriften für den Personenkraftwagenverkehr enthält, teilt zwecks Durchführung der öffentlichen Verwaltung des Kraftfahrzeugwesens England und Schottland in Verkehrsgebiete ein und zählt diese in der dritten Anlage zum Gesetz auf. Diese Anlage wurde durch das Straßen- und Eisenbahnverkehrsgesetz 1933 abgeändert und gilt die Einteilung nunmehr für beide Gesetze. Es bestehen daher gegenwärtig zehn Verkehrsgebiete, von welchem das letzte die Haupt- und Residenzstadt London umfaßt, in England und zwei in Schottland. An der Spitze der Verkehrsgebiete steht bis auf das von London eine Kommission von drei vom Minister ernannten Mitgliedern. London hat nur einen Kommissär. Diesen Kommissionen obliegt die Durchführung der Bestimmungen der vorgenannten zwei Gesetze.

Das Gesetz vom Jahre 1933 schafft auch einen besonderen Transportrat (Transport Advicery council), dessen Hauptaufgabe darin besteht, den Transportminister bei der Verwirklichung einer Zusammenarbeit zwischen den einzelnen Verkehrsmitteln, also hauptsächlich zwischen Eisenbahn, Schiff und Kraftwagen zu unterstützen und zu beraten. Die Mitglieder dieses Rates werden vom Transportminister ernannt und sollen darin die Lokalbehörden, Kraftwagen- und Verkehrsunternehmungen, Eisenbahnen-, Kanal- und Küstenschiffahrtsunternehmen, Hafen und Docks, Fußgeher, Radfahrer, Arbeiter und der Handel vertreten sein. Die Zahl der Mitglieder beträgt nach der Anlage zum Gesetz 29.

2. Einteilung des Personenkraftwagenverkehres.

Der Personenkraftwagenverkehr zerfällt nach Art. 61 des Straßenverkehrsgesetzes 1930 in: 1. den Omnibusverkehr (stages carriages), d. h. dem Verkehr auf bestimmten Linien, wobei der Fahrpreis nicht mehr als 1 Schilling betragen darf, 2. den Schnellverkehr (express carriages), d. h. gleichfalls der Verkehr auf bestimmten Routen, wobei der Fahrpreis mehr als 1 Schilling betragen muß, und 3. den Mietwagenverkehr (contract carriages).

3. Konzessionspflicht.

Die Erteilung der Betriebsbewilligung (road services licenses) erfolgt nach Art. 72 durch die zuständige Verkehrsgebietskommission auf Grund eines Antrages der Unternehmung. Der Antrag hat Angaben über die verwendeten Wagentypen, den Fahrplan und die Fahrpreise zu enthalten.

Die Kommission hat vor Erteilung der Bewilligung zu prüfen:

a) ob für die beantragte Linie ein Bedarf besteht oder ob dieser nicht bereits durch bestehende Beförderungsanstalten ganz oder wenigstens zum Teile gedeckt ist,

b) ob mit Rücksicht auf die Verkehrsverhältnisse des ganzen Verkehrsgebietes von einem Bedarf gesprochen werden kann, wobei jede Art des Personenverkehres, also auch des Bahnverkehres, zu beachten ist und auf die Ertragsfähigkeit nicht nur der neuen, sondern auch der alten Verkehrsanstalten Rücksicht zu nehmen ist.

4. Einwendungsrecht der Beteiligten.

Vor Erteilung der Bewilligung sind auch alle von anderen Personen und Gesellschaften, welche längs der neuen Linie Personenbeförderungen durchführen, sowie von den Ortsbehörden vorgebrachten Einwendungen zu prüfen (Art. 72, Punkt 3 d). Wurde trotz derselben die Konzession erteilt, steht den Beteiligten der Rekurs an den Transportminister offen (Art. 81).

5. Normierung der Fahrpreise, Einhaltung der Fahrpläne.

Die Verkehrsgebietskommission ist berechtigt, die Fahrpreise der Linien festzusetzen, bzw. Höchst- oder Mindestfahrpreise vorzuschreiben, wobei das Gesetz verlangt, daß die Fahrpreise nicht unbillig sein sollen, aber so festgesetzt sein müssen, daß sie eine ungesunde Konkurrenz mit anderen Beförderungsmitteln auf der gleichen Strecke oder einem Teil derselben oder auf in der Nähe befindlichen Strecken verhindern (to prevent wastefull competition with alternative forms of transport) (Art. 72, Punkt 4b). Die Fahrpläne sind gleichfalls vorzulegen und müssen in jedem Wagen zur Einsichtnahme vorhanden sein. In die Bewilligung kann auch die Vorschrift aufgenommen werden, daß die Fahrgäste nur an vorherbestimmten Punkten ein- und aussteigen dürfen.

6. Löhne der Kraftwagenangestellten.

Der Art. 93 des Gesetzes enthält ferner die Bestimmung, daß die Löhne der Angestellten bewilligter Kraftwagenlinien nicht geringer sein dürfen als bei mit Regierungsämtern abgeschlossenen Lohnverträgen.

7. Verpflichtung zur Buchführung und Auskunftserteilung.

Nach Art. 75 des Gesetzes haben die Konzessionäre der Kraftwagenunternehmungen über ihren Betrieb genau Buch zu führen und dem Transportminister über ihren Betrieb genau Auskunft zu geben.

8. Bekanntgabe von Beteiligungen.

Beförderungsunternehmungen, welche eine Konzession anstreben oder besitzen, haben der Verkehrsgebietskommission von allen mit Dritten abgeschlossenen Abkommen, welche die Personenbeförderung im Verkehrsgebiet betreffen, sowie von allen Beteiligungen Dritter an der konzessionierten Unternehmung und von jeder Beteiligung derselben an anderen Beförderungsunternehmungen Mitteilung zu machen (Art. 76).

9. Versicherungspflicht.

Nach Art. 35 des Gesetzes müssen alle Kraftwagen, welche im Betriebe stehen, gegen Unfälle, die infolge des Betriebes beförderten Personen und andere treffen, versichert sein.

10. Gebühren für die Konzessionserteilung.

Für die Erteilung der Konzession sind nach Art. 86 im Verordnungswege festgesetzte Gebühren einzuheben, welche dem Straßenfonds zufließen.

III. Die Vorschriften für den Kraftwagenverkehr mit Gütern.

1. Die Behörden.

Die Überwachung des Kraftwagenverkehres mit Gütern obliegt nach dem Straßen- und Eisenbahnverkehrsgesetz 1933 gleichfalls den Kommissionen der 12 Verkehrsgebiete, welchen vor allem die Erteilung der Konzessionen zukommt.

2. Einteilung des Güterverkehres.

Hinsichtlich der Erteilung der Konzession teilt das Gesetz den Güterverkehr in drei Klassen ein (Art. 2). Der Güterverkehr zerfällt

a) in die gewerbsmäßige Güterbeförderung (public carriers),

b) die Beförderung von Gütern im eigenen Betrieb, wobei zur Auffüllung oder bei der Rückfahrt fremde Güter gegen Entgelt befördert werden sollen (limited carriers), und

c) die ausschließliche Beförderung von Gütern des eigenen Erzeugungs- oder Handelsbetriebes (private carriers).

3. Konzessionspflicht.

Nach Art. 1 des Gesetzes darf niemand ohne Bewilligung Kraftwagen zur Beförderung von Gütern auf Straßen gegen Entgelt oder in Verbindung mit seinem Erzeugungs- oder Handelsgewerbe verwenden. In dem Gesuche um Bewilligung sind die Zahl und Typen der eigenen und gemieteten Wagen und, wenn um eine Konzession für die gewerbsmäßige Güterbeförderung oder als Nebengewerbe angesucht wird, auch die Art des Betriebes, das Gebiet, innerhalb welchen sie erfolgen soll, sowie die Art der gewöhnlich zur Beförderung übernommenen Güter anzugeben. Außerdem sind der Kommission über Verlangen auch die Frachtsätze und allfällige Abmachungen mit anderen Frachtführern und finanzielle Beteiligungen bekanntzugeben (Art. 5, Punkt 2).

Die Verkehrsgebietskommission hat bei Erteilung der Bewilligung vor allem die Interessen der Öffentlichkeit im allgemeinen, die Interessen des verfrachtenden Publikums und der Verkehrsunternehmungen zu beachten (Art. 6, Punkt 2).

Die Erteilung der Konzession liegt im freien Ermessen der Kommission. Sie kann auch die Zahl der Wagen beschränken und bei Konzessionen im Nebenbetriebe vorschreiben, daß der Verkehr nur in einem bestimmten Gebiet oder nur zwischen bestimmten Plätzen stattfinden darf und daß nur bestimmte Güter oder nur solche für bestimmte Personen befördert werden dürfen und überhaupt die Güterbeförderung nur unter Bedingungen erfolgen darf, welche eine unwirtschaftliche Konkurrenz verhindert (Art. 8, Punkt 3).

4. Einwendungsrecht der Beteiligten.

Die Ansuchen um Konzessionserteilung sind zu verlautbaren und hiebei die Frist für die Vorbringung von Einwendungen gegen die Erteilung anzugeben. Die Verkehrsgebietskommission hat Einwendungen von Unternehmungen, welche im betreffenden Gebiet bereits Gütertransporte vornehmen, daß bereits genügend Beförderungsmöglichkeiten vorhanden seien oder der Bedarf durch die Konzessionserteilung überschritten würde, zu beachten (Art. 11). Wenn die Einwendungen von der Kommission nicht berücksichtigt wurden, steht diesen Personen der Rekurs an einen Berufungsgerichtshof offen, welcher aus drei vom Transportminister ernannten Mitgliedern besteht, wovon der Vorsitzende gesetzeskundig sein muß (Art. 15).

5. Dauer der Konzession.

Die Zeit, für welche die Konzession bewilligt ist, ist nach den drei Klassen abgestuft. Sie beträgt für die gewerbsmäßige Güterbeförderung zwei Jahre, für die Güterbeförderung als Nebenbetrieb zwei Jahre und für die Beförderung der Güter des eigenen Erzeugungs- oder Handelsbetriebes (Werkverkehr) drei Jahre.

6. Verbot der Übertragung der Konzessionen.

Die Übertragung der Konzessionen an Dritte ist durch Art. 21 ausdrücklich verboten.

7. Konzessionsgebühr.

Für die Erteilung der Bewilligung sind die im Verordnungswege festgesetzten Gebühren zu entrichten (Art. 14).

8. Pflicht zur Buchführung und Auskunftserteilung.

Die Konzessionäre haben nach Art. 16 des Gesetzes über die als Wagenführer verwendeten Personen und ihre Dienst- und Arbeitszeit, sowie über die während jeder Fahrt beförderten

Güter und deren Gewicht und Art sowie Bestimmung genaue Aufschreibungen zu führen und darin den befugten Beamten Einsicht zu gewähren.

IV. Maßnahmen gegen den Wettbewerb „Eisenbahn—Kraftwagen".

1. Aufhebung der Fahrkartensteuer.

Um den Bahnen die Möglichkeit zu geben, gegen die Konkurrenz der Kraftwagen aufzukommen, wurden verschiedene Maßregeln ergriffen. In erster Stelle ist hier die Aufhebung der Fahrkartensteuer durch Art. 3 des Finanzgesetzes 1929 (19/20 Geo. V. ch. 21) zu erwähnen.

2. Herabsetzung dcr Ortsabgaben.

Die Ortsabgaben für die Bahnanlagen wurden durch Local Government Act 1929 (19 Geo. V. ch. 17) auf ein Viertel herabgesetzt und die übrigen drei Viertel den Gemeinden aus Staatsmitteln ersetzt.

3. Ermächtigung der Bahnen zur Gewährung von Frachtbegünstigungen.

Das Straßen- und Eisenbahngesetz vom Jahre 1933 enthält in seinem zweiten Teil Bestimmungen über den Eisenbahnverkehr. Hier ist besonders auf den Art. 37 aufmerksam zu machen, welcher es den Eisenbahnen ermöglicht, einzelnen Verladern besondere Begünstigungen zu gewähren. Sie bedürfen hiezu jedoch der Zustimmung des durch das Eisenbahngesetz 1921 (11/12 Geo. V. ch. 55) errichteten Tarifgerichtshofs (Rate Tribunal). Diese gesetzlichen Bestimmungen haben die bisherige Unmöglichkeit beseitigt, großen Verladern besondere Bonifikationen zu gewähren, die eine der Hauptursachen für die Abwanderung des Güterverkehres von den Eisenbahnen zu den Kraftwagenunternehmungen war. Heute wird der größte Teil der Stückgutsendungen auf Grund der durch Art. 37 dieses Gesetzes ermöglichten Abkommen ausgeführt. Mit einzelnen Großfirmen sind Abkommen in dem Sinne getroffen worden, daß ein gewisser Prozentsatz (z. B. 4,4%) des Wertes der Ware (Eingangswert bei Lagerwaren) als Fracht berechnet wird.

Mit diesem Abkommen wird nicht nur eine Anpassung der Frachten an diejenigen der Kraftwagenkonkurrenz bezweckt, sondern auch eine Erleichterung der Abfertigung der Sendungen und Vereinfachung der Abrechnung.

Zur Rückgewinnung von Umzugsgut wird den Mitgliedern der umziehenden Familie, wenn die Beförderung des ganzen Umzugsgutes mit der Bahn erfolgt, eine Ermäßigung von 33,3% auf die Personenfahrkarte gewährt.

4. Rollfuhrdienst der Eisenbahnen und Haus-Haustarife.

Die Eisenbahnen hatten schon durch die Konzession das Recht zum Rollfuhrdienst. Die Gesellschaften haben diesen Dienst in den letzten Jahren unter gleichzeitiger Erstellung von Haus-Haustarifen ungemein ausgestaltet und so niedrige Tarife für die Abholung und Zustellung der Stückgüter erstellt, daß sie ihre Eigenkosten nicht decken können. So betrug z. B. bei der London-Midland and Scottish Railway im Jahre 1934 der Verlust aus diesem Geschäfte 785.773 engl. Pfund bei Einnahmen von 4,702.174 engl. Pfund. Diese Gesellschaft ist aber der Ansicht, daß der Erfolg dieses Geschäftszweiges nicht für sich allein beurteilt werden darf, weil er einen Hilfsbetrieb für die Gewinnung und Erhaltung des Verkehres darstelle.[1])

5. Ermächtigung der Eisenbahnen zum Betriebe von Kraftwagenlinien.

Eine wichtige Bestimmung enthält auch Art. 44 des Gesetzes. Er hebt den Art. 6 von vier Eisenbahntransportgesetzen des Jahres 1928 (London Midland and Scottish Railway [Road Transport], Act 1928, Western Railway [Road Transport], Act 1928, London and North Eastern Railway [Road Transport], Act 1928, Southern Railway [Road Transport], Act 1928), nach welchem die genannten Gesellschaften dem Minister von der Errichtung bzw. vom Betriebe regelmäßiger Kraftwagendienste zu verständigen hatten, auf. Die Bahnen können nunmehr ohneweiters eigene Kraftfahrlinien organisieren.

Auf dieser neuen rechtlichen Grundlage wurden die Straßentransporte in mehrfacher Beziehung und mit verschiedenen Zwecken über den Ortsbereich ausgedehnt. Wir können hier unterscheiden:

---

[1]) Die von den englischen Bahnen gegen den Wettbewerb der Kraftwagen getroffenen Maßnahmen wurden dem „Bericht an die Generaldirektion der schweizerischen Bundesbahnen über die Regelung des Verhältnisses von Eisenbahn und Lastauto in England und die von den englischen Eisenbahngesellschaften zur Abwehr der Lastautokonkurrenz im Güterverkehr getroffenen Maßnahmen“ entnommen. (Im Buchhandel nicht erschienener Bericht v. 24. Juni 1935 erstattet von den Teilnehmern der schweizerischen Studienreise nach England Ing. Brenni, Dr. Cottier, Matter, Ing. Hohl und Kormann.)

a) Land-Fernrollfuhrdienst.

Dieser Dienst hat als Stützpunkte (Concentration points) mittelgroße Verkehrsplätze, bei denen den Güterexpeditionen bahneigene Lastwagen zugeteilt werden, deren Hauptaufgabe in der Verkehrsbedienung von Ortschaften und Bauernhöfen besteht, die keinen Bahnanschluß haben. Sie erfassen im Verteilerdienst ab Bahn hauptsächlich Futtermittel, Düngemittel und sonstige Bedarfsartikel der ländlichen Bevölkerung, im Zubringerdienste zur Bahn dagegen hauptsächlich landwirtschaftliche Produkte. Das von den Eisenbahnen verfolgte Ziel, dadurch die landwirtschaftlichen Eigentransporte wieder zurückzugewinnen, wurde teilweise erreicht. Zum Teil werden die für diese Transporte verwendeten Lastwagen auch für reine Straßentransporte verwendet. Für diese Transporte sind besondere Tarifhefte erstellt.

b) Von großen Verkehrszentren ausgehender Verteilungsdienst (Railhead Distribution Services).

Mit diesem Transportdienst wird bezweckt, die während der Nacht auf Bahnhauptzentren mit der Bahn eintreffenden Stückgutsendungen gewissen Empfängern am nächsten Tag in Städten und Dörfern mit und ohne Bahnstation, zum Teil parallel zur Schiene, in einem Umkreis von 30 Meilen mit Kraftwagen zuzuführen. Diese Beförderungen geschehen auf Grund von besonderen Abkommen mit Lieferfirmen. Die Beförderungsgebühren für diese Kraftwagenbeförderungen sind wegen der außerordentlich raschen Zustellung und wegen der entstehenden erhöhten Ausgaben der Bahnen bis zu 100% höher als die Bahntarife. Nach dem Abkommen können die Kraftwagen auf dem Rückwege auch leeres Verpackungsmaterial für die betreffenden Firmen in die Hauptzentren zurückbringen. Die Bahnen haben die Beförderungsgebühren so hoch zu bemessen, daß sie einen Gewinn haben. Sie sind im Überlandverkehr auf der Straße den übrigen Konzessionären gleichgestellt.

Im Jahre 1934 hat z. B. die Great-Western Railway solche Transporte auf Grund von Verträgen mit acht Großfirmen ausgeführt. Die Ausgaben für die Straßentransporte betrugen in diesem Jahre 26.246 engl. Pfund, die Einnahmen 35.884 engl. Pfund.

c) Zusammenfassung des Güterverkehres auf einem Bahnhofe für eine Anzahl kleinerer Stationen (Concentration schemes).

Zu den Mitteln der Bekämpfung der Konkurrenz des Kraftwagens gehört auch die Zusammenfassung des Verkehres auf einem Bahnhof für eine Anzahl kleinerer umliegenden Stationen. Seit der Einführung des Motorlastwagens ist die zweckmäßige Entfernung für den Rollfuhrdienst gegenüber dem Rollfuhrdienst mit Pferdewagen bedeutend vergrößert worden. Die Zustellung und die Abholung der Güter wurde einem bestimmten Bahnhof übertragen, so daß es in vielen Fällen möglich war, das Personal für den Güterdienst auf den Zwischenstationen zu reduzieren, die Bahnwagen besser auszunützen und die Wagenstellung rationeller zu gestalten.

Die Güter werden hiebei zu den Tarifen, die für sie gelten, nach oder von den umliegenden Ortschaften abgefertigt, die expeditorischen Arbeiten aber, wie Ausstellung der Frachtpapiere, Buchhaltung, Einzug der Frachten und Gebühren usw., erfolgen durch den Bahnhof, in welchem der Verkehr konzentriert ist.

d) Die Straßentransporte der Eisenbahnen.

Die Eisenbahnen führen auf Grund des Eisenbahntransportgesetzes vom Jahre 1928 auch reine Straßentransporte (Throughout Road Transports oder Cartage of none-railborne Traffic) durch. Es handelt sich bei dieser Transportart meist um einen Verkehr auf kurze Entfernungen zwischen 20 und 25 km. Hier werden die Sendungen im Wettbewerb mit den Kraftwagenunternehmungen zu Gebühren befördert, die entweder für den Schienentransport nicht rentabel wären oder die bei der Beförderung auf der Schiene Anlaß zu Beschwerden geben würden. Als Güter kommen hier namentlich in Betracht: Baumaterialien, Lebensmittel, Tiere, schwere Maschinen und andere schwere Spezialgüter, deren Transport mit Lastwagen mit besonderen transporttechnischen Vorteilen verbunden ist.

Jedenfalls kann gesagt werden, daß die Entwicklung bei den englischen Bahnen offensichtlich in der Richtung einer ständigen Intensivierung der eigenen Kraftwagenbeförderung verläuft, die als Ergänzungs- und teilweise als Ersatzdienste für den Schienentransport ausgeführt werden.

7. Die Verwendung von Behältern.

Eine weitere Maßnahme zur Bekämpfung des Wettbewerbes bildet der Ausbau des Behälterverkehres auf den englischen Bahnen. Während die englischen Bahnen im Jahre 1928 nur über 1856 Behälter verfügten, ist ihre Zahl im Jahre 1934 auf 10.508 gestiegen. Als Mindestpreis kommt in der Regel der Beförderungspreis für eine Tonne Nutzgewicht je Behälter in

Betracht. Für Fleischtransporte wird kein Zuschlag gerechnet. Der Zuschlag wird als Ausgleich für die Gewichtsverluste, die der Eisenbahn durch den Wegfall der Verpackungen entstehen, gerechnet. Für leere Behälter wird keine Gebühr eingehoben.

B. Die Besteuerung der Kraftwagen und des Kraftwagenverkehres.

I. Kraftwagensteuer.

In Großbritannien wurde durch Art. 13 des Finanzgesetzes 1920 (10/11 Geo. V. ch. 18) eine Kraftwagensteuer eingeführt, welche durch Finanzgesetz 1928 (18/19 Geo. V. ch. 17), Finanzgesetz 1933 (23/24 Geo. V. ch. 19) und Finanzgesetz 1935 (25/26 Geo. V. ch. 24) abgeändert wurde. Durch das Finanzgesetz 1933 wurden verschiedene Steuersätze für Kraftwagen, welche mit Kohlengas, und solche, welche mit Leichtölen oder mit Schwerölen betrieben werden, eingeführt. Die Steuer beträgt nunmehr für das Jahr:

1. Steuer für Personenkraftwagen (mit Ausnahme der Straßenbahnwagen):

Wagentype	mit Luftreifen			mit anderen Reifen		
	£	s	d	£	s	d
Personen-Mietkraftwagen:						
bei höchstens 4 Sitzen	10	—	—	10	—	—
„ mehr als 4 bis 8 Sitzen	12	—	—	12	—	—
„ „ „ 8 „ 14 „	24	—	—	30	—	—
„ „ „ 14 „ 20 „	36	—	—	45	—	—
„ „ „ 20 „ 26 „	48	—	—	60	—	—
„ „ „ 26 „ 32 „	57	12	—	72	—	—
„ „ „ 32 „ 40 „	67	4	—	84	—	—
„ „ „ 40 „ 48 „	76	16	—	96	—	—
„ „ „ 48 „ 56 „	86	8	—	108	—	—
„ „ „ 56 „ 64 „	96	—	—	120	—	—
„ „ „ 64 Sitzen	96	—	—	120	—	—
mit einem Zuschlag für jeden Sitz über 64 von	1	4	—	1	10	—

2. Steuer für Lastkraftwagen.

Wagentype	mit Luftreifen			mit anderen Reifen		
	£	s	d	£	s	d
a) Lastkraftwagen, die mit Elektrizität betrieben werden						
im Eigengewichte:						
bis zu 12 cwt	10	—	—	10	—	—
über 12 cwt bis 1 ton[1])	15	—	—	15	—	—
„ 1 ton bis 2 tons	20	—	—	20	—	—
„ 2 tons „ $2^1/_2$ „	25	—	—	33	6	8
„ $2^1/_2$ „ „ 3 „	30	—	—	40	—	—
„ 3 „ „ 4 „	35	—	—	46	13	4
„ 4 „ „ 5 „	40	—	—	53	6	8
„ 5 „ „ 6 „	45	—	—	60	—	—
„ 6 „ für die ersten 6 tons	45	—	—	60	—	—
für jede weitere Tonne	10	—	—	13	6	8
b) Lastkraftwagen, die mit Dampf oder Kohlengas betrieben werden						
im Eigengewichte:						
bis 2 tons	25	—	—	25	—	—
über 2 tons bis $2^1/_2$ tons.....	30	—	—	40	—	—
„ $2^1/_2$ „ „ 3 „	35	—	—	46	13	4
„ 3 „ „ 4 „	50	—	—	66	13	4
„ 4 „ „ 5 „	70	—	—	93	6	8
„ 5 „ „ 6 „	90	—	—	120	—	—
„ 6 „ für die ersten 6 tons	90	—	—	120	—	—
für jede weitere Tonne	15	—	—	20	—	—
c) Lastkraftwagen, die mit Leichtölen betrieben werden						
im Eigengewichte:						
bis 12 cwt....................	10	—	—	10	—	—
über 12 cwt bis 1 ton	15	—	—	15	—	—
über 1 ton bis $1^1/_2$ tons	20	—	—	20	—	—

[1]) 1 ton = 2240 Pounds = 1016,048 kg.

Wagentype	mit Luftreifen			mit anderen Reifen		
	£	s	d	£	s	d
über $1^1/_2$ tons bis 2 tons	25	—	—	25	—	—
„ 2 „ „ $2^1/_2$ „	30	—	—	40	—	—
„ $2^1/_2$ „ „ 3 „	35	—	—	46	13	4
„ 3 „ „ 4 „	50	—	—	66	13	4
„ 4 „ für die ersten 4 tons	50	—	—	66	13	4
für jede weitere Tonne	20	—	—	26	13	4
d) Kraftfahrzeuge nicht unter a) bis c) fallend (mit Schwerölmotoren)						
im Eigengewichte:						
bis $2^1/_2$ tons	35	—	—	46	13	4
über $2^1/_2$ tons bis 3 tons	45	—	—	60	—	—
„ 3 „ „ 4 „	65	—	—	86	13	4
„ 4 „ „ 5 „	90	—	—	120	—	—
„ 5 „ „ 6 „	120	—	—	160	—	—
„ 6 „ „ 7 „	150	—	—	200	—	—
„ 7 „ für die ersten 7 tons	150	—	—	200	—	—
für jede weitere Tonne	25	—	—	33	6	8
3. Steuer für Traktoren.						
Mit einem Eigengewicht:						
bis $2^1/_2$ tons.....................				10	—	—
über $2^1/_2$ tons bis 4 tons.........				15	—	—
„ 4 „				20	—	—
Außerdem ist die Steuer für den Anhänger zu entrichten.						

II. Benzinzoll.

Der Zoll auf Benzin (hydrocarbon oils) wurde durch Art. 2 des Finanzgesetzes 1928 (18/19 Geo. V. ch. 17) mit 4 d für die Gallone eingeführt, durch Finanzgesetz 1931 (21/22 Geo. V. ch. 28) auf 6 d und durch Finanzgesetz 1931, Nr. 2 (21/22 Geo. V. ch. 49) auf 8 d erhöht. Der für Schweröl durch Art. 2, Pkt. 3, des Finanzgesetzes 1928 (18/19 Geo. V. ch. 17) eingeführte Rabatt von 4 d für die Gallone wurde durch Art. 2, Pkt. 1, des Finanzgesetzes 1935 (25/26 Geo. V. ch. 24) für die zum Betriebe von Kraftwagen verwendeten Schweröle aufgehoben.

8. Italien.

A. Verkehrsvorschriften.

I. Die gesetzlichen Grundlagen.

Der Kraftwagenverkehr wird in Italien durch die nachstehenden Gesetze und Verordnungen geregelt:

1. Gesetz über die der Privatindustrie konzessionierten Eisenbahnen, Straßenbahnen mit mechanischem Zug und Kraftwagen (vereinheitlichter Text in kgl. Verordnung vom 9. Mai 1912, Nr. 1447 (Gazzetta Ufficiale Nr. 49), abgeändert durch Verordnungs-Gesetz vom 26. November 1925, Nr. 2337 (G. U. Nr. 8/1926), und Verordnungs-Gesetz vom 2. August 1929, Nr. 2150 (G. U. Nr. 304);

2. kgl. Verordnung vom 29. Juli 1909, Nr. 710, mit Vollzugsverordnung für Kraftfahrzeuge (G. U. Nr. 268), abgeändert durch kgl. Verordnung vom 7. Mai 1922, Nr. 705 (G. U. Nr. 134);

3. Verordnungs-Gesetz vom 21. Oktober 1923, Nr. 2386 (G. U. Nr. 269), betreffend Sicherung der Dauer und Regelmäßigkeit der öffentlichen Kraftwagenlinien;

4. Verordnungs-Gesetz vom 9. Dezember 1926, Nr. 393 (G. U. Nr. 43/1927), betreffend Konzessionen für öffentliche Kraftwagenlinien;

5. Verordnungs-Gesetz vom 2. Dezember 1928, Nr. 3179 (G. U. Nr. 15/1929), abgeändert durch Verordnungs-Gesetz vom 18. November 1929, Nr. 2247 (G. U. Nr. 14/1930), betreffend den Verkehr der Kraftfahrzeuge;

6. Gesetz vom 20. Juni 1935, Nr. 1349 (G. U. Nr. 174) über die Regelung der Güterbeförderung mittels Kraftwagen;

7. Verordnung des Verkehrsministers betreffend die Durchführung des Gesetzes über die Regelung der Güterbeförderung mittels Kraftwagen vom 9. August 1935 (G. U. Nr. 188), abgeändert durch die Verordnung vom 17. September 1935 (G. U. Nr. 220).

II. Behörden.

Mit der Durchführung der Gesetzgebung über den Kraftwagenverkehr ist der Verkehrsminister (Generalinspektorat der Eisenbahnen, Straßenbahnen und Kraftwagen) betraut. Ihm unterstehen die Eisenbahninspektionskreise (circoli ferroviarii di ispezione), welche die Fahrbewilligungen für Kraftwagen ausstellen und den Verkehr überwachen.

III. Allgemeine Bestimmungen.

1. Konzession.

Nach Art. 30 der kgl. Verordnung vom 29. Juli 1909 in der Fassung der kgl. Verordnung vom 7. Mai 1922, welche auch weiterhin zitiert ist, bedarf es zum Betriebe von Kraftwagenlinien ohne Rücksicht auf Art und Dauer des Dienstes der Bewilligung. Die Gesuche sind beim Ministerium einzubringen. Der Minister hat vor Bewilligung das Gutachten des Obersten Rates für öffentliche Arbeiten und des Staatsrates einzuholen. Bei Erteilung der Bewilligung ist die Nützlichkeit des Dienstes und seine Lebensfähigkeit zu berücksichtigen (Art. 33).

Liegen mehrere Ansuchen vor, kann eine Konkurrenz ausgeschrieben werden, wobei bei subventionierten Linien die perzentuelle Herabsetzung der Subvention, bei nicht subventionierten aber der geringste angebotene Tarif den Ausschlag gibt (Verordnungs-Gesetz vom 9. Dezember 1926, Nr. 2443 [G. U. Nr. 43]).

2. Tarif.

Der Unternehmer hat die Beförderung ohne Bevorzugung bestimmter Personen vorzunehmen und sich innerhalb der Grenzen des vorgeschriebenen Tarifes zu halten (Art. 44).

3. Fahrplan.

Der Entwurf des Fahrplanes ist bereits dem Gesuche beizulegen. Wird der Dienst ohne höhere Gewalt durch 15 aufeinanderfolgende Tage oder durch mehr als 60 Tage im Jahr unterbrochen, wird die Bewilligung eingezogen (Art. 53).

4. Rechnungslegung.

Der Aufsichtsbehörde ist jedes zweite Monat eine Übersicht über die Einnahmen, und zwar getrennt nach Reisenden, Gepäck und Gütern, vorzulegen (Art. 45).

5. Vorschreibung der Wagenzahl.

Der Minister kann dem Unternehmer nach Anhörung des Obersten Rates für öffentliche Arbeiten die Erhöhung der Wagenzahl auftragen (Art. 48).

6. Sicherstellung.

Zur Sicherstellung seiner Verpflichtungen hat der Gesuchsteller eine vorläufige Sicherheit von 1000 Lire zu erlegen (Art. 31, Punkt 14).

7. Straßenpolizeiliche Vorschriften.

Die straßenpolizeilichen Vorschriften sind in dem Verordnungs-Gesetz vom 2. Dezember 1928, Nr. 3179, enthalten.

a) Höchstgewicht.

Das Höchstgewicht eines Kraftwagens darf samt der Ladung nach Art. 38 dieses Verordnungs-Gesetzes für zweirädrige Fahrzeuge 60 q, für vierrädrige 100 q und für sechsrädrige 120 q nicht überschreiten.

b) Geschwindigkeit.

Die Höchstgeschwindigkeit wird im Art. 65 bei einem Kraftwagen, dessen Gesamtgewicht 40 q überschreitet, mit 60 km/St. festgesetzt, sofern alle Räder mit Luftreifen versehen sind.

c) Anhänger.

Anhänger bedürfen der Genehmigung des zuständigen Eisenbahninspektionskreises. Ihre Verwendung bewilligt der Präfekt. Das Gewicht des Anhängers samt Last darf bei zwei und drei Achsen nicht größer als das des Schleppers, bei einer Achse nicht größer als die Hälfte des Gewichtes des Schleppers sein.

IV. Besondere Bestimmungen für die Güterbeförderung.

Die vorstehenden Vorschriften haben den gesamten Kraftwagenverkehr, also den Personen- und Güterverkehr, bis zur Erlassung des Gesetzes vom 20. Juni 1935 geregelt. Dieses Gesetz enthält nunmehr die besonderen Vorschriften, welche die Güterbeförderung mit Kraftwagen selbständig regeln.

1. Konzession.

Nach Art. 1 dieses Gesetzes bedürfen alle Kraftwagendienste für die Beförderung von Gütern mit Kraftwagen (einschließlich der Anhänger), welche für Rechnung Dritter und gegen Entgelt durchgeführt werden, einer besonderen Bewilligung oder Konzession des Verkehrsministers (Generalinspektorat der Eisenbahnen, Straßenbahnen und Kraftwagen).

2. Einteilung der Güterbeförderungsdienste.

Die Güterbeförderungsdienste werden nach diesem Gesetze eingeteilt in:

a) Beförderung der Güter mit Kraftwagen auf Bestellung, einschließlich der Vermietung der Lastkraftwagen ohne Fahrer (Servizi di noleggio per trasporto di merci);

b) öffentlicher Platzdienst für die Güterbeförderung (Servizi pubblici di piazza per trasporto di merci);

c) öffentliche Liniendienste für die Güterbeförderung (Servizi pubblici di linea per trasporto di merci).

3. Werksverkehr.

Die Verwendung der eigenen Kraftwagen (einschließlich der Anhänger) zur Beförderung der eigenen Güter, also der Werkverkehr, unterliegt gleichfalls einer Beförderungsbewilligung, welche vom Verkehrsminister im Wege der Eisenbahninspektionskreise über einfaches Ansuchen durch Vermerk auf dem Verkehrsbuche erteilt wird.

4. Beförderung von Gütern auf Bestellung.

Die Bewilligung der Güterbeförderung auf Bestellung wird vom Verkehrsminister (Generalinspektorat der Eisenbahnen, Straßenbahnen und Kraftwagen) an Unternehmer, welche die technische, moralische und finanzielle Eignung besitzen und dem zuständigen Syndikate angehören, erteilt (Art. 2).

Die zur Beförderung von Gütern auf Bestellung bestimmten Kraftwagen und Anhänger dürfen zur Entgegennahme von Aufträgen auf öffentlichen Orten keinen Standplatz haben (Art. 3). Sie müssen mit Taxameterapparaten versehen sein und dürfen nur im Gebiete der Provinz ihres Standortes Beförderungen vornehmen (Art. 4).

5. Öffentliche Liniendienste für die Güterbeförderung.

Als öffentliche Liniendienste für die Güterbeförderung werden nach Art. 6 des Gesetzes vom 20. Juni 1935 jene Beförderungsdienste angesehen, welche Güter für Rechnung Dritter auf Grund eines bestimmten Tarifes, auf einer bestimmten Strecke und bei einem festgestellten Fahrplan mit der Verpflichtung, sie innerhalb einer bestimmten Frist zuzustellen, übernehmen. Sie sind verpflichtet, in vorher bestimmten Stationen, die zur Übernahme und Übergabe der Güter bestimmt sind, haltzumachen; sie müssen ihre Dienste jedermann zur Verfügung stellen.

a) Konzession für Güterliniendienste.

Die öffentlichen Liniendienste für die Güterbeförderung werden vom Verkehrsministerium (Generalinspektorat der Eisenbahnen, Straßenbahnen und Kraftwagen) konzessioniert; diese Konzessionen erhalten Unternehmer, welche die erforderliche moralische, technische und finanzielle Eignung besitzen und dem zuständigen Syndikate angehören. Die öffentlichen Liniendienste werden unterteilt in Versuchsdienste und endgültige Dienste.

α) Versuchsdienste sind solche, welche während der Dauer eines Jahres stattfinden und, wenn sich die Notwendigkeit hierzu erweist, um ein weiteres Jahr verlängert werden können.

β) Endgültig sind jene Dienste, welche nach Einholung eines Gutachtens des Obersten Rates für öffentliche Arbeiten für eine bestimmte Zeit, längstens 9 Jahre, bewilligt werden (Art. 7). Die endgültige Konzession erfolgt mit kgl. Verordnung, welche vom Rechnungshofe registriert wird (Art. 8).

b) Tarife.

Das Verkehrsministerium (Generalinspektorat für Eisenbahnen, Straßenbahnen und Kraftwagen) hat die Tarife, welche dem öffentlichen Bedürfnisse zu entsprechen haben, zu genehmigen (Art. 8).

c) Sicherheit.

Bei der Konzessionierung der Liniendienste wird der Erlag einer Sicherheit zwischen 1000 und 20.000 Lire, je nach der Wichtigkeit der Konzession, verlangt (Art. 9).

d) Vorzugsrecht.

Bei der Neuerrichtung von Güterliniendiensten hat der Konzessionär oder Betriebsführer von Eisenbahnen, Straßenbahnen, Seilbahnen und Schiffahrtsunternehmungen das Vorzugsrecht, soweit die neuen Güterlinien an deren Stelle treten, einen Wettbewerb bilden oder ergänzen sollen (Art. 11).

6. Kennzeichnung der Wagen.

Die Kraftfahrzeuge müssen auf dem Kühler einen von links nach rechts laufenden Streifen in der Höhe von 20 cm tragen, durch dessen Farben der Zweck des Fahrzeuges bestimmt wird:

1. weiß für die Güterbeförderung auf Bestellung;
2. blau für den öffentlichen Platzdienst für die Güterbeförderung;
3. grün für die Liniendienste;
4. rot für die Beförderung auf eigene Rechnung (Werkverkehr).

V. Maßnahmen zur Förderung der Kraftwagenerzeugung.

Durch Gesetz vom 30. Mai 1932, Nr. 759 (G. U. Nr. 154), erhielten die nachstehenden Kraftwagen eine Befreiung von der Kraftwagenverkehrssteuer (siehe diese unter B) für drei Jahre:

1. Lastkraftwagen.

a) Lastkraftwagen, in Italien erzeugt, mit Schwerölmotoren im Eigengewichte von 3000 bis 5000 kg;

b) Lastkraftwagen, in Italien erzeugt, mit Benzin- oder Schwerölmotoren, sechsrädrig, wovon vier mit Antrieb, mit einer Tragfähigkeit von nicht mehr als 5000 kg;

c) Kraftwagen, in Italien erzeugt, mit Gasgeneratoren;[1])

d) landwirtschaftliche Traktoren, nach dem 1. Jänner 1932 in Italien erzeugt.

Die Durchführungsbestimmungen zu dem vorgenannten Gesetz sind in den kgl. Verordnungen vom 21. September 1933, Nr. 1449 (G. U. Nr. 266), und vom 5. Februar 1934, Nr. 239 (G. U. Nr. 49), enthalten.

2. Generatorenwagen.

Durch das Verordnungs-Gesetz vom 5. Juli 1934, Nr. 1445 (G. U. Nr. 216), umgewandelt in das Gesetz vom 27. Dezember 1934, Nr. 2283 (G. U. Nr. 37), wurde für Lastkraftwagen ausschließlich italienischer Erzeugung, die für den ausschließlichen Betrieb mit Gasgeneratoren konstruiert sind, eine Befreiung von der Kraftwagenverkehrssteuer für fünf Jahre verfügt. Bei gebrauchten Kraftwagen, die für den Gasgeneratorenbetrieb umgebaut werden und mit Benzin allein nicht mehr betrieben werden können, kann der Steuersatz um 30% ermäßigt werden. Außerdem kann den Käufern solcher Kraft-

---

[1]) Diese Kraftwagen erhalten eine Befreiung von 5 Jahren; siehe auch Unterabschnitt 2.

wagen eine Erwerbungsprämie im nachstehenden Ausmaße gewährt werden: Lire 9000 für Fahrzeuge mit einer Nutzlast von nicht unter 6 Tonnen, Lire 6000 für Fahrzeuge mit einer Nutzlast von nicht unter 4 Tonnen und Lire 4000 für Fahrzeuge mit einer Nutzlast von nicht unter 2 Tonnen.

Auf Grund des Verordnungs-Gesetzes vom 21. November 1935, Nr. 2234 (G. U. Nr. 8/1936), müssen die Kraftwagen zur gemeinsamen Beförderung von Personen innerhalb und außerhalb der Städte, und zwar sowohl im öffentlichen als auch privaten Verkehr vom 1. Jänner 1938 mit Gasgeneratoren oder inländischen Treibstoffen betrieben werden.

3. Zoll- und Umsatzsteuerrückvergütung bei Ausfuhr.

Eine weitere Begünstigung der italienischen Kraftwagenindustrie schafft das Verordnungs-Gesetz vom 20. September 1934, Nr. 1494 (G. U. Nr. 223). Dieses Gesetz gewährt den Kraftwagenfabriken bei der Ausfuhr von Personenwagen und Untergestellen mit Motor für die bei der Erzeugung verwendeten, aus dem Ausland eingeführten Teile eine Zoll- und Umsatzsteuerrückvergütung von Lire 1,50 für das Kilogramm des Gewichtes der Kraftwagen oder der Untergestelle mit Motor. Das Gesetz bezeichnet diese Begünstigung ausdrücklich als Versuch; sie galt nur bis 30. Juni 1935.

VI. Maßnahmen gegen den Wettbewerb „Eisenbahn—Kraftwagen“.

Die ersten[1]) Maßnahmen gegen den Wettbewerb „Eisenbahn—Kraftwagen“ bilden in Italien das Verordnungs-Gesetz vom 2. August 1929, Nr. 2150 (G. U. Nr. 304), sowie das Verordnungs-Gesetz vom 14. Oktober 1932, Nr. 1496 (G. U. Nr. 277), welches der Regierung die Möglichkeit zur Zusammenfassung mehrerer, verschiedenen Konzessionären gehöriger Eisenbahnlinien, die Auflassung derselben sowie ihre Ersetzung durch Kraftwagenlinien gab. Die endgültige Regelung des Wettbewerbes von Schiene und Straße bei der Güterbeförderung wurde nunmehr durch das Gesetz vom 20. Juni 1935 versucht.

Nationales Transportinstitut.

Die Regierung hat außerdem durch das Verordnungs-Gesetz vom 13. Mai 1929, Nr. 836 (G. U. Nr. 129), die Staatsbahnen ermächtigt, sich an einer Unternehmung in der Form einer

---

[1]) Rivista delle Communicazioni ferroviarie, 1930, 11. Heft, S. 13: „Azione concreta per la collaborazione fra automobile i ferrovie.“

Aktiengesellschaft zu beteiligen, deren Aufgabe die Erlangung von Aufträgen zur Durchführung von Eisenbahntransporten sowie die Besorgung von Ergänzungs- und Hilfsdiensten ist. Auf Grund dieser Ermächtigung wurde das Nationale Transportinstitut (Istituto Nazionale Trasporti — INT) errichtet, welches den Haus-zu-Haus-Dienst und Zubringerlinien einrichten sollte. Diesem Institut wurde sofort der Rollfuhrdienst, welchen die Bahnen bisher durch ihre „Agenzie di presa e consegna a domicilio" besorgten, übertragen. Die „INT" schloß auch mit Kraftwagenunternehmungen, deren Linien die Eisenbahn nicht konkurrenzierten, sondern Zubringerlinien darstellten, Verträge ab. Dem Bericht über das fünfte Betriebsjahr des Istituto Nazionale Trasporti in Roma[1]) ist zu entnehmen, daß die Tätigkeit des Institutes ständig zunimmt, so daß das erstrebte Ziel der Zusammenarbeit zwischen Bahn und Kraftwagen in Italien immer mehr heranzurücken scheint. Der INT-Haus-Haus-Dienst und die Beförderung der Transporte durch INT-Kraftwagen wurde fortwährend ausgebaut und verbessert. Die im Betriebsjahr 1933/34 durch die INT verladenen Mengen erreichen fast 412.000 t und sind damit um 74% größer als im Vorjahre. Die Gesellschaft beschäftigt 3356 Personen, davon 664 im Verwaltungsdienst. Sie besitzt 509 Lastkraftwagen, 156 Anhänger, 1652 Furgone, 9 Kähne und 752 Pferde. Am 30. Juni 1934 konnte ein Reinertrag in der Höhe von 1,38% des Aktivums (rund 33,340 Millionen Lire) festgestellt werden. Im Rollfuhrdienst, umfassend die Beförderung von Eil-, Fracht- und Expreßgütern sowie von Reisegepäck, wurden 280.159 t gegen 266.560 t im Betriebsjahr 1932/33 mit einer Gesamteinnahme von 6,215.000 Lire gegen 5,913.000 Lire befördert.

B. Die Besteuerung der Kraftwagen und des Kraftwagenverkehres.

I. Kraftwagenverkehrssteuer.

(Tassa di circolazione.)

Die Besteuerung des Kraftwagens ist in Italien durch die Gesetze über die Fahrrad- und Kraftfahrzeuggebühren (kgl. Verordnung vom 30. Dezember 1923, Nr. 3283 [G. U. 117/1924]), geregelt.

---

[1]) Allgemeiner Tarifanzeiger, v. 27. Okt. 1934.

Die Kraftwagen unterliegen einer jährlichen Abgabe, welche nach der Motorenstärke abgestuft und für Privat- und Mietpersonenwagen, für Autobusse und Lastkraftwagen verschieden hohe Sätze aufweist. Im nachstehenden werden die Steuersätze für die Pferdestärken von 20 bis 100 PS wiedergegeben.

Jahressteuer in Lire.

HP	Personenwagen		Lohnfuhrwerk Taxameter in Städten		Autobusse		Lastwagen	
	Privat bis zu 4 Zylindern*)	Miete	bis 200.000 Einw.	über 200.000 Einw.	ohne Luftreifen	mit Luftreifen	ohne Luftreifen	mit Luftreifen
20	790	632	283	174	205	144	390	273
25	1.153	923	412	412	275	193	603	353
30	1.590	1.272	Über 25 HP für jedes HP 30 Lire mehr		305	214	640	448
40	2.690	2.152			365	256	990	693
50	4.090	3.272			425	298	1.440	1.008
60	5.790	4.632			605	424	1.990	1.393
70	7.790	6.232			785	550	2.640	1.848
80	10.090	8.072			865	606	3.390	2.373
90	12.690	10.152			945	662	4.240	2.968
100	15.590	12.472			1.025	718	5.190	3.633
über 100					1.500	1.000	6.000	4.500

*) Die Kraftwagenverkehrssteuer für Kraftwagen mit mehr als 4 Zylindern wurde durch das Verordnungs-Gesetz vom 29. Dezember 1927, Nr. 2697 (G. U. Nr. 303) neu geregelt.

Die vorstehenden Sätze galten bis zur Erlassung des kgl. Verordnungsgesetzes vom 3. Dezember 1934, Nr. 1984 (G. U. Nr. 295), welches durch das Gesetz vom 11. April 1935, Nr. 888 (G. U. Nr. 141), umgewandelt wurde. Art. 1 dieses Gesetzes verfügt, daß die Verkehrssteuer für Kraftwagen, welche für den Personenverkehr, und zwar nicht im Linienverkehr verwendet werden, sowie mit einem Motor versehen sind, dessen Steuerstärke 30 HP und darüber beträgt, nur im Ausmaße der für 30 Steuerpferdekräfte entfallenden Steuer einzuheben ist.

Nach Art. 1 der Durchführungsverordnung vom 4. Februar 1935 (G. U. Nr. 33) genießen diese Steuerbegünstigung:

a) Kraftwagen für den Privatgebrauch,

b) Mietkraftwagen,

c) Platzkraftwagen, die der Steuer für Mietwagen unterliegen, mit und ohne Straßenerhaltungsbeitrag,

d) Autobusse der Gasthöfe,

e) Autobusse für Schulzwecke,

f) Lastkraftwagen, die für die Personenbeförderung ausgerüstet und genehmigt sind.

Durch das Verordnungs-Gesetz vom 28. November 1933, Nr. 1549 (G. U. Nr. 277), wurden die Anhänger einer Zuschlagsverkehrssteuer unterworfen, wobei die Steuer für je 100 kg der Nutzlast und für das Jahr mit den nachstehenden Sätzen bemessen wird:

für eine Nutzlast bis zu 30 Zentner . . .	Lire	40,—	pro Zentner
für jeden Zentner mehr von 31 bis 50 Zentner	„	60,—	„ „
„ „ „ „ über 50 „	„	70,—	„ „

II. Besteuerung der Güterbeförderung mittels Kraftwagen.

Durch das Verordnungs-Gesetz vom 2. Dezember 1935, Nr. 2097 (G. U. Nr. 293), wurde der Güterverkehr auf Kraftwagen mit einer besonderen Steuer belastet, welche für jeden Zentnerkilometer 1,2 Centesimi beträgt, falls die Beförderung für Rechnung eines Dritten vorgenommen wird. Wird die Beförderung aber für eigene Rechnung und mit eigenen Fahrzeugen durchgeführt, so beträgt die Steuer 0,8 Centesimi für einen Zentnerkilometer. Die Steuer belastet den Auftraggeber.

III. Straßenverbesserungsbeitrag. (Contributo di miglioramento stradale.)

Durch Verordnungs-Gesetz vom 29. Dezember 1927, Nr. 2446 (G. U. Nr. 303), wurde ein Straßenverbesserungsbeitrag eingeführt, welcher nach Art. 2 zwei Fünftel der jährlichen Kraftwagenverkehrssteuer beträgt. Die Anhänger werden durch das gleiche Verordnungs-Gesetz mit einer festen Kraftwagenverkehrssteuer von jährlich 100 Lire und einem Straßenverbesserungsbeitrag von 50 Lire für das Jahr belegt.

IV. Umsatzsteuer.

Außer diesen Steuern unterliegt der Kauf und Verkauf von Kraftwagen nach Art. 41 des Verordnungs-Gesetzes vom 28. Juli 1930, Nr. 1011 (G. U. Nr. 178), der Umsatzsteuer im Ausmaße von 1,5%.

V. Spiritusbeimischungszwang.

Bereits durch Art. 7 des Gesetzes vom 18. Juni 1931, Nr. 874 (G. U. Nr. 162), wurde die Verfügung getroffen, daß die Erzeuger von Spiritus erster Kategorie sowie diejenigen, die Spiritus einführen, denjenigen, die Benzin und andere Treibstoffe, außer Spiritus, einführen, bis zu 25% des erzeugten oder eingeführten Spiritus in der Stärke von wenigstens 95° zur Verfügung zu stellen haben. Nach Art. 1 des Verordnungs-Gesetzes vom 7. November 1935, Nr. 1965 (G. U. Nr. 273), haben sie nunmehr den Einführern oder Erzeugern von Benzin und Treibstoffen den ganzen aus der Destillation der Rüben in der Kampagne 1935/36 gewonnenen Spiritus zur Verfügung zu stellen.

Nach Art. 2 dieses Verordnungs-Gesetzes haben die Erzeuger und Einführer von Benzin einen Teil des eingeführten oder erzeugten Benzins mit Spiritus zu vermengen. Die Spirituserzeuger haben den Spiritus für diesen Zweck zum Preise von 215 Lire für 10.000 Literprozent (=100 Liter von 100%igem Alkohol) abzugeben.

VI. Benzinzoll.

Der Zoll auf Benzin beträgt 12 Lire für 100 kg (Verordnungs-Gesetz vom 5. Februar 1934, Nr. 88 (G. U. Nr. 31).

Außerdem unterliegt Benzin auf Grund des Verordnungsgesetzes vom 31. Oktober 1935, Nr. 1857 (G. U. Nr. 257) einer Verkaufsabgabe von 361 Lire für 100 kg.

9. Jugoslawien.

A. Verkehrsvorschriften.

I. Die gesetzlichen Grundlagen.

Die gesetzlichen Grundlagen für den Kraftwagenverkehr in Jugoslawien bilden die nachstehenden Gesetze und Verordnungen:

1. Das Gewerbegesetz vom 5. November 1931 (Službene Novine Nr. 262/LXXXI);
2. die Verordnung über die Beförderung von Reisenden und Gütern mit Kraftwagen vom 16. Mai 1935, II/Z. 17.435 (Služ. Nov. Nr. 119/XXIX);
3. die Verordnung über die Pflichtversicherung der Verkehrsunternehmungen vom 30. Juli 1934, II/Z. 22.364/T (Služ. Nov. Nr. 175/XLV), abgeändert durch Verordnung vom 27. August 1935, II/Z. 30.342 (Služ. Nov. Nr. 203/XLVIII);
4. Verordnung des Ministers für Handel und Industrie vom 27. Juni 1934, II/Z. 22.364/T (Služ. Nov. Nr. 175/XLV), über die allgemeinen Bedingungen der gesetzlichen Haftpflichtversicherung der Unternehmungen für die Beförderung von Reisenden mit Kraftwagen;
5. Verordnung vom 6. Juni 1929, Z. 16.122 (Služ. Nov. Nr. 139/LVIII), über den Schutz der öffentlichen Straßen und über die Verkehrssicherung auf diesen, abgeändert durch Gesetz vom 5. Dezember 1931 (Služ. Nov. Nr. 285/XCIII).

II. Behörden.

Nach § 65, Punkt 1, des im Abschnitte I genannten Gesetzes unterstehen die Kraftwagenbetriebe der besonderen Aufsicht der allgemeinen Verwaltungsbehörde. Die Betriebsinhaber haben den Organen dieser Behörde die Besichtigung des Betriebes zu gestatten und diesen in die Geschäftsbücher und Schriften des Unternehmens Einsicht zu gewähren. Zur Konzessionserteilung ist die Banatsverwaltung berechtigt, doch hat sie vorher beim Ministerium für Handel und Industrie anzufragen, ob sie die Bewilligung erteilen darf. Das Ministerium für Handel und Industrie hat sich mit den übrigen beteiligten Ministerien ins Einvernehmen zu setzen (Art. 17 der Verordnung vom 16. Mai 1935).

III. Einteilung des Kraftwagenverkehres.

Der Kraftwagenverkehr zerfällt nach der Verordnung vom 16. Mai 1935 in den Personen- und in den Güterverkehr.

Der Personenverkehr wird wieder in den regelmäßigen Personenverkehr und in den nicht regelmäßigen unterteilt. Unter regelmäßigem Personenverkehr versteht Art. 1 der vorgenannten Verordnung jede öffentliche Personenbeförderung, die gewerbsmäßig ausgeübt wird. Die Beförderung ist öffentlich, wenn die Beförderungsmittel und Einrichtungen der Allgemeinheit zur Verfügung stehen. Der regelmäßige Personenverkehr mit Kraftwagen hat unter Verwendung der vorgeschriebenen Fahrkarten auf einer bestimmten Linie innerhalb des Ortes oder von Ort zu Ort auf Grund eines vorher bewilligten Fahrplanes und Tarifes zu erfolgen. Als regelmäßiger Personenverkehr ist auch der Ausflugsverkehr zu betrachten, wenn er in einer im vorhinein festgestellten Richtung und zu vorher bestimmten Fahrpreisen für die Person erfolgt. Als nicht regelmäßiger Personenverkehr gilt nach Art. 2 der Verordnung:

1. die Beförderung, welche mit gemieteten Wagen fallweise erfolgt, so daß sie keine ständige regelmäßige Einrichtung ist;
2. die Beförderung mittels Taxameterwagens von Fall zu Fall gegen Bestellung oder Auftrag;
3. die Beförderung, welche Gastbetriebe (Hotels) ausschließlich zur Beförderung ihrer Gäste vom Hotel zur Eisenbahnstation, zum Flughafen oder zum Landeplatz oder umgekehrt vornehmen;
4. die Beförderung der eigenen Angestellten und Arbeiter zum Arbeitsplatz und zurück.

Die Beförderung von Reisenden mit Last-Kraftwagen ist nicht gestattet (Art. 3).

Der Güter-Kraftwagenverkehr zerfällt in den regelmäßigen und in den unregelmäßigen (fallweisen). Als regelmäßiger Güterverkehr gilt jede Beförderung, welche gewerbsmäßig nach einem genehmigten Fahrplan erfolgt sowie auch die Beförderung ohne genehmigten Fahrplan, wenn sie zwischen bestimmten Orten insgesamt länger als ein Monat im Jahre und mindestens einmal wöchentlich erfolgt. Als unregelmäßiger Güterverkehr ist jede Beförderung anzusehen, welche von Fall zu Fall gegen Bestellung ohne Fahrplan, ohne ständige Richtung und ohne bestimmte Strecke erfolgt (Art. 6).

Nicht unter die Bestimmung der Verordnung vom 16. Mai 1935 fällt die Beförderung von Gütern eigener Erzeugung oder von Gütern für den Bedarf des eigenen Betriebes, welche mit eigenen Wagen erfolgt (Werksverkehr). Kaufleute können nur die Waren, welche sie für ihren Betrieb gekauft haben, zuführen. Sie können auch die verkaufte Ware den Käufern am Sitze ihres Betriebes ohne jede Beschränkung zustellen. Außerhalb ihres Betriebssitzes bedürfen sie jedoch hierzu einer Bewilligung. Die Beförderung der eigenen Erzeugnisse der Landwirtschaft, der Forstwirtschaft und des Bergbaues mit eigenen Kraftwagen fällt gleichfalls nicht unter die Bestimmungen des Gewerbegesetzes. Solche Erzeugnisse können mit eigenen Kraftwagen auf die Märkte gebracht und den Käufern ohne Rücksicht auf den Bestimmungsort, also auch außerhalb des Betriebsortes, zugestellt werden (Art. 8).

IV. Konzession.

1. Konzessionspflicht.

Nach § 60, Punkt 25, des Gewerbegesetzes bedarf der Kraftwagenverkehr zur regelmäßigen Beförderung von Personen und Gütern einer besonderen Bewilligung. Eine solche Bewilligung ist nur dann zu erteilen, wenn die Straße den technischen Anforderungen entspricht und eine Gefährdung für Reisende und fremdes Eigentum nicht zu befürchten ist. In Städten mit über 30.000 Einwohnern haben die Gemeinden bei Erteilung der Konzession das Vorrecht. Erst wenn diese einen Verkehr, um welchen nachgesucht wurde, nicht innerhalb sechs Monaten errichtet, kann die Konzession einer Privatperson erteilt werden. Außerdem müssen für die Erteilung der Bewilligung für den Personen- und Güterverkehr mit Kraftwagen die nachstehenden Voraussetzungen erfüllt sein:

1. die Straße, auf welcher die Beförderung erfolgen soll, muß technisch den Verkehrsanforderungen entsprechen, so daß der Verkehr ohne Gefahr für Reisende oder fremdes Eigentum stattfinden kann;

2. durch die neue Unternehmung darf der Betrieb einer bereits bestehenden Personen-Kraftwagenunternehmung, welche auf derselben Straße fährt, nicht gefährdet werden;

3. der Gesuchsteller hat die Gewähr für die ordentliche und tadellose Betriebsführung zu bieten;

4. auf der Strecke, für welche die Bewilligung angestrebt wird, muß ein Verkehrsbedürfnis bestehen und die neue Strecke einen Wirtschafts- und Verkehrsbedarf decken;

5. der Verkehr auf der Strecke darf öffentlichen Interessen nicht zuwiderlaufen. Ein solcher Fall liegt dann vor, wenn die Linie über Straßen führt, welche im Hinblick auf ihren Bau und ihre Erhaltung für einen solchen Verkehr nicht geeignet sind, oder wenn durch die neue Linie für Eisenbahnen, Post- oder Verkehrsunternehmungen ein überflüssiger Wettbewerb entsteht.

2. Vorzugsrechte und Befragung anderer Verkehrsunternehmungen.

Das Vorzugsrecht vor allen privaten Bewerbern hat der Staat (Eisenbahn, Postverwaltung usw.), wenn er die Beförderung auf einer bestimmten Linie in die Hand nehmen will. Das gleiche Recht haben auch Privatbahnen, wenn sie einen Kraftwagenverkehr als zusätzlichen Verkehr zu ihrer Linie einführen wollen. In Städten mit über 30.000 Einwohnern hat die Gemeinde den Vorzug vor jedem privaten Bewerber (Art. 14 der Verordnung vom 16. Mai 1935).

Vor Erteilung der Konzession hat die Banatverwaltung das Gutachten der zuständigen Eisenbahndirektion einzuholen. Ist diese gegen die Einrichtung eines Verkehres, will aber die Banatverwaltung diesen aus öffentlichen Rücksichten, so ist die Entscheidung des Ministeriums für Handel und Verkehr einzuholen, welches sich mit dem Verkehrsministerium ins Einvernehmen zu setzen hat. In gleicher Weise sind auch die beteiligten Schiffahrtsunternehmungen sowie die Postverwaltung zu befragen.

Erklärt eine Eisenbahn-, Schiffahrts- oder die Postverwaltung, daß sie auf der betreffenden Linie den Verkehr selbst einrichten und aufrecht erhalten wird, so wird das Vergebungsverfahren eingestellt und erst dann wieder aufgenommen, wenn die betreffende Eisenbahn-, Dampfschiffahrts- oder die Postverwaltung den Verkehr nicht innerhalb 6 Monaten einrichtet (Art. 16 der Verordnung vom 16. Mai 1935).

3. Fahrpläne, Fahrpreise.

Hinsichtlich der Fahrpläne enthält § 81, Punkt 1, des Gewerbegesetzes die Bestimmung, daß die Fahrten nach einem festen Fahrplane stattzufinden haben. Nach § 82, Punkt 3, muß der Fahrplan auf den Fremdenverkehrslinien den Fahrplänen der anderen Verkehrsunternehmungen angepaßt sein. Fahrplan und Fahrpreise sind bei der Konzessionserteilung zu genehmigen. Nach Art. 32 der Verordnung vom 16. Mai 1935 genehmigt die Banatverwaltung den Fahrplan, die Beförderungsbedingungen und Fahrpreise. Der Fahrplan muß unter Berücksichtigung der Fahrpläne der anderen in Betracht kommenden Verkehrsunternehmungen erstellt sein und darf die Interessen dieser Unternehmungen nicht berühren.

4. Dauer der Konzessionen.

Über die Dauer der Konzession enthält § 19 der Verordnung vom 16. Mai 1935 die Bestimmung, daß in der Bewilligung auch die Konzessionsdauer anzugeben ist. Nach Art. 19, Abs. 5, wird die Bewilligung für eine Mindestdauer von 5 Jahren gewährt.

5. Verkehrserweiterung.

Eine besondere Bestimmung enthält § 82, Punkt 2, des Gewerbegesetzes. Nach dieser müssen die Kraftwagenunternehmungen, welche Fremdenverkehrslinien betreiben, mit staatlicher Unterstützung Anschlußlinien, die für den Fremdenverkehr wichtig sind, errichten. Kommt es zu keinem Übereinkommen hinsichtlich der Entschädigung, so entscheidet das ordentliche Gericht.

6. Kaution.

Für die Konzessionierung der Kraftwagenunternehmungen zur Beförderung von Reisenden und Gütern schreibt § 64, Punkt 1, des Gewerbegesetzes die Stellung einer Sicherheit vor, deren Höhe in der Konzessionsurkunde angegeben wird. Sie hängt nach § 82, Punkt 4, des Gewerbegesetzes von der Länge der Linie, der Zahl der Sitzplätze und dem Fassungsraum aller in Verwendung stehenden Wagen, sowie von der Verkehrsdichte ab. Die Verordnung des Ministers für Handel und Industrie vom 16. November 1934, II/Z. 28.819/K (Služ. Nov. Nr. 271/LXX) enthält die näheren Bestimmungen über den Kautionserlag. Nach § 3 dieser Verordnung kann eine Sicherheit zwischen 5000 und 500.000 Dinar, je nach dem Umfange der Unternehmung, vorgeschrieben werden.

V. Postbeförderung.

Nach § 82, Punkt 2, des Gewerbegesetzes sind die konzessionierten Kraftwagenunternehmungen gegen eine entsprechende

Entschädigung zur Postbeförderung verpflichtet. Nach Art. 14, Abs. 3, der Verordnung vom 16. Mai 1935 wird bei der Konzessionierung jenes Unternehmen vorgezogen, welches sich zur kostenlosen Beförderung der Briefpost und zur Beförderung der Fahrpost zu den von der Postverwaltung festgestellten Bedingungen verpflichtet. Im übrigen erfolgt die Postbeförderung auf Grund einer unmittelbaren Vereinbarung mit der Postverwaltung. Der Postbeförderungsvertrag wird in der Regel für ein Jahr abgeschlossen und gilt automatisch für ein zweites und drittes Jahr verlängert, wenn er von der Postverwaltung nicht früher gekündigt wird und die Pachtsumme nicht mehr als 60.000 Dinar im Jahre beträgt (Art. 51 der Verordnung vom 16. Mai 1935). Sollte die Kraftwagenunternehmung auf die Vorschläge der Postverwaltung nicht eingehen und übermäßige Forderungen für die Postbeförderung stellen, so kann die Banatsverwaltung zum Schutze der Staatsinteressen für die gleiche Strecke eine neue Konzession erteilen, falls die neue Unternehmung die Vorschläge der Postverwaltung annimmt.

VI. Versicherungspflicht.

Nach § 82, Punkt 1, des Gewerbegesetzes sind die Verkehrsunternehmungen zum Abschluß einer Haftpflichtversicherung bei einer inländischen Versicherungsgesellschaft verpflichtet und dürfen den Betrieb vorher nicht aufnehmen. Nicht gezahlte Prämienbeträge sind aus der Kaution zu entrichten. Die Versicherung hat gleichartig für das ganze Königreich unter den vom Minister für Handel und Industrie festgelegten Bedingungen zu erfolgen. Allfällige Überschüsse aus diesen Versicherungen werden zur Fremdenverkehrsförderung benützt. Die näheren Bestimmungen über die Versicherungspflicht der Kraftwagenunternehmungen sind in der Verordnung des Ministers für Handel und Industrie vom 30. Juli 1934, II/Z. 22.364/T (Služ. Nov. 175/XLV), abgeändert durch Verordnung vom 27. August 1935, II/Z. 30.342 (Služ. Nov. Nr. 203/XLVIII) enthalten. Nach Art. 2 dieser Verordnung beträgt die Versicherungssumme für einen Unfall, bei dem nur eine Person verletzt oder getötet wurde, 25.000 Dinar, höchstens aber 400.000 Dinar, wenn bei einem Unfall mehrere Personen verletzt oder getötet wurden und beim Fall der Beschädigung fremder Sachen, Tiere oder des Reisegepäckes für einen Unfall höchstens 30.000 Dinar, für das Abhandenkommen eines aufgegebenen Reisegepäckes eines Reisenden 500 Dinar. Die Versicherungsgesellschaften, welche solche Versicherungen übernehmen, haben im

Sinne des Art. 82, Abs. 2, des Gewerbegesetzes 10% des Bruttobetrages der eingezahlten Prämienbeträge dem Minister für Industrie und Handel für die Förderung des Fremdenverkehres zur Verfügung zu stellen. Die näheren Versicherungsbedingungen sind in der Ministerialverordnung vom 27. Juni 1934, II/Z. 22.364/T (Služ. Nov. Nr. 175/XLV) enthalten.

VII. Allgemeine Verkehrsvorschriften.

Die allgemeinen Vorschriften über den Verkehr der Kraftwagen auf den öffentlichen Straßen finden sich in Jugoslawien in der Verordnung über den Schutz der öffentlichen Straßen und über die Sicherheit des Verkehres auf denselben vom 6. Juni 1929, Z. 16.122 (Služ. Nov. Nr. 139/LVIII), abgeändert durch das Gesetz vom 5. Dezember 1931 (Služ. Nov. Nr. 285/XCIII).

Die Höchstbreite eines Lastkraftwagens ist darin mit 2,50, die größte Höhe mit 3 m festgesetzt (Art. 32).

Das Höchstgewicht der Lastkraftwagen darf 8000 kg, der höchste Achsdruck 5500 kg nicht überschreiten.

Die zugelassene Höchstgeschwindigkeit der Wagen außerhalb der Ortschaften setzt die Verordnung im allgemeinen mit 50 km in der Stunde fest. Innerhalb von Ortschaften darf sie höchstens 15 km und in Bade- und Kurorten nur 8 km betragen. Für Autobusse ist eine Höchstgeschwindigkeit von 35 km in der Stunde vorgeschrieben.

Bei Lastkraftwagen ist die Geschwindigkeit nach dem Gesamtgewicht abgestuft. Sie beträgt bei einem Gewichte von 3001 bis 4500 kg und einem Achsdruck von 2005 bis 3000 kg auf gewöhnlichen Straßen 35 km in der Stunde und auf Spezialstraßen 40 km. Bei Kraftwagen im Gesamtgewichte von 4501 bis 8000 kg und einem Achsdruck von 3001 bis 5500 kg darf die Höchstgeschwindigkeit auf gewöhnlichen Straßen nicht 25 km und auf Spezialstraßen nicht 35 km in der Stunde überschreiten (Art. 6).

B. Die Besteuerung der Kraftwagen und des Kraftwagenverkehres.

I. Die Kraftwagensteuern.

1. Die Staatssteuer.

Die Vorschriften über die Besteuerung der Kraftwagen durch den Staat sind im Gesetze über die Verbrauchssteuern, Taxen und Gebühren vom 27. Juni 1921 (Služ. Nov. Nr. 152) bzw. in den Novellen zu diesem Gesetze vom 25. März 1832 (Služ.

Nov. Nr. 70/XXIX) und vom 18. Februar 1934 (Služ. Nov. Nr. 41/X) sowie vom 29. März 1935 (Služ. Nov. Nr. 81/XXI) enthalten.

Nach Position Nr. 100 des Gebührentarifes wird gegenwärtig nur mehr die Gebühr anläßlich der Anzeige über das Halten eines Fuhrwerkes eingehoben, während die bisher vorgeschriebene Gebühr für die Betriebsbewilligung eines Fuhrwerkes durch die Verordnung vom 29. März 1935, Z. 23.332/III (Služ. Nov. Nr. 81/XXI) aufgehoben wurde.

Anläßlich der Anzeige über das Halten eines Fuhrzeuges ist alljährlich die nachstehende Gebühr zu entrichten:

1. für Kraftwagen, Beiwagen und Autobusse je 100 Dinar;
2. für Krafträder mit und ohne Beiwagen je 50 Dinar.

2. Beförderungssteuer.

Nach Position Nr. 101 des Gebührentarifes, welche durch die Novelle vom 18. Februar 1934 (Služ. Nov. Nr. 41/X) und vom 29. März 1935, Z. 23.332/III (Služ. Nov. Nr. 81/XXI) abgeändert wurde, wird für die Beförderung von Personen in Autobussen sowie von Gepäck und Gütern mit Lastkraftwagen eine Beförderungssteuer eingeführt.

Diese Steuer beträgt für die Beförderung von Gepäck sowie von Gütern 15% der Beförderungsgebühr. Bei der Beförderung von Personen mit Autobussen wird die Gebühr in verschiedener Höhe eingehoben, je nachdem die betreffende Linie im Verhältnis zu den Staatsbahnen als Wettbewerbslinie, als teilweise Wettbewerbslinie oder nicht als Wettbewerbslinie angesehen wird.

Die Steuer beträgt daher:

1. bei Linien, die als mit den Staatsbahnen im Wettbewerb stehend erklärt wurden, 10% des Fahrpreises;
2. bei Linien, die als teilweise mit den Staatsbahnen im Wettbewerb stehend erklärt wurden, 5% des Fahrpreises;
3. bei Linien, die als nicht im Wettbewerb mit den Staatsbahnen stehend erklärt wurden, keine Steuer;
4. im städtischen Ortsverkehr 2% des Fahrpreises.

3. Banatssteuern für Kraftfahrzeuge.

Den Banaten, welche bisher eine eigene Steuer auf Kraftwagen eingehoben haben, wurde durch die Verordnung über die Banatsverbrauchssteuern vom 29. März 1935, Z. 2765/VII (Služ. Nov. Nr. 81/XXI), im Art. 1, Punkt 2, die Einhebung einer Steuer für Kraftfahrzeuge aller Art ausdrücklich untersagt.

4. Gemeindesteuern für Kraftfahrzeuge.

Eine Zahl größerer Gemeinden in Jugoslawien, wie Beograd, Zagreb, Sarajevo, ferner Bakar, Bitolj, Celje, Dubrovnik, Karlovac, Maribor, Osijek, Sombor, Subotica, Sušak und Veliki Bečkerek, besteuert die Kraftwagen mit Jahresgebühren. Durch Finanzministerialverordnung vom 17. Jänner 1935, Z. 446/VII (Služ. Nov. Nr. 15), wurde die Verfügung getroffen, daß die Gemeinden diese Steuer nur mehr mit einem Viertel der bisher entrichteten einheben dürfen.

Die Stadt Zagreb hat daher verfügt, daß für das Jahr 1935 nur die nachstehende Steuer einzuheben ist:

Personenkraftwagen 250 Dinar;

Autobusse und Taxameterwagen 125 Dinar;

Lastkraftwagen 50 Dinar.

5. Straßenerhaltungsbeiträge.

Bereits im § 22 des Gesetzes über die Staatsstraßen vom 7. Mai 1929 (Služ. Nov. Nr. 110/XLV) sowie im § 33 des Gesetzes über die Straßen der Selbstverwaltungskörper vom 8. Mai 1929 (Služ. Nov. Nr. 110/XLV) findet sich die Bestimmung, daß für die übermäßige Ausnützung einer Straße ein außergewöhnlicher Jahresbeitrag für die Straßenbenützung zu entrichten ist. Die gleiche Bestimmung wurde in den Art. 12 der Verordnung vom 16. Mai 1935, Z. 17.435, über die Beförderung von Reisenden und Waren mit Kraftwagen aufgenommen. Durch Verordnung des Bautenministers Z. 16.940/1935 (Služ. Nov. Nr. 156/XXXVI) wurde nunmehr das Ausmaß des Straßenbeitrages für die Benützung der Straßen durch Autobusse, welche eine regelmäßige oder zeitweilige Personenbeförderung vornehmen, ohne Rücksicht auf die Art der Straße mit 7% des Fahrpreises bzw. des Preises des Gepäckscheines vorgeschrieben. Dieser Beitrag wird pauschaliter auf Grund der nachstehenden Formel eingehoben: Zahl der Tage × Zahl der Fahrten im Tage × Durchschnittszahl der Reisenden, welche die Linie benützten × Streckenlänge in Kilometern × 0,07 × dem Fahrpreis eines Kilometers in Dinar.

Die Durchschnittszahl der Reisenden wird von der Banatsverwaltung und dem Unternehmer für ein ganzes oder halbes Jahr einvernehmlich ermittelt.

II. Spiritusbeimischungszwang.

Auf Grund der Verordnung über die Ausführung öffentlicher Arbeiten vom 22. November 1933 (Služ. Nov. Nr. 269/LXXIX) wird der Finanzminister ermächtigt, die Vermengung von Spiritus mit Benzin zur Erzeugung von Treibstoffen für Motoren vorzuschreiben. Die Mischung ist derart herzustellen, daß mindestens 20% Spiritus zu verwenden sind.

III. Treibstoffzoll.

Benzin unterliegt bei der Einfuhr in Zisternen und Tanks einem Einfuhrzoll von 13 Golddinar für 100 kg und bei Einfuhr in anderen Behältern einem solchen von 30 Golddinar, das sind 143 bzw. 330 Papierdinar. Außerdem wird eine Verbrauchssteuer eingehoben, welche für

reines Benzin 500 Dinar für 100 kg und für

ein Gemenge von Benzin mit Spiritus 350 Dinar beträgt (Verordnung vom 22. November 1933, Z. 30.408 [Služ. Nov. Nr. 269/LXXXIX]). Außerdem ist die Umsatzsteuer mit 10% vom Werte einzuheben.

10. Niederlande.

A. Verkehrsvorschriften.

I. Die gesetzlichen Grundlagen.

Die gesetzlichen Grundlagen für den Kraftwagenverkehr in den Niederlanden sind in den nachstehenden Gesetzen und Verordnungen enthalten:

I. Das Gesetz vom 23. April 1880 (Staatsblad Nr. 67), betreffend die öffentlichen Verkehrsmittel mit Ausnahme der Eisenbahndienste unter Berücksichtigung der Abänderung durch das Gesetz vom 30. Juli 1926 (Stbld. Nr. 250), in der Fassung der kgl. Verordnung vom 1. September 1926 (Stbld. Nr. 321);

II. das Motor- und Fahrradgesetz vom 10. Februar 1905 (Stbld. Nr. 69), abgeändert durch die Gesetze vom 6. Oktober 1908 (Stbld. Nr. 313), 18. Juli 1910 (Stbld. Nr. 237), 1. November 1924 (Stbld. Nr. 492) und 19. Februar 1931 (Stbld. Nr. 60), in der Fassung der kgl. Verordnung vom 27. Jänner 1925 (Stbld. Nr. 24) und der Novelle von 1931 (Stbld. Nr. 60);

III. die Kraftfahrzeug- und Fahrradvollzugsverordnung vom 30. April 1927 (Stbld. Nr. 143), abgeändert durch die kgl. Verordnungen vom 24. März 1934 (Stbld. Nr. 125), 28. August 1935 (Stbld. Nr. 527);

IV. das Straßenverkehrsgesetz vom 13. September 1935 (Stbld. Nr. 554);

V. das Gesetz vom 28. November 1935 (Stbld. Nr. 674), betreffend Regelung des Personen- und Güterverkehres mit Kraftfahrzeugen aus und nach dem Auslande.

II. Behörden.

Mit der Durchführung der dem Kraftwagenverkehr betreffenden Vorschriften sind das Ministerium für Wasserwesen (Minister von Waterstaat) und in den Provinzen die königlichen

Kommissäre sowie die Provinzialstände (gedeputeerede Staten) betraut.

III. Konzession.

1. Konzessionspflicht.

Der Personen- und Güterverkehr mit Kraftfahrzeugen unterliegt nach Art. 1 des Gesetzes vom 23. April 1880 nur dann der Konzessionierung, wenn es sich um die Beförderung von Personen mit Autobussen handelt. Durch Gesetz vom 28. November 1935 wurde jedoch die Regierung ermächtigt, den Personen- und Güterverkehr mit Kraftfahrzeugen aus oder nach bestimmten Ländern, auch wenn der Verkehr über ein anderes nicht genanntes Land geht, von einer Bewilligung abhängig zu machen. Nach § 2, Abs. 2, des genannten Gesetzes kann die Bewilligung von der Entrichtung eines Geldbetrages, der dem Verkehrsfonds zufließt, abhängig gemacht werden.

2. Einspruchsrecht gegen Konzessionserteilung.

Die Verleihung der Konzession für die Einrichtung eines Autobusdienstes steht nach Art. 2 des Gesetzes vom 23. April 1880 den Provinzialständen zu. Die bevorstehende Errichtung des betreffenden Dienstes ist durch eine oder mehrere Zeitungen bekanntzumachen; der Akt hat in der Provinzialkanzlei zur Einsicht aufzuliegen. Die Provinzialstände können von Eisenbahnen und anderen Verkehrsunternehmungen ein Gutachten über den neu zu errichtenden Dienst anfordern. Sie können auch die Stellungnahme des mit der Aufsicht über die Eisenbahnen betrauten Beamten einholen. Jeder Interessent kann an einem durch die Zeitungen bekanntgemachten Tage bei einer Kommission der Provinzialstände in öffentlicher Sitzung gegen die Konzessionserteilung Einspruch erheben. Wird dem Einspruch nicht stattgegeben, so steht das Rekursrecht an die Regierung offen.

3. Verlautbarung der Errichtung eines Personenverkehrsdienstes.

Der Unternehmer eines öffentlichen Personenverkehrsdienstes ist nach Art. 5 des Gesetzes vom 23. April 1880 verpflichtet, vor Beginn desselben:

a) diesen Dienst in einer Zeitung der Provinz oder der Provinzen, in welchen der Verkehr vor sich gehen soll, anzukündigen,

b) eine von ihm unterzeichnete Abschrift oder einen Abdruck der Ankündigung mit einem Exemplar der betreffenden

Zeitung gegen Empfangsbestätigung an die Provinzialstände jeder Provinz, in welcher der Betrieb erfolgen soll, sowie an die Gemeinden, in welchen die Wagen zur Aufnahme der Reisenden haltmachen, und an die Gerichte dieser Gemeinden einzusenden.

Die Ankündigung hat zu enthalten:

Namen, Vornamen, Beruf und Wohnort des Unternehmers;

Beschreibung der Art der Verkehrsmittel und Angabe der Zahl der für die Reisenden verfügbaren Plätze;

Bezeichnung der Land- oder Wasserwege, auf welchen der Betrieb erfolgen soll;

Bezeichnung der Haltestellen und des Sitzes des Unternehmens innerhalb des Königreiches;

Zeitpunkt des Betriebsbeginnes, Fahrplan und Beförderungspreise.

IV. Postbeförderung.

Nach Art. 11 des Gesetzes vom 23. April 1880 sind die Unternehmer von Kraftwagendiensten verpflichtet, über Verlangen der Postanstalt die Brief- und Paketpost gegen Entschädigung zu befördern. Kommt es bezüglich der Entschädigung zu keinem Einvernehmen, so entscheidet der Bezirksrichter. Amtliche Postsachen müssen über Verlangen der Postanstalt kostenlos zur Beförderung übernommen werden.

V. Allgemeine Verkehrsvorschriften.

Die allgemeinen Verkehrsvorschriften für Kraftfahrzeuge sind im Motor- und Fahrradgesetz und in der Vollzugsanweisung hierzu enthalten.

a) Höchstgewicht der Kraftwagen.

Nach Art. 2 der Vollzugsanweisung ist das Eigengewicht der Kraftwagen mit 1800 kg begrenzt. Die größte Radbelastung (Wielbelasting) darf nach Art. 37 dieser Verordnung bei einem Kraftwagen mit normaler voller Beladung nicht 3600 kg und bei einem Anhänger 2400 kg nicht überschreiten.

b) Größte Länge und Breite der Kraftwagen.

Nach Art. 37, h, der Verordnung darf der Kraftwagen eine Länge von 9 m nicht überschreiten. Die größte Breite eines Kraftwagens wurde durch Art. 37, k, mit 2,35 m festgesetzt.

d) Geschwindigkeit.

Die Vorschriften über die zulässige größte Geschwindigkeit sind im Art. 38 der Vollzugsanweisung gegeben worden. Die höchste Geschwindigkeit ist nach den drei bestehenden Wegkategorien verschieden und aus der nachstehenden Tabelle zu entnehmen.

Fahrzeugkategorien	Höchstgeschwindigkeiten km/St. für Kraftfahrzeuge oder Anhänger versehen mit								
	Luftreifen			Kammerreifen			Vollgummireifen		
	I	II	III	I	II	III	I	II	III
Kraftfahrzeuge mit größter Radbelastung bei voller normaler Ladung									
bis 1200 kg	O	O	O	30	30	30	20	20	20
von 1200 bis 1800 kg	O	O	30	30	30	20	20	20	12
von 1800 bis 2400 kg	O	30	20	30	20	12	20	12	●
von 2400 bis 3600 kg	30	20	●	20	12	●	12	●	●
Anhänger mit größter Radbelastung bei voller normaler Ladung									
bis 1200 kg	30	30	30	20	20	20	12	12	12
von 1200 bis 1800 kg	30	30	20	20	20	12	12	12	●
von 1800 bis 2400 kg	30	20	12	20	12	●	12	●	●

Zeichenerklärung: O keine Geschwindigkeitsbeschränkung
● Verkehr nicht gestattet

Innerhalb der Ortschaften darf die Höchstgeschwindigkeit nach Art. 7 des Gesetzes 20 km nicht übersteigen.

B. Die Besteuerung der Kraftwagen und des Kraftwagenverkehres.

I. Kraftfahrzeugabgabe.

Die Vorschriften über die Besteuerung der Kraftwagen sind im Kraftfahrzeugsteuergesetz (Motorrijtuigenbelastingwet) vom 30. Dezember 1926 (Stbld. Nr. 464), abgeändert durch das Gesetz vom 2. August 1935 (Stbld. Nr. 447) enthalten.

Die Kraftfahrzeuge unterliegen daher der nachstehenden Jahresabgabe:

a) für ein Fahrrad mit Hilfsmotor außer der Fahrradsteuer 3 Gulden;

b) für ein Kraftfahrzeug auf zwei Rädern: wenn das Eigengewicht nicht mehr als 60 kg beträgt, 10 Gulden, wenn das

Eigengewicht mehr als 60 bis 120 kg beträgt, 20 Gulden, wenn das Eigengewicht mehr als 120 kg beträgt, 30 Gulden;

c) für ein Kraftfahrzeug auf mehr als zwei Rädern für Personenbeförderung: bis zu 7 Personen einschl. Fahrer für je 100 kg Eigengewicht 6 Gulden, mindestens aber 48 Gulden, für mehr als 7 Personen für je 100 kg Eigengewicht 8 Gulden;

d) für ein Kraftfahrzeug auf mehr als zwei Rädern für Güterbeförderung für je 100 kg Eigengewicht 6 Gulden, mindestens aber 48 Gulden;

e) für einen Beiwagen zu einem Motorrad 10 Gulden;

f) für einen Anhänger: mit Eigengewicht bis 1200 kg 18 Gulden, mit Eigengewicht von mehr als 1200 bis 4000 kg 60 Gulden, mit Eigengewicht von mehr als 4000 kg 90 Gulden.

Bei Kammerreifen ist ein Zuschlag von 30%, bei Vollgummireifen von 60% und bei Metallradreifen von 100% zu entrichten.

II. Benzinzoll.

Benzin unterliegt nach Nr. 104, Punkt 2, a, des Zolltarifes einem Einfuhrzolle von Gulden 1,25 für 100 kg. Hierzu kommt noch nach dem Gesetze vom 19. Dezember 1931 ein Sonderzoll von 6 Gulden für 100 kg und die Umsatzsteuer von 4% vom Werte.

11. Norwegen.

A. Verkehrsvorschriften.

I. Die gesetzlichen Grundlagen.

1. Das Kraftwagengesetz vom 20. Februar 1926 (Norsk Lovtidende, S. 62) mit den nachstehenden Novellen vom: 6. Juni 1930 (L. T., S. 566), 3. Juni 1932 (L. T., S. 560), 2. Juni 1933 (L. T., S. 349), 22. Juni 1934 (L. T., S. 470) und vom 21. Juni 1935 (L. T., S. 635).

2. Vollzugsanweisung des Arbeitsdepartements vom 20. Dezember 1926 (L. T., S. 655), abgeändert durch die Verordnungen vom 24. Oktober 1930 (L. T., S. 987), 1. Dezember 1930 (L. T., S. 1049), 15. Dezember 1930 (L. T., S. 1089), 15. März 1934 (L. T., S. 173), 18. April 1934 (L. T., S. 288) und 19. Juni 1934 (L. T., S. 464).

II. Behörden.

Der Vollzug der Kraftwagengesetzgebung ist den Verwaltungsbehörden und dem Arbeitsdepartement (Ministerium) übertragen (§ 21 des Kraftwagengesetzes).

III. Konzession.

Das Gesetz sieht die Konzessionspflicht für den regelmäßigen Personen- und Güter-Kraftwagenverkehr vor, enthält aber auch Vorschriften, welche den unregelmäßigen Verkehr einschränken können.

1. Nach § 21 des Gesetzes unterliegt jede regelmäßige Personen- und Güterbeförderung, selbst wenn die Beförderung nicht täglich und nicht zu einer bestimmten Stunde erfolgt, der Konzessionierung. Die Bewilligung erteilt:

a) falls die Linie über zwei oder mehrere Bezirke (Fylker) geht, das Regierungsdepartement (Ministerium);

b) falls die Linie nur in einem Bezirk liegt, gleichfalls dieses Departement, sofern angenommen werden kann, daß der Betrieb für bereits bestehende Verkehrsunternehmungen einen schädlichen Wettbewerb hervorrufen könnte, sonst die Bezirksbehörde bzw. in Oslo und Bergen der Magistrat;

c) für die innerhalb einer Stadt liegenden Linien der Magistrat dieser Stadt.

Das Regierungsdepartement ist jedoch von allen erteilten Betriebsbewilligungen zu verständigen und kann die Konzession, falls es findet, daß für bereits bestehende Unternehmungen ein schädlicher Wettbewerb entstehen könnte, widerrufen.

2. Wenn auch das Kraftwagengesetz für unregelmäßige Fahrten keine Bewilligungspflicht kennt, kann die Regierung auch diese auf Grund der Novelle vom 6. Juni 1930 beschränken, für bestimmte Strecken oder Gebiete Fahrverbote erlassen oder besondere Abgaben vorschreiben.

IV. Allgemeine Verkehrsvorschriften.

1. Fahrpläne, Fahrpreise.

In die Bewilligung können hinsichtlich des Fahrplanes sowie der Fahrpreise Vorschriften aufgenommen werden.

2. Postbeförderung.

Ebenso kann die Beförderung der Post gegen eine bestimmte Vergütung aufgetragen werden.

3. Festsetzung der Höchstzahl der Fahrgäste und der Höchstlasten.

Die Konzessionsbehörde wird durch das Gesetz auch ermächtigt, Vorschriften über die Höchstzahl der zu befördernden Fahrgäste und der Höchstlast sowie die zulässige Höchstgeschwindigkeit zu erlassen.

4. Straßenbeiträge, Kontrollabgabe und Konzessionsgebühr.

Der § 21 des Gesetzes verfügt weiters, daß dem Unternehmer ein Beitrag für die Straßenerhaltung, eine Kontrollabgabe und eine jährliche Konzessionsgebühr vorgeschrieben werden kann.

5. Haftung und Sicherheitsleistung.

Der Kraftwagenbesitzer haftet nach § 11 des Gesetzes für die durch den Betrieb entstandenen Schäden und hat zu diesem Zweck bei der Polizeibehörde die von ihr vorgeschriebene Sicherheit zu erlegen. Diese Sicherheit soll nach dem Gesetz vom 21. Juni 1935 mindestens 20.000 Kronen für jede beschädigte Person und 5000 Kronen für Sachschäden decken, sie braucht jedoch für einen Unfall nicht mehr als 30.000 Kronen sicherstellen.

6. Dauer der Konzession.

Die Betriebsbewilligung wird nach § 21 des Gesetzes für eine bestimmte Zeitdauer gewährt, kann aber jederzeit widerrufen werden.

7. Einspruch gegen Konzession.

Wurde die Bewilligung von einer anderen Behörde als dem Regierungsdepartement erteilt, können die Beteiligten dagegen Einspruch erheben.

8. Gewicht und Breite.

Für Kraftwagen, bei denen der Achsdruck mehr als 2000 kg beträgt, ist nach § 1 der Verordnung eine besondere Bewilligung erforderlich. Die höchste Breite, die Wagen haben können, die auf öffentlichen Straßen verkehren, muß vom zuständigen Regierungsdepartement bestimmt werden (§ 4 des Gesetzes in der Fassung des Gesetzes vom 21. Juni 1935).

9. Geschwindigkeit.

Die Geschwindigkeit darf in Städten und dicht besiedelten Gegenden 35 km/St. nicht überschreiten. Auf dem Lande, wo die Straße breit ist und freie Bahn vorhanden ist, darf sie über 45 km gesteigert werden; sie darf aber 60 km nicht überschreiten (§ 20 des Gesetzes in der Fassung der Novelle vom 21. Juni 1935).

10. Anhänger und Traktoren.

Anhänger und Traktoren dürfen nur auf Grund einer besonderen Bewilligung verwendet werden (§§ 14 und 15 Vdg.).

V. Maßnahmen zur Regelung des Wettbewerbes „Eisenbahn—Kraftwagen“.

Die norwegischen Staatsbahnen wenden zur Bekämpfung des Wettbewerbes der Kraftwagen ein besonderes Frachtsystem an. Dieses besteht darin, daß Firmen, die sich bereit erklären, ihre sämtlichen Stückgüter der Eisenbahn zu übergeben, eine gewisse Frachtermäßigung erhalten. Es werden ihnen nach Orten, nach denen ein starker Wettbewerb mit anderen Verkehrsmitteln besteht, gewisse Frachtermäßigungen gewährt, sonst der normale Tarif berechnet. Die Parteien können die Frachtsätze selbst berechnen und setzen sie mit einer besonderen Frankiermaschine in den Frachtbrief ein. Zweimal im Monat erfolgt die Abrechnung mit der Bahn; die Firma erhält von der Summe noch einen Abschlag. Die norwegischen Staatsbahnen haben eine große Anzahl derartiger Abmachungen mit den großen Firmen des Landes getroffen. Es wird bereits ein Drittel des gesamten Stückgutverkehres mit Hilfe der Frankiermaschinen gebucht und kontrolliert.[1])

VI. Umfang des Linienverkehres.

Über den Umfang des Linienverkehres in Norwegen geben die nachstehenden, dem Statistischen Jahrbuch für das Königreich Norwegen für 1933 entnommene Angaben Auskunft. Es betrug die Gesamtlänge der Linien im Jahre 1931 32.075 km, welche von 1822 Wagen befahren wurden. Die Zahl der gefahrenen Wagenkilometer betrug im Personenverkehr 38.376.000, im Güterverkehr 6,173.000, zusammen 44,549.000 Kilometer. Die Zahl der Personenkilometer betrug 231,341.000, die der Tonnenkilometer 3,720.000. Die Einnahmen betrugen insgesamt 16,953.358 Kronen, hievon 246.411 Kronen Staatsbeiträge, die Ausgaben 16,617.657 Kronen.

B. Die Besteuerung der Kraftwagen und des Kraftwagenverkehres.

I. Die Besteuerung auf Grund des Kraftwagengesetzes.

Nach § 22 des Kraftwagengesetzes unterliegen die Kraftwagen

1. einer Jahresgebühr, der sogenannten Gewichtsabgabe,
2. einer Abgabe auf die Reifen, und
3. einer Treibstoffabgabe.

Alle diese Abgaben werden alljährlich vom Storthing für das Budgetjahr festgesetzt und durch kgl. Verordnung kundgemacht. Sie dienen für Straßenerhaltungszwecke. Auf Grund der kgl. Verordnung vom 21. Juni 1935 (L. T., S. 662) werden die nachstehenden Abgaben eingehoben:

1. Gewichtsabgabe für Kraftwagen.

Die Gewichtsabgabe für Kraftwagen beträgt für je 100 kg des Gewichtes des Wagens im betriebsfertigen Zustande mit der gewöhnlichen Ausrüstung und dem schwersten zugehörigen Oberbau:

---

[1]) Allgemeiner Tarifanzeiger 1932, S. 1607.

1. bei elektrischen Motorwagen mit Speicherbetrieb:

a) mit Luftgummireifen jährlich 1,50 Kronen,

b) mit anderen Gummireifen jährlich 2 Kronen;

2. für Motorwagen, welche als Treibstoff hauptsächlich Stoffe benützen, welche nicht abgabepflichtig sind:

a) mit Luftgummireifen jährlich 6 Kronen,

b) mit anderen Gummireifen 8 Kronen.

2. Reifensteuer.

Nach denselben gesetzlichen Vorschriften wird von allen Gummireifen (Mänteln, Schläuchen und Vollgummireifen), welche eingeführt oder im Inland erzeugt werden, eine Gebühr von 3 Kronen für das Kilogramm eingehoben.

3. Benzinsteuer.

Benzin sowie Gemenge mit Benzin, welche als Treibstoff verwendet werden, unterliegen nach der kgl. Verordnung vom 21. Juni 1935 einer Abgabe von 10 Öre für den Liter.

II. Die Kraftwagenluxussteuer.

Außerdem wird noch auf Grund des provisorischen Gesetzes vom 18. Juli 1917, abgeändert durch die Gesetze vom 29. Juni 1920, 27. Juni 1924, 25. Juni 1926, 6. Juni 1930, 8. Mai 1931 und 8. Juni 1934, betreffend die Besteuerung der Kraftwagen und Luxusfahrzeuge sowie gewisser Schaustellungen, eine jährliche Kraftwagensteuer als Luxussteuer vom Werte eingehoben, wobei nach § 3 des Gesetzes als Wert der Einkaufspreis des Wagens angenommen wird. Dieser wird alljährlich um 10% vermindert, bis er $^{2}/_{10}$ des ursprünglichen Wertes erreicht hat. Ist dies geschehen, ist die Steuer weiterhin von diesen $^{2}/_{10}$ des Wertes einzuheben. Die Höhe der Abgabe wird gleichfalls für jedes Budgetjahr vom Storthing festgesetzt. Für das Budgetjahr 1935/36, das ist vom 1. Juli 1935 bis 30. Juni 1936, beträgt die Steuer auf Grund der kgl. Verordnung vom 24. Mai 1935 (L. T., S. 522):

2% für die ersten 4000 Kronen oder einen Teil hievon vom Werte,

4% für die nächsten 3000 Kronen vom Werte oder einen Teil hievon,

6% für die nächsten 3000 Kronen vom Werte oder einen Teil hievon,

10% für die nächsten 3000 Kronen vom Werte oder einen Teil hievon,

15% für übersteigende Wertbeträge.

Nach der Novelle vom 8. Juni 1934 (L. T., S. 423) wird diese Luxussteuer nur von privaten Personenkraftwagen und Motorrädern eingehoben. Von dieser Steuer sind jedoch Personenkraftwagen, welche im Linienverkehr stehen, sowie Kraftwagendroschken ausgenommen.

III. Benzinzoll.

Ein Benzinzoll besteht in Norwegen nicht.

12. Polen.

A. Verkehrsvorschriften.

I. Die gesetzlichen Grundlagen.

In Polen bilden die nachstehenden Gesetze und Verordnungen die gesetzlichen Grundlagen für den Kraftwagenverkehr:

I. Das Gesetz über die gewerbsmäßige Beförderung von Personen und Lasten mit Kraftfahrzeugen vom 14. März 1932 (Dziennik Ustaw 32/336/1932), abgeändert durch Verordnung des Präsidenten vom 27. Oktober 1933 (D. U. 84/619/33);

II. Die Verordnung des Verkehrsministers über die Durchführung des Gesetzes über die gewerbsmäßige Beförderung von Personen und Lasten mit Kraftfahrzeugen vom 6. Juli 1932 (D. U. 95/821/32);

III. Die Verordnung des Verkehrsministers und des Innenministers vom 13. August 1932 mit Vollzugsanweisungen über die Beförderung von Personen, Reisegepäck und Gütern (D. U. 104/868/32);

IV. Die Verordnung des Verkehrsministers und des Innenministers vom 15. Jänner 1933 (D. U. 9/55/33) über den Verkehr von Kraftfahrzeugen auf öffentlichen Straßen;

V. Das Gesetz vom 22. März 1933 über die Erteilung von Konzessionen für die öffentliche Personenbeförderung mit Kraftfahrzeugen in Stadtgemeinden (D. U. 32/273/33), abgeändert durch die Verordnung vom 27. Oktober 1933 (D. U. 84/619/33) und vom 6. April 1935 (D. U. 29/226/35).

II. Die Behörden.

Mit dem Vollzuge der gesetzlichen Vorschriften über den Kraftwagenverkehr sind die Woiwodschaften und der Innenminister betraut. Außerdem wird nach § 40 der Verordnung vom 6. Juli 1932 beim Verkehrsministerium eine Kommission für Kraftwagenbeförderungen als beratendes Organ eingesetzt, welche aus einem Vertreter der Minister für Inneres, Heerwesen, Industrie und Handel, Verkehr, Äußeres, für Post und Telegraphen, ferner aus den Vertretern der Zentralverbände der territorialen Selbstverwaltung, der wirtschaftlichen Selbstverwaltungskörper und aus den vom Verkehrsminister berufenen Vertretern der Transportunternehmen und der Kraftwagenfabrikanten zusammengesetzt ist.

III. Konzessionspflicht.

Für die gewerbsmäßige Beförderung von Personen und Gütern mit Kraftfahrzeugen auf öffentlichen Straßen außerhalb des Gebietes einer Gemeinde ist eine Bewilligung (Konzession) erforderlich (Art. 1, Punkt 2 des Gesetzes). Die Konzession kann für die Beförderung von Personen oder Gütern auf einer oder mehreren Linien, für ein ganzes Liniennetz oder für die Beförderung von Waren in bestimmten Richtungen oder bestimmten Gebieten erteilt werden. Sie kann dem Inhaber auch ein ausschließliches Beförderungsrecht gewähren, falls er gewisse Verpflichtungen, so z. B. die Straßenerhaltung, auf sich nimmt (Art. 2). Die Konzessionen erteilt im allgemeinen der Woiwode, doch kann sich der Verkehrsminister für bestimmte Fälle die Erteilung der Bewilligung vorbehalten (Art. 4). Die Konzession ist nur dann zu erteilen, wenn der Verkehr zweckmäßig und vom Standpunkt der allgemeinen Verkehrspolitik gebilligt werden kann. Vor Erteilung ist das Gutachten der zuständigen Handelskammer sowie der Bahn-, Post- und Militärbehörde einzuholen (§ 39 der Verordnung vom 6. Juli 1932).

Der Konzession unterliegt der erwerbsmäßige Transport, wenn der ganze Wagen für einen bestimmten Transport gemietet wird, nicht. Die Post ist von der Pflicht, um Konzession anzusuchen, auf Grund des Art. 6 des Gesetzes vom 3. Juni 1924 über die Post, den Telegraphen und das Telephon (D. U. 12/57/31) befreit. Ebenso können die polnischen Staatsbahnen im Rahmen der ihnen im § 59, Punkt 2, des Regulativs für die Beförderung von Personen, Gepäck und Expreßsendungen auf Eisenbahnen und im § 1, Punkt 5, § 14, Punkt 2, und § 16, Teil V, des Regulativs über die Beförderung von Gütern (D. U. 89/783/28) gewährten Berechtigungen, Kraftwagenfahrten ohne Konzession durchführen.

1. Dauer der Konzession.

Die Konzession kann für den Personen- und Güterverkehr im allgemeinen für nicht länger als acht Jahre erteilt werden.

Nur für Konzessionen mit Ausschließlichkeitsrecht kann sie für mehr als acht Jahre bewilligt werden.

Die im Gesetz vorgesehenen Vorschriften sind für den Personen- und Güterverkehr nicht vollständig gleich. Es werden vorerst die wichtigsten für den Personenverkehr geltenden Bestimmungen besprochen.

2. Personenverkehr.

a) Zahl der Fahrzeuge.

Der Unternehmer kann den Betrieb nur mit der ihm in der Konzession bewilligten Wagenanzahl und nur mit den daselbst angegebenen Wagentypen führen (§ 8 der Verordnung vom 6. Juli 1932).

b) Fahrplan.

Der Konzessionär ist verpflichtet, die genehmigten Fahrpläne einzuhalten. Diese müssen den öffentlichen Interessen und den Bedürfnissen der Gesamtbevölkerung entsprechen und den anderen regelmäßigen Verkehrsmitteln angepaßt sein (§ 24 der Verordnung vom 6. Juli 1932).

c) Postbeförderung.

Die Unternehmer von Postkraftwagenlinien haben gegen eine angemessene Entschädigung die Post und einen Postbegleiter zu befördern (§ 24 der Verordnung vom 6. Juli 1932).

d) Verkehrsstatistik.

Der Unternehmer hat eine Verkehrsstatistik auszuarbeiten, in welcher die Zahl der Fahrten sowie der beförderten Personen enthalten sind, und dieselbe zur Verfügung der Behörden zu halten (§ 28 der Verordnung vom 6. Juli 1932).

e) Haftung und Versicherung.

Zur Sicherstellung der sich aus dem Titel der Haftung für Unfälle und Schäden ergebenden Ansprüche hat der Konzessionär eine Sicherstellung im Ausmaße von 1500 Złoty für jeden Sitz der im Betriebe stehenden Wagen zu erlegen. Der Kautionserlag entfällt jedoch, falls der Unternehmer eine Haftpflichtversicherung abschließt, wobei die Haftsumme für die Beschädigung einer Person wenigstens 10.000 Złoty und für die mehrerer Personen wenigstens 30.000 Złoty zu betragen hat. Für die Beschädigung fremden Eigentums hat die Versicherungssumme mindestens 2000 Złoty zu betragen (§ 20 der Verordnung vom 6. Juli 1932).

3. Güterbeförderung.

a) Zahl der Fahrzeuge.

Auch bei der Güterbeförderung darf der Unternehmer nur die in der Konzession angegebene Wagenzahl und -typen verwenden (§ 32 der Verordnung vom 6. Juli 1932).

b) Tarif und Fahrplan.

Der Unternehmer hat nach § 33 der Verordnung vom 6. Juli 1932 der Konzessionsbehörde die Tarife für die Warenbeförderung sowie die Fahrpläne zur Genehmigung vorzulegen und die genehmigten Fahrpläne einzuhalten.

c) Ausstellung von Frachturkunden.

Der § 34 der vorgenannten Verordnung verpflichtet den Konzessionär weiters zur Ausstellung von Frachturkunden und zur Führung von Beförderungsbüchern.

d) Statistik des Güterverkehres.

Außerdem hat der Unternehmer eine Statistik des Güterverkehres zu führen, in welcher die Zahl der Fahrten, die Art der beförderten Güter und ihr Gewicht angegeben sein muß. Diese Statistik ist der Konzessionsbehörde zur Verfügung zu stellen.

e) Geschwindigkeit.

Die Vorschriften über die zulässige Höchstgeschwindigkeit für Kraftwagen finden sich im § 36 der Verordnung des Verkehrs- und des Innenministers vom 15. Jänner 1933 (D. U. 9/55/33) über den Verkehr von Kraftfahrzeugen auf öffentlichen Straßen. Die Höchstgeschwindigkeit darf danach bei Autobussen mit Vollgummireifen 40 km, mit Luftgummireifen 60 km in der Stunde nicht überschreiten. Andere Kraftwagen, deren Gewicht samt der Ladung 3500 kg überschreitet, dürfen mit Vollgummireifen nicht schneller als 40 km und mit Luftgummireifen nicht schneller als 60 km in der Stunde fahren.

III. Maßnahmen zur Regelung des Wettbewerbes „Eisenbahn—Kraftwagen“.

Die polnischen Bahnen, die schon seit langer Zeit energische Maßnahmen gegen die Abwanderung hochwertiger Güter von der Schiene auf die Straße erwägen, haben vom 1. Mai 1933 einen besonderen Ausnahmstarif eingeführt, der für Spediteure, die sich besonders dem Verkehr auf der Eisenbahn widmen, besondere Rückvergütungen vorsieht. Es handelt sich um den Ausnahmstarif R 1, unter den sowohl Stückgutsendungen der Stückgutklasse I wie Wagenladungen der Klassen 1 bis 10 fallen. Der Tarif bestimmt genau diejenigen Verkehrsbeziehungen, in denen die Spediteure mit Rückvergütungen rechnen können, wenn sie innerhalb einer bestimmten Zeit Mindestmengen verfrachten. Es handelt sich bei diesen Verkehrsbeziehungen vor allem um die Verbindung größerer Plätze, für welche der Kraftwagenwettbewerb besonders aktuell ist. Die Verkehrsbeziehungen sind in drei Gruppen derart eingeteilt, daß unter die Gruppe A die wichtigsten Verbindungen (z. B. Warschau bis Kattowitz, Warschau—Lodz, Warschau—Wilna, Warschau bis Posen, Warschau—Krakau, Warschau—Czenstochau) fallen. Zur Gruppe B gehören die Verkehrsbeziehungen mittlerer Verkehrsstärke, z. B. Bialystok—Warschau, Czenstochau—Lodz, Krakau bis Posen, Lodz—Bialystok, Wilna—Grodno usw., zur Gruppe C gehören die Verkehrsbeziehungen geringen Verkehrsaufkommens. Die Frachtberechnung erfolgt zunächst normal. Die Spediteure erhalten für Güter der Stückgutklasse I und für Güter der Wagenklassen 1 bis 6 eine Rückvergütung von 10%, für Güter der Wagenklassen 7 bis 10 eine Rückvergütung von 5%. Diese Rückvergütungen sind aber gebunden an die Auflieferung folgender Mindestmengen: Es müssen in Verkehrsbeziehungen der Gruppe A 120 t im Vierteljahr oder 240 t im Halbjahr, in Verkehrsbeziehungen der Gruppe B 90 t im Vierteljahr oder 180 t im Halbjahr, und in Verkehrsbeziehungen der Gruppe C 60 t im Vierteljahr und 120 t im Halbjahr aufgebracht werden. Eine Erhöhung der Rückvergütung um jeweils 1% tritt ein, wenn über die obengenannten Mindestmengen hinaus in Verkehrsbeziehungen der Gruppe A jeweils mindestens volle 15 t vierteljährlich oder 30 t halbjährlich, in Verkehrsbeziehungen der Gruppe B jeweils mindestens 10 t vierteljährlich oder 20 t halbjährlich, in Verkehrsbeziehungen der Gruppe C jeweils 5 t vierteljährlich oder 10 t halbjährlich aufgebracht werden. Die höchsterreichbare Rückvergütung beträgt jedoch bei Gütern der Stückgutklasse I 20%, bei Gütern der Wagenklassen 1 bis 6 25%, bei Gütern der Wagenklassen 7 und 8 15% und bei Gütern der Wagenklassen 9 und 10 10%.

Die Sendungen können einheitliches Gut enthalten oder aus Gütern verschiedener Tarifklassen bestehen; jedoch werden für die Mindestmenge und die Rückvergütung nur Güter der Wagenklassen 1 bis 10 und der Stückgutklasse I gerechnet. Das gegenseitige Verhältnis der Gütermengen der einzelnen Klassen, aus denen sich die Mindestmengen zusammensetzen, können beliebig sein und beeinflußt nicht die Anwendung der Rückvergütung für das Gut der jeweiligen Klasse. Die Rückvergütung wird nicht für Güter gewährt, für die bereits Ausnahmetarife oder sonstige Ermäßigungen bestehen.[1])

B. Besteuerung der Kraftwagen und des Kraftwagenverkehres.

I. Konzessionsgebühr.

Nach § 41 der Verordnung vom 6. Juli 1932 sind die nachstehenden Gebühren bei der Erteilung einer Konzession einzuheben:

1. für die Konzessionierung einer Personen-Kraftlinie Zł. 0,50 für jeden Kilometer der Linie, mindestens aber Zł. 50,—;

2. für die Konzessionierung zur Güterbeförderung auf einer Linie oder mehreren Linien oder einem Liniennetze ist die unter 1. bezeichnete Gebühr einzuheben. Wird die Konzession für ein bestimmtes Gebiet oder für bestimmte Verkehrseinrichtungen verliehen, beträgt die Gebühr für das Gebiet innerhalb der Grenzen einer Woiwodschaft Zł. 50,— für die Tonne Tragfähigkeit des Fahrzeuges. Umfaßt das Verkehrsgebiet teilweise auch eine benachbarte Woiwodschaft, so wird noch ein Zuschlag von 25% eingehoben.

Bei Konzessionen mit Ausschließlichkeitsrecht werden die doppelten Gebühren eingehoben.

II. Kraftwagenabgabe.

Auf Grund des Art. 6 des Gesetzes über den Staats-Straßenfonds vom 3. Februar 1931 in der Fassung der Verordnung

---

[1]) Aus der „Zeitung des Vereines Mitteleuropäischer Eisenbahnverwaltungen“ 1933, Seite 531.

vom 13. Mai 1933 (D. U. 45/352/33) unterliegen die Kraftfahrzeuge einer Jahresabgabe zugunsten des Straßenfonds im nachstehenden Ausmaße:

1. Personenkraftwagen für 100 kg des Eigengewichtes Zł. 15,—;

2. Lastkraftwagen und Traktoren nicht zur gewerbsmäßigen Beförderung, für 100 kg Eigengewicht Zł. 20,—;

3. Lastkraftwagen und Traktoren für die gewerbsmäßige Beförderung, für 100 kg des Eigengewichtes Zł. 35,—.

Bei Kraftwagen mit Vollgummireifen erhöht sich die Gebühr um 25%.

III. Benzinzoll.

Der Benzinzoll beträgt nach Nr. 200, Punkt 1, des gegenwärtig geltenden Zolltarifes Zł. 50,— für 100 kg, wozu noch 10% als Manipulationsgebühr kommen.

13. Portugal.

A. Verkehrsvorschriften.

I. Die gesetzlichen Grundlagen.

In Portugal bilden die nachstehenden Verordnungsgesetze die gesetzliche Grundlage für den Kraftwagenverkehr:

1. das Verordnungsgesetz Nr. 23.948 über die Organisation der Verkehrsdienste vom 1. Juni 1934;
2. das Verordnungsgesetz betreffend Kraftwagenverkehrsordnung Nr. 23.499 vom 24. Jänner 1934;
3. das Verordnungsgesetz Nr. 23.553 vom 6. Februar 1934 über die Kraftwagenführer;
4. das Verordnungsgesetz Nr. 22.601 vom 30. Mai 1933 über die Kraftwagengebühren;
5. das Verordnungsgesetz Nr. 23.498 vom 24. Jänner 1934 über die Beförderungssteuer.

II. Die Behörden.

Die Organisation der Verkehrsdienste ist durch das Verordnungsgesetz Nr. 23.948 geregelt. Nach Art. 1 dieses Gesetzes unterstehen die Verkehrsdienste dem Ministerium für öffentliche Arbeiten und Verkehr. Portugal ohne Kolonien, jedoch mit den anliegenden Inseln, zerfällt in die nachstehenden fünf Verkehrsbezirke: 1. den Nordbezirk mit dem Sitze in Porto, 2. den Zentralbezirk mit dem Sitze in Coimbra, 3. den Südbezirk mit dem Sitze in Lissabon, 4. den Bezirk der Azoren mit dem Sitze in Ponta Delgada und 5. den Bezirk von Madeira mit dem Sitze in Funchal.

Nach Art. 3 des Verordnungsgesetzes bestehen für die Verkehrsdienste die nachstehenden Behörden:

1. der Oberste Verkehrsrat,
2. die Verwaltungskommission der Verkehrsdienste,

3. die Generaldirektion der Verkehrsdienste,
4. der Bezirk der Azoren und der Bezirk von Madeira.

1. Der Oberste Verkehrsrat.

Präsident des Obersten Verkehrsrates ist der Präsident des autonomen Straßenausschusses, Vizepräsident der Generaldirektor der Verkehrsdienste. Außerdem gehören diesem Rate die nachstehenden Mitglieder an:

a) ein Ingenieur, Direktor des Baudienstes des autonomen Straßenausschusses,

b) ein Ingenieur als Vertreter der General-Eisenbahndirektion,

c) ein Vertreter der Verkehrstruppeninspektion,

d) der Kommandant der Verkehrspolizei von Lissabon,

e) ein Vertreter des Automobilklubs von Portugal,

f) zwei Vertreter der Eisenbahnunternehmungen, einer für die Normalspur-, einer für die Schmalspurbahnen,

g) zwei Vertreter der Konzessionäre für Linienkraftfahrten, einer für den Norden und einer für den Süden,

h) zwei mit dem Kraftfahrwesen besonders vertraute, vom Ministerium zu bestellende Maschineningenieure (Art. 4).

Der Oberste Verkehrsrat tritt in der Regel einmal im Monate, sonst über Verlangen des Ministers für öffentliche Arbeiten und Verkehr oder über Einberufung seines Präsidenten zusammen.

Die Aufgaben des Obersten Verkehrsrates sind im Art. 7 des Verordnungsgesetzes umschrieben. Ihm obliegt darnach:

1. die Erstattung von Gutachten über gesetzliche Verfügungen hinsichtlich der Verkehrsdienste,

2. die Erstattung von Vorschlägen an den Minister für öffentliche Arbeiten und Verkehr hinsichtlich des Studiums und der Lösung von Verkehrsfragen,

3. die Erstattung von Gutachten bei Erteilung von Konzessionen für den Linienverkehr und der Einteilung dieser Linien,

4. die Erstattung von Gutachten über Anträge hinsichtlich des Betriebes von Kraftwagenlinien und ihrer Tarife,

5. die Entscheidung der ihm vom Minister zugewiesenen Rekurse,

6. die Erstattung von Gutachten über Verfügungen der Gemeinden hinsichtlich der Benützung öffentlicher Straßen, nachdem die Generaldirektion hiezu Stellung genommen hat, um

die Gleichartigkeit der Verkehrsvorschriften unter Berücksichtigung des einzelnen Falles zu sichern,

7. die Erstattung von Gutachten über Verkehrsfragen, welche ihm vom Ministerium vorgelegt werden.

2. Verwaltungskommission der Verkehrsdienste.

Die Verwaltungskommission der Verkehrsdienste besteht nach Art. 5 aus dem Generaldirektor der Verkehrsdienste als Präsidenten, dem Direktor der 8. Abteilung des Obersten Rechnungshofes als Mitglied von Amts wegen und einem alljährlich vom Obersten Verkehrsrate bestellten Mitglied als Sekretär:

Die Verwaltungskommission hat die nachstehenden Aufgaben:

1. die Verwaltung der ihr anvertrauten Fonds und Gelder,
2. die Einziehung der der Generaldirektion zustehenden Gebühren und Abfuhr derselben an die Staatskasse,
3. die Ermächtigung zur Anweisung von Zahlungen bis zum Betrage von 20.000 Eskudos,
4. die Aufstellung des Voranschlages der Generaldirektion der Verkehrsdienste,
5. Abfassung eines Jahresberichtes (Art. 8).

3. Generaldirektion der Verkehrsdienste.

Die Generaldirektion besteht aus einer Zentraldirektion für die drei Bezirke des Festlandes und des Straßenpolizeikorps (Art. 6).

Dem Generaldirektor stehen nach Art. 9 die nachstehenden Befugnisse zu:

1. die oberste Leitung der Generaldirektion unter Aufsicht des Ministers für öffentliche Arbeiten und Verkehr, sowie Durchführung der Beschlüsse der Verwaltungskommission,
2. die Erteilung von Weisungen an die Bezirke der Azoren und von Madeira, zur Erzielung einer Gleichförmigkeit in der Geschäftsführung mit den Festlandsbezirken,
3. die Vorlage der einer höheren Entscheidung bedürftigen Geschäftsstücke an den Minister und die Erstattung von Vorschlägen zur Verbesserung des Verkehrswesens,
4. die Erforschung von Fragen, welche die Kraftwagenindustrie betreffen, und die Erstattung von Vorschlägen zu ihrer Förderung,
5. die Überwachung der genauen Durchführung der Verkehrsgesetze,
6. die Erstellung eines Katasters der Kraftwagen und der

Kraftwagenführer sowie Verfassung einer Statistik der Verkehrsunfälle,

7. Erhebungen über alle Anträge von Bewilligungen von Linienkonzessionen zur Vorlage derselben zur Begutachtung durch den Obersten Verkehrsrat sowie die Ausstellung der Linienfahrtenkonzessionen,

8. die Überprüfung der Errichtung von Kraftwagenlinien vom technischen und kaufmännischen Standpunkte,

9. die Aufträge zur außerordentlichen Prüfung der Kraftwagen, insbesondere der für den Linienverkehr an die Bezirke,

10. in Vertretung des Ministeriums bei allen in die Zuständigkeit desselben fallenden Verträgen zu intervenieren,

11. Gehaltsfragen mit der Verwaltungskommission zu behandeln und dem Ministerium vorzulegen,

12. die monatliche Vorlage der Verzeichnisse der Kraftwagen und Kraftwagenführer an die Inspektion der Verkehrstruppe,

13. die Vorlage der alljährlichen Berichte über die Geschäftsführung an die Generaldirektion.

III. Die Arten des Kraftwagenverkehres.

Die Bestimmungen über den Kraftwagenverkehr sind in der mit Verordnungsgesetz Nr. 23.499 erlassenen Kraftwagenverkehrsordnung (Regulamento especial de transportes em automoveeis pesados) enthalten.

Nach dieser Kraftwagenverkehrsordnung zerfällt der Kraftwagenverkehr:

1. in den Privatverkehr (transportes particulares),
2. in den öffentlichen Verkehr (transportes publices).

1. Der Privatverkehr.

Unter Privatverkehr sind alle jene Kraftwagenfahrten zu verstehen, welche nur der Besitzer des Kraftwagens zur Beförderung seiner Person, seiner Familie und seiner Güter vornimmt. Unter diesen Verkehr fällt daher auch der Werkverkehr. Der Privatverkehr unterliegt keiner Beschränkung.

2. Der öffentliche Verkehr.

Der öffentliche Verkehr zerfällt wieder:

1. in den Lohnkraftwagenverkehr mit Personen und Gütern (transportes de aluguer) und
2. in den Linienverkehr (transportes colectives).

3. Der Lohnkraftwagenverkehr.

Der Lohnkraftwagenverkehr für Personen unterliegt keinem Konzessionsverfahren. Der Verkehr auf Strecken, auf welchen bereits konzessionierte Linienfahrten bestehen, ist jedoch den Konzessionären dieser Linien vorbehalten (Art. 3, § 2).

Für den Lohnkraftwagenverkehr mit Gütern sind außer den gewöhnlichen Kraftwagengebühren, von denen unter B „Besteuerung der Kraftwagen und des Kraftwagenverkehres" die Rede sein wird, noch besondere Lizenzgebühren zu entrichten, welche beim Lohnkraftwagenverkehr mit Gütern auf Strecken über 100 km 200 Eskudos im Jahre betragen. Für die im Rollfuhrdienst verwendeten Wagen ist eine Jahresgebühr für den Wagen von 1000 Eskudos und für die zur Beförderung von Obst, Gemüse und Marktwaren verwendeten Wagen eine Jahresgebühr von 1000 Eskudos für den Wagen zu entrichten (Art. 5, § 1).

4. Der Linienverkehr.

Über den Linienverkehr finden sich im II. Kapitel der Kraftwagenverkehrsordnung genaue, ins einzelne gehende Vorschriften.

Der Linienverkehr zerfällt danach:

1. in den regelmäßigen,
2. in den fallweisen Verkehr.

Der regelmäßige Verkehr erfolgt auf einer bestimmten Strecke in regelmäßigen Zeitabständen, der fallweise Verkehr entweder zwischen Orten, welche vom regelmäßigen Verkehr nicht berührt werden oder zwischen von diesem Verkehr berührten und hiervon nicht berührten Orten oder ausnahmsweise auch zwischen vom regelmäßigen Verkehr berührten Orten als Verkehrsergänzung.

Einteilung des regelmäßigen Linienverkehres.

Der regelmäßige Linienverkehr zerfällt in:

1. den die Eisenbahn nicht berührenden Verkehr (carreiras independentes),
2. den auf die Eisenbahn einwirkenden Verkehr (carreiras interferentes).

Als die Eisenbahn nicht berührender Linienverkehr ist jener anzusehen, welcher auf den Eisenbahnverkehr keinerlei Wirkung ausübt, da er eine Verbindung zwischen Orten herstellt, welche von der Eisenbahn nicht bedient werden, oder wenn sie bedient werden, die Kraftfahrlinien wegen ihrer Geringfügigkeit keinen Einfluß auf den Eisenbahnverkehr ausüben (Art. 11, § 1).

Als auf die Eisenbahn einwirkender Verkehr wird jener angesehen, welcher auf den Betrieb der Eisenbahn wirtschaftlich und kaufmännisch einwirkt und entweder einen Wettbewerb oder eine Unterstützung der Eisenbahn gegenüber darstellt (Art. 11, § 2).

Hierbei werden Kraftfahrlinien, welche außerhalb einer Zone von 20 km, und zwar 10 km nach jeder Seite von einer Eisenbahnlinie entfernt liegen, als nicht die Eisenbahn berührende Linien angesehen (Art. 12). Linien jedoch, deren Länge mehr als 100 km beträgt, sind stets als auf die Eisenbahn einwirkend anzusehen, sofern nicht von der Generaldirektion festgestellt wird, daß sie auf die Eisenbahn nicht einwirken (Art. 13).

Einteilung der auf den Eisenbahnverkehr einwirkenden Linien.

Die auf die Eisenbahn einwirkenden Kraftfahrlinien zerfallen in:

1. Zubringerlinien (carreiras afluentes),
2. Ergänzungslinien (carreiras complementares),
3. Wettbewerbslinien (carreiras concorrentes) (Art. 14).

Zubringerlinien sind jene, welche von von der Eisenbahn nicht bedienten Orten zur nächsten Eisenbahnstation mit vollem Dienst laufen und so durch die Zubringung von Fahrgästen und Gütern zur Eisenbahn, welche mit diesen Linien auch einen kombinierten Dienst einrichten kann, eine unterstützende Wirkung auf die Bahn ausüben (Art. 15).

Als Ergänzungslinien sind jene Kraftfahrlinien anzusehen, welche von einer Eisenbahn entweder selbst betrieben werden oder durch Abschluß eines Vertrages mit einer Kraftwagengesellschaft eingerichtet werden und den Personen- und Güterdienst auf Strecken zu sichern haben, auf denen der Bahnverkehr entweder ganz eingestellt oder um mindestens 20% der bisher laufenden Züge eingeschränkt wurde (Art. 16).

Als Wettbewerbslinien sind jene anzusehen, welche von der Eisenbahn direkt bediente Orte verbinden, sofern nicht die Eisenbahnstrecke nicht wenigstens doppelt so lang als die betreffende Kraftfahrlinie ist, sowie Kraftfahrlinien, welche Orte verbinden, die nicht direkt von der Eisenbahn bedient werden, wenn ihr Verkehr über den Eisenbahnverkehr hinausgeht (Art. 17).

IV. Allgemeine Verkehrsvorschriften.

Die allgemeinen Vorschriften für den Verkehr auf Straßen sind im Straßengesetzbuche (Verordnung Nr. 18.406 vom 31. Mai 1930) enthalten. Außerdem enthält darüber die Kraftwagenverkehrsordnung die nachstehenden Bestimmungen. Nach Art. 52 derselben dürfen die Kraftwagen nicht breiter als 2,25 m und nicht höher als 3,50 m sein. Die größte Geschwindigkeit der im Linienverkehr verwendeten Wagen darf nach Art. 39 nicht größer als 50 km in der Stunde, die Durchschnittsgeschwindigkeit nicht größer als 30 km sein.

V. Allgemeine Vorschriften für den Betrieb von Kraftfahrlinien.

1. Konzession.

Der Betrieb von Kraftfahrlinien unterliegt einer Konzession. Für die Verleihung der Konzession ist das Ministerium für öffentliche Arbeiten und Verkehr zuständig. Die Konzessionen haben im allgemeinen eine Dauer von fünf Jahren und können verlängert werden. Die Konzessionäre unterwerfen sich den nachstehenden Verpflichtungen:

1. Ihre im Betriebe stehenden Kraftwagen haben den Anforderungen des Straßengesetzbuches zu entsprechen. Die Fahrer müssen den an sie durch die Kraftfahrordnung gestellten Anforderungen Genüge leisten (Art. 24, § 1).

2. Die Konzessionäre haben zwecks Sicherung der Aufrechthaltung des Dienstes eine Sicherheit zu erlegen, welche verfällt, wenn der Dienst vor Ablauf der Konzession eingestellt wird. Die Höhe dieser Sicherheit beträgt 50 Eskudos für jeden Kilometer der Linie und kann nicht geringer als 1000 Eskudos sein.

3. Die Konzessionäre haben sich zu verpflichten, die von der Generaldirektion genehmigten Fahrpläne und Fahrpreise einzuhalten (Art. 24, Punkt 3).

2. Fahrpläne.

Hinsichtlich der Fahrpläne enthält noch Art. 38 der Kraftwagenverkehrsordnung genaue Bestimmungen. Die Generaldirektion der Verkehrsdienste stellt darnach den Fahrplan fest, wobei der Zwischenraum zwischen den Abfahrten der Wagen verschiedenen Unternehmungen oder auch der gleichen Unternehmungen nicht geringer sein darf als

15 Minuten bei Strecken bis zu 20 km,
30 Minuten bei Strecken bis zu 50 km,
60 Minuten bei Strecken bis zu 100 km und
120 Minuten bei Strecken über 100 km.

Außer dem gewöhnlichen Fahrplan kann für Tage des gesteigerten Verkehres (Sonn- und Feiertage) ein besonderer Fahrplan bestehen. Auch dieser ist über Ansuchen der Unternehmung von der Generaldirektion der Verkehrsdienste zu genehmigen und hat die Tage zu bezeichnen, für welche er gilt. Bei Feststellung der Fahrpläne ist hinsichtlich der Geschwindigkeit auf den Zustand der Straßen und die Art der Wagen Rücksicht zu nehmen (Art. 39).

3. Tarife.

Hinsichtlich der Tarife bestehen für die verschiedenen Arten der Kraftfahrlinien verschiedene Bestimmungen; diese werden dort behandelt werden.

VI. Besondere Vorschriften für den Betrieb von Kraftfahrlinien.

Für die einzelnen Arten der regelmäßigen Kraftfahrlinien enthält Art. 18 der Kraftwagenverkehrsordnung besondere Vorschriften.

1. Vorschriften für den die Eisenbahn nicht berührenden Linienverkehr.

Hier bestehen die nachstehenden Vorschriften:

a) die Feststellung des Fahrplanes ist keiner Vorschrift unterworfen,

b) die Beförderungssteuer wird nur mit 50% eingehoben,

c) die Güterbeförderung ist gestattet,

d) der Mindestfahrpreis im Personenverkehr entspricht dem Fahrpreise 3. Klasse nach dem Generaltarif der Eisenbahn vermehrt um 10%,

e) der Höchstfahrpreis im Personenverkehr entspricht dem Fahrpreis 1. Klasse nach dem Generaltarif der Eisenbahn,

f) für den Güterverkehr wird ein Mindestfrachtsatz für die Tonne und Kilometer festgesetzt.

2. Vorschriften für die auf die Eisenbahn einwirkenden Kraftfahrlinien.

a) Zubringerlinien

bei kombiniertem Dienst mit der Eisenbahn:

1. Fahrplan unter Berücksichtigung des Bahnanschlusses,

2. die Beförderungssteuer wird nur mit 40% eingehoben,
3. die Güterbeförderung ist gestattet,
4. der Mindestfahrpreis im Personenverkehr entspricht dem Fahrpreis 3. Klasse nach dem Generaltarif der Eisenbahn vermehrt um 10%,
5. der Höchstfahrpreis im Personenverkehr entspricht dem Fahrpreis 1. Klasse nach dem Generaltarif der Eisenbahn,
6. für den Güterverkehr wird ein Mindestfrachtsatz für die Tonne und Kilometer festgesetzt;

falls mit der Eisenbahn kein kombinierter Dienst besteht:

1. die Feststellung des Fahrplanes ist keiner Vorschrift unterworfen,
2. die Beförderungssteuer wird mit 50% eingehoben,
3. die Güterbeförderung ist gestattet,
4. der Mindestfahrpreis im Personenverkehr entspricht dem Fahrpreise der 3. Klasse nach dem Generaltarif der Eisenbahn,
5. der Höchstfahrpreis im Personenverkehr entspricht dem Fahrpreise 1. Klasse nach dem Generaltarif der Eisenbahn,
6. für den Güterverkehr wird ein Mindestfrachtsatz für die Tonne und Kilometer festgesetzt.

b) Ergänzungslinien.

A. Autobuslinien

a) wenn dieselbe Strecke von Unternehmungen mit älterer Konzession bedient wird:

1. die Feststellung des Fahrplanes ist keiner Vorschrift unterworfen,
2. die Beförderungssteuer wird mit 40% eingehoben,
3. der Mindestfahrpreis darf nicht niederer als der bisher eingehobene sein,
4. der Höchstfahrpreis entspricht dem Fahrpreis 1. Klasse nach dem Generaltarife der Eisenbahn;

b) wenn keine ältere Konzession besteht:

1. Fahrpläne unter Berücksichtigung der Bahnanschlüsse,
2. die Beförderungssteuer wird mit 40% eingehoben,
3. Tariffreiheit, wobei jedoch die Tarife nicht niederer oder höherer sein dürfen als der Generaltarif der Eisenbahn, deren Verkehr die Kraftwagenlinien ergänzen.

c) Wettbewerbslinien.

1. die Feststellung des Fahrplanes ist keiner Vorschrift unterworfen,

2. die Beförderungssteuer ist voll zu entrichten,

3. Verbot der Güterbeförderung mit Ausnahme von kleinen Packstücken bis zum Gewichte von 15 kg, welche mit den Personenkraftwagenlinien bis zum Gesamtgewichte von 80 kg für jeden freien Sitzplatz befördert werden können,

4. der Mindestfahrpreis für die Person im Ausmaße des Fahrpreises der 3. Klasse des Generaltarifes der Eisenbahn vermehrt um 10%,

5. der Höchstfahrpreis entspricht dem Fahrpreis 1. Klasse nach dem Generaltarif der Eisenbahn.

Die Kraftwagenverkehrsordnung setzt vorläufig den Mindestfahrpreis für den Tarifkilometer im Personenverkehr mit 21 Eskudos, den Höchstfahrpreis mit 39 Eskudos auf dem Festlande und mit 70 Eskudos auf den Inseln für den Kilometer fest (Art. 18, IV, § 2).

Der Mindesttarif für Gütertransporte wird vorläufig für bei den die Eisenbahn nicht berührenden Linien und Zubringerlinien mit Eskudos 1,25 und der Höchsttarif mit Eskudos 2,50 festgesetzt (Art. 18, IV, § 4).

d) Allfällige Linienfahrten.

Die allfälligen Linienfahrten können nach Art. 20 an Sonn- und Feiertagen stattfinden. Bei solchen Fahrten ist die ganze Beförderungssteuer zu entrichten und dürfen Güter nicht befördert werden.

B. Die Besteuerung der Kraftwagen und des Kraftwagenverkehres.

1. Taxen.

Die Kraftwagen und Kraftwagenbetriebe unterliegen auf Grund des Art. 130 des Straßengesetzbuches (Verordnung Nr. 18.406 vom 31. Mai 1930, abgeändert durch das Verordnungsgesetz Nr. 22.601 vom 30. Mai 1933) den nachstehenden Gebühren:

Register, 1. Überprüfung und Verkehrsbuch . . .	leichte Kraftwagen . . .	60	Eskudos
	schwere Kraftwagen . .	60	„
	Krafträder	35	„
Eigentumsübertragung . .	leichte Kraftwagen . . .	50	„
	schwere Kraftwagen . .	50	„
	Krafträder	30	„
Probefahrtentafel (Jahreslizenz)		250	„
Lizenzen für regelmäßige Kraftfahrlinien		100	„

2. Beförderungssteuer.

Der Kraftwagenverkehr unterliegt außerdem auf Grund der Gesetzesverordnung vom 24. Jänner 1934, Nr. 23.498, einer Beförderungssteuer (imposto de camionagem). Nach Art. 1 dieses Gesetzes ist diese Steuer für den Personen- und Güterverkehr zu entrichten.

Die Beförderungssteuer beträgt bei Personen-Kraftfahrten 4% des Produktes, welches sich ergibt aus der Multiplikation des Mindestfahrpreises für den Kilometer mit der Kilometerzahl der Strecke mit der Zahl der Fahrten im Monat und mit der halben Sitzzahl der verwendeten Wagen.

Bei Linienfahrten im Güterverkehr beträgt die Beförderungssteuer 4% des Produktes, welches sich ergibt aus der Multiplikation des Mindestfrachtsatzes für den Tonnenkilometer in Eskudos mit dem Ladegewichte der Wagen mit der Kilometerzahl der Strecke mit der Zahl der Fahrten im Monat, d. h. 4% vom Gesamterträgnis, wenn alle verwendeten Wagen bei voller Belastung die ganze Strecke zurückgelegt hätten.

Bei Ergänzungslinien wird zwecks Berechnung der Beförderungssteuer der Tonnenkilometersatz mit 1 Eskudo angenommen. Bei einzelnen Linien wird nur ein Teil der Steuer eingehoben.

3. Treibmittelzoll.

Der Benzinzoll beträgt nach Nr. 144 des portugiesischen Zolltarifes Eskudos 4,50 für je 100 kg.

14. Rumänien.

A. Verkehrsvorschriften.

I. Die gesetzlichen Grundlagen.

Die gesetzlichen Grundlagen für den Kraftwagenverkehr in Rumänien bilden die nachstehenden Gesetze und Verordnungen:

1. Das Gesetz vom 12. Juli 1930, Nr. 2624 über den Betrieb von öffentlichen Kraftwagendiensten (Monitorul Oficial Nr. 153), abgeändert durch das Gesetz vom 18. Oktober 1932, Nr. 3007 (M. O. Nr. 244);
2. die Verordnung des Ministers für Verkehr und öffentliche Arbeiten Nr. 36.573 mit dem Muster eines Lieferungsausschreibens für die Vergebung von öffentlichen Verkehrsdiensten für Personen- und Gepäcksbeförderung vom 6. Oktober 1930 (M. O. Nr. 232);
3. die Verordnung des Ministers für Verkehr und öffentliche Arbeiten vom 16. Juni 1931, Nr. 22.528, mit einem Mustervertrag für die Konzessionierung von öffentlichen Verkehrsunternehmungen für die Personen- und Gepäcksbeförderung (M. O. Nr. 145);
4. das Gesetz vom 25. Juli 1934, Nr. 2243, betreffend die Erteilung von ausschließlichen Konzessionen für Kraftwagenlinien an die Staatsbahnen (M. O. Nr. 169);
5. die Verordnung vom 27. August 1934, Nr. 1680, über den Vertrag mit den Staatsbahnen, betreffend die Erteilung der ausschließlichen Konzession für den Kraftwagenverkehr für Personen- und Güterbeförderung (M. O. Nr. 196);
6. das Gesetz vom 6. August 1929, Nr. 2756 (M. O. Nr. 172), über Straßen;
7. das Gesetz vom 22. Oktober 1929, Nr. 3423, über den Verkehr auf öffentlichen Straßen (M. O. Nr. 236);
8. die Verordnung vom 10. Jänner 1931, Nr. 3831, betreffend Durchführung des Gesetzes über den Verkehr auf öffentlichen Straßen (M. O. Nr. 8).

II. Behörden.

Die gesamten Agenden über den Kraftwagenverkehr sind in Rumänien dem Ministerium für öffentliche Arbeiten und Verkehr übertragen, welchem insbesondere die Organisierung des Kraftwagenverkehres zukommt (Gesetz vom 12. Juni 1930).

III. Kraftwagenmonopol.

Nach Art. 1 des Gesetzes vom 12. Juni 1930 bildet die Organisierung von öffentlichen Kraftwagendiensten auf den Straßen, und zwar zur Beförderung von Personen, Gepäck und Gütern ein Staatsmonopol. Unter dieses Monopol fällt nicht der Platzwagenverkehr innerhalb der Städte, wogegen der Autobusverkehr in den Städten ein Monopol der betreffenden Gemeinden bildet, welches sie entweder selbst betreiben oder verpachten können. Auch der Staat übt sein Monopol nicht aus, sondern verpachtet die einzelnen Kraftwagenlinien auf Grund einer öffentlichen Ausschreibung (Art. 3). Das Ministerium für öffentliche Arbeiten und Verkehr hat mit Verordnung vom 6. Oktober 1930 (M. O. Nr. 232) für diese Ausschreibungen eine Musterausschreibung sowie mit Verordnung vom 26. Juni 1931, Nr. 22.528 (M. O. Nr. 145), einen Mustervertrag festgesetzt.

In dem mit dem Unternehmer abzuschließenden Vertrage sind insbesondere zu bestimmen:

a) der Fahrpreis,
b) der Fahrplan,
c) die unentgeltliche Beförderung der Post,
d) das Verbot der Übertragung der Konzession ohne Bewilligung,
e) die Pachtsumme,
f) die Dauer der Verpachtung.

IV. Verpachtung der wichtigsten Kraftwagenlinien an die Staatsbahnen.

Bereits im Art. 3 des Gesetzes vom 12. Juli 1930, Nr. 2624 (M. O. Nr. 153), wurde den Staatsbahnen und der Post bei der Verpachtung von öffentlichen Kraftwagenlinien insoweit eine Vorzugstellung eingeräumt, als der Zuschlag an diese auch dann zu erfolgen hätte, wenn ihr Anbot um 5% schlechter war als das Privater. Durch Gesetz vom 25. Juli 1934, Nr. 2243 (M. O. Nr. 169), wurde nunmehr das Ministerium für öffentliche Arbeiten und Verkehr ermächtigt, der autonomen Staatseisenbahnverwaltung den ausschließlichen Betrieb des Personen-, Gepäck- und Güterverkehres auf bestimmten Linien, welche in dem zwischen dem Ministerium und der Bahnverwaltung abgeschlossenen Vertrage bezeichnet werden sollen, ohne öffentliches Ausschreiben zu übertragen. Der im Gesetze genannte Vertrag wurde am 27. August 1934 abgeschlossen und im Monitorul Oficial Nr. 196 vom 27. August 1934 kundgemacht. Nach diesem Vertrage sind nicht weniger als 155 Kraftwagenlinien den rumänischen Staatsbahnen zum Betriebe überlassen. Nach Art. 1 des Vertrages steht es den Staatsbahnen allein zu, auf diesen den Personen-, Gepäck- und Güterverkehr einzurichten. Der Vertrag wurde für 20 Jahre abgeschlossen. Sollte auf einer dieser Linien bereits ein Kraftwagenverkehr konzessioniert worden sein, so bleibt dieser bis zum Ablaufe der Konzession bzw. bis zur Auflösung des Vertrages aufrecht.

Das Ministerium ist jedoch auch weiterhin berechtigt, für Gemeinden, für welche kein öffentlicher Güterverkehrsdienst und kein Eisenbahnverkehr besteht und die weder an einer Eisenbahnlinie noch an Strecken liegen, für welche den Staatsbahnen die Konzession erteilt wurde, auf Strecken mit einer Länge von höchstens 30 km Güterdienste zu konzessionieren. Die Erteilung dieser Konzession erfolgt, selbst wenn sie teilweise mit den für die Eisenbahn konzessionierten Strecken zusammenfallen. In keinem Falle dürfen aber solche Dienste eine direkte oder indirekte Verbindung mit Orten haben, welche von der Eisenbahn mit Zügen, Motorwagen oder Kraftwagen bedient werden.

Konzessionen für die Personenbeförderung kann das Ministerium auf den vorgenannten Strecken nur dann bewilligen, wenn sich eine besondere Kommission mit Zweidrittelmehrheit für die Konzessionierung eines solchen Dienstes ausspricht.

Die Staatsbahnen haben für die Übertragung des Betriebes auf den ihnen ausschließlich zustehenden Linien an das Ministerium für öffentliche Arbeiten und Verkehr nachstehende Vergütung zu leisten:

a) Lei 0,10 für jeden Sitzplatz und jeden Fahrkilometer;
b) Lei 0,75 für jede Tonne und jeden Fahrkilometer.

Wird bei der Berechnung dieser Vergütung im Jahre nicht ein Mindestbetrag von 1500 Lei für den Kilometer erreicht, so hat die Eisenbahn diesen Mindestbetrag zu zahlen. Die Pflicht zur Leistung beginnt für alle Strecken, auf welchen keine anderen Konzessionen in Kraft stehen, vom Tage des Inkrafttretens des geschlossenen Vertrages.

Nach Art. 5 des Vertrages verpflichteten sich die Staatsbahnen, dem Ministerium auf Rechnung dieser Vergütungen einen Vorschuß von 350 Millionen Lei zu leisten. Die Amortisierung dieses Betrages hat derart zu erfolgen, daß die Staatsbahnen alljährlich von der zu leistenden Vergütung 17,5 Millionen Lei zurückbehalten. Gehen die Vergütungen über den Betrag von 17,5 Millionen Lei hinaus, so sind sie nach Art. 10 des Vertrages ausschließlich für Instandhaltungsarbeiten auf den von der Bahn betriebenen Kraftwagenlinien zu verwenden. Durch diesen Vertrag wurden private Unternehmer vom öffentlichen Personen- und Güterverkehr mittels Kraftwagens fast ganz ausgeschaltet und den Staatsbahnen ein Verkehrsmonopol eingeräumt, so daß von einem Wettbewerb zwischen Schiene und Straße nicht mehr gesprochen werden kann.

V. Allgemeine Verkehrsvorschriften.

1. Breite der Wagen.

Nach Art. 11 des Gesetzes über den Straßenverkehr vom 22. Oktober 1929, Nr. 3423 (M. O. Nr. 236), darf die Breite der Wagen, welche auf Straßen verkehren, 2,5 m nicht überschreiten.

2. Die Geschwindigkeit.

Die Geschwindigkeit der Wagen wurde im Straßenverkehrsgesetz nur für das Durchfahren von Ortschaften festgesetzt. Die Höchstgeschwindigkeit darf innerhalb der Ortschaften für Personenwagen 25 km (Art. 18) und für Güterwagen 12 km (Art. 43) nicht überschreiten.

3. Versicherungspflicht.

Personenkraftwagen müssen nach Art. 52 des Straßenverkehrsgesetzes bei einer inländischen Versicherungsgesellschaft haftpflichtversichert sein. Die Höhe der Versicherungssumme beträgt nach Art. 82 der kgl. Verordnung vom 10. Jänner 1931 (M. O. Nr. 8):

bei Personenwagen bis zu 5 Sitzen 250.000 Lei,

bei Personenwagen mit 5 bis 7 Sitzen 350.000 Lei,

bei Personenwagen mit 7 bis 15 Sitzen 750.000 Lei,

bei Personenwagen mit über 15 Sitzen 1,000.000 Lei,

bei Lastkraftwagen bis zu einer Nutzlast von 2000 kg 250.000 Lei,

bei Lastkraftwagen bis zu einer Nutzlast bis 5000 kg 350.000 Lei.

B. Die Besteuerung der Kraftwagen und des Kraftwagenverkehres.

I. Registriergebühren.

Nach Art. 19 der kgl. Verordnung vom 10. Jänner 1931, Nr. 3831 (M. O. Nr. 8/1931), unterliegen alle in Rumänien registrierten Kraftwagen einer besonderen Registriergebühr. Diese beträgt für alle Personenkraftwagen 500 Lei.

II. Betriebsbewilligungsgebühr.

Nach Art. 33 des Straßengesetzes vom 6. August 1929, Nr. 2756 (M. O. Nr. 172), ist für die Betriebsbewilligung von Kraftwagen eine Gebühr im nachstehenden Ausmaß zu entrichten:

für Personenkraftwagen bis zu 15 HP . . . . 1500 Lei,
für Personenkraftwagen über 15 HP . . . . . 2500 Lei,
für Lastkraftwagen bis zu 15 HP . . . . . . 3000 Lei,
für Lastkraftwagen über 15 HP . . . . . . 5000 Lei,
für Anhänger mit Gummibereifung . . . . . 1000 Lei,
für Anhänger mit Metallbereifung . . . . . 2000 Lei.

III. Kraftwagensteuer.

Nach Art. 1 des Gesetzes vom 1. Jänner 1929, Nr. 3259 (M. O. Nr. 1/1930), unterliegen die Eigentümer von Kraftwagen der nachstehenden Steuer:

für Kraftwagen bis zum Gewichte von 1000 kg 3000 Lei,
für Kraftwagen im Gewichte von 1000 bis 1200 kg 5000 Lei,
für Kraftwagen im Gewichte von 1200 bis 1500 kg 7000 Lei,
für Kraftwagen im Gewichte von mehr als 1500 kg 10.000 Lei.

Taxameterwagen, welche der Gemeindeabgabe unterliegen, sowie Lastkraftwagen, Kessel-Kraftwagen, Kehrwagen, Sprengwagen, Sanitätskraftwagen, ferner Traktoren und landwirtschaftliche Maschinen auf Kraftwagen unterliegen keiner Steuer.

IV. Steuer auf Kraftwagengummireifen.

Nach Art. 34, d, des Straßengesetzes unterliegen Radmäntel und Schläuche sowohl bei der Einfuhr als auch Erzeugung im Inlande einer Abgabe von 10% des Wertes.

V. Treibstoffsteuer.

Benzin und Mineralöl unterliegen auf Grund des Straßengesetzes vom 6. August 1929, Nr. 2756 (M. O. Nr. 172), gleichfalls der Besteuerung zum Zwecke der Straßenerhaltung. Die Steuer beträgt nach Art. 34 für 1 kg Benzin Lei 1,50, für 1 kg denaturiertes Benzin Lei 0,15, für 1 kg Motorin Lei 0,13, für 1 kg inländisches Mineralöl Lei 2,—, für 1 kg ausländisches Mineralöl Lei 4,—.

VI. Benzinzoll.

Benzin unterliegt gemäß Nr. 1010 des Zolltarifes einem Zoll von 140 Lei für 100 kg. Außerdem wird auf Grund der Novelle zum Luxus- und Umsatzsteuergesetze vom 31. März 1935 die Umsatzsteuer mit 3% von einem Durchschnittswerte von 1000 Lei pro 100 kg für Schwerbenzin und 1200 Lei pro 100 kg für Leichtbenzin, d. i. 30 bzw. 36 Lei für 100 kg, eingehoben. Nach dem gleichen Gesetze unterliegt Benzin außerdem einer Verbrauchssteuer wie folgt:

a) Gasolin und Benzin mit einer Dichte bis 0,785 kg Lei 6,50,
b) Motorin mit einer Dichte von 0,831 bis 0,785 kg Lei 1,50.

15. Schweden.

A. Verkehrsvorschriften.

I. Die gesetzlichen Grundlagen.

Der Verkehr mit Kraftwagen ist in Schweden durch die kgl. Verordnung vom 20. Juni 1930 (Svensk Författningssamling Nr. 284), die sogenannte Kraftfahrzeugsverordnung (Motorfordonsförordning) geregelt, welche durch die nachstehenden kgl. Verordnungen abgeändert wurde: Kgl. Verordnung vom 29. Mai 1931 (S. F. S. Nr. 135), vom 12. Juni 1931 (S. F. S. Nr. 253), vom 17. Juni 1932 (S. F. S. Nr. 233), vom 14. Juni 1933 (S. F. S. Nr. 406) und vom 7. Juni 1934 (S. F. S. Nr. 245).

II. Die Behörden.

Die Durchführung der Bestimmungen der Kraftfahrzeugsverordnung ist den Polizeibehörden in den Städten und der Länsbehörde auf dem Lande übertragen (§§ 1 und 24 Kraftfahrzeugsverordnung).

III. Konzession.

Die gewerbsmäßige Ausübung des Kraftwagenverkehres unterliegt der besonderen Bewilligung. Der gewerbsmäßige Kraftwagenverkehr wird hiebei eingeteilt in:

1. den regelmäßigen Verkehr auf bestimmten Strecken (Linienverkehr),
2. den Stadtverkehr,
3. den Länsverkehr, d. h. den unregelmäßigen Verkehr innerhalb eines Läns (Regierungsbezirkes).

Die Konzession für den Linien- und Länsverkehr erteilt die Länsbehörde, bzw., wenn der Betrieb sich auf mehrere Läns erstreckt, die Behörden der betreffenden Läns und die für den

Stadtverkehr die zuständige Polizeibehörde der Stadt (Art. 24 Kftvdg.).

Im Konzessionsgesuch sind die zu verwendenden Wagen, bei Linienverkehr die Strecken und die zu berührenden Orte, sowie die Art des Verkehrs (Personen-, Güter- oder gemischter Verkehr), sowie die Fahrgebühren anzugeben.

1. Bedarfsprüfung.

Vor Erteilung der Konzession für eine Kraftwagenlinie hat die Länsverwaltung die zuständige Straßenverwaltung, die Polizeibehörde, die Eisenbahnunternehmung, sowie alle sonst von der Linie betroffenen Verkehrsunternehmungen zu hören. Die Konzession darf nur dann erteilt werden, wenn sich für den betreffenden Verkehr in Hinblick auf die bereits bestehenden Verkehrsmöglichkeiten ein Bedarf ergibt und die Erteilung auch sonst vorteilhaft ist (§ 27).

2. Fahrpreise.

Sowohl beim Linien- als auch Stadtverkehr dürfen die Fahrpreise die vorgeschriebene Taxe nicht überschreiten. Diese Taxe ist sowohl für die Personen- als auch Güterbeförderung von der Länsverwaltung festzustellen. Auch beim Länsverkehr, also dem unregelmäßigen Verkehr, sind die von der Länsverwaltung festgestellten Fahrgebühren einzuhalten, wobei solche für die Personenbeförderung stets, für die Güterbeförderung im Bedarfsfalle festzustellen sind (§ 28).

3. Arbeitszeit.

Der § 27, Abs. 7 Kftvdg., enthält auch Bestimmungen, welche die Arbeitszeit des Kraftwagenführers beim gewerbsmäßigen Verkehr einschränken. Die Arbeitszeit des Führers darf innerhalb 24 aufeinanderfolgenden Stunden nicht mehr als 12 Stunden betragen. Hiebei ist die Zeit, welche der Führer zur Aufsicht des Fahrzeuges, zur Verladung und Abladung verwendet, sowie die weniger als 30 Minuten betragenden Fahrpausen einzurechnen.

4. Konzessionsdauer.

Die Kraftwagenverordnung enthält über die Dauer der Konzession keine Bestimmung, doch können Konzessionen jederzeit widerrufen werden (§ 24, Abs. 5).

IV. Besondere Begünstigungen.

1. Begünstigungen für Eisenbahnen.

Mit kgl. Erlaß vom 3. Oktober 1930 (S. F. S. Nr. 363) wurden den Eisenbahnen für ihre auf Grund einer kgl. Ermächtigung betriebenen Kraftwagenlinien Ausnahmen von den Vorschriften der Kraftwagenverordnung gewährt. Sie bedürfen keiner besonderen Konzession und haben auch die von den Läns aufgestellten Beförderungstaxen nicht zu beachten. Auch den Verkehr mit Traktorzügen können sie ohne besondere Bewilligung durchführen.

2. Begünstigungen für die Post.

Die gleichen Begünstigungen, welche den Eisenbahnen gewährt wurden, wurden auch der Postanstalt durch einen kgl. Erlaß vom 3. Oktober 1930 (S. F. S. Nr. 364) eingeräumt.

V. Allgemeine Verkehrsvorschriften.

1. Genehmigung der Wagen.

Die Kraftwagen dürfen erst nach erfolgter Registrierung verwendet werden. Eine Ausnahme bilden die Probefahrten und die Fahrten zum Lager (§ 8).

2. Höchstgewicht der Wagen und Ladebreite.

Anhänger, bei denen der stärkste Raddruck 2000 kg übersteigt oder deren Ladebreite einschließlich der Fracht 210 cm überschreitet, dürfen auf öffentlichen Wegen nur mit Bewilligung der zuständigen Länsverwaltung, bzw. in Städten mit Bewilligung der Polizeibehörde verkehren (§ 22).

3. Verkehr mit Lastzügen.

Der Verkehr mit Traktorenzügen ist nur auf Grund einer besonderen Bewilligung der Verwaltungsbehörde gestattet (§ 37).

4. Geschwindigkeit.

Die höchste zulässige Geschwindigkeit für Kraftwagen darf nach § 18 in Städten und Märkten im allgemeinen nicht über 35 km in der Stadt betragen; sie kann jedoch mit behördlicher Bewilligung bei Personenwagen mit höchstens sieben Sitzen auf 45 km gesteigert werden. Bei Personenwagen mit mehr als sieben Sitzen und Lastkraftwagen darf die Höchstgeschwindigkeit betragen:

Fahrzeugart	Geschwindigkeit innerhalb	
	dicht bebauter Gebiete	anderer Gebiete
	km/St.	
Personenautobus.	35	40
Lastkraftwagen mit einem Gesamtgewicht bis zu 3600 kg	35	40
über 3600 bis 6000 kg	30	35
über 6000 kg	25	30

Bei Lastzügen darf die Geschwindigkeit 15 km/St. und, wenn ein Anhänger nur Eisenräder oder Räder aus anderem harten Stoff hat, 10 km/St. nicht übersteigen (§ 37).

5. Versicherungspflicht.

Die Haftung aus dem Kraftwagenverkehr wurde durch das Gesetz vom 30. Juni 1916 (S. F. S. Nr. 312), abgeändert durch Gesetz vom 2. März 1934 (S. F. S. Nr. 39) normiert. Die Versicherung der Kraftwagen ist in Schweden durch das Gesetz vom 10. Mai 1929 (S. F. S. Nr. 77), abgeändert durch Gesetz vom 5. Mai 1933 (S. F. S. Nr. 179) geregelt. Nach § 1 des genannten Gesetzes müssen alle in Schweden registrierten und die nicht registrierten, jedoch dort in Betrieb stehenden, Kraftwagen gegen alle aus dem Betrieb sich ergebende Schäden versichert sein. Die Versicherungssumme beträgt für den Kraftwagen insgesamt 60.000 Kronen, mit der Begrenzung auf 20.000 Kronen für jede beschädigte oder getötete Person und auf 10.000 Kronen für einen Sachschaden.

B. Die Besteuerung der Kraftwagen und des Kraftwagenverkehres.

I. Kraftwagensteuer.

In Schweden werden die Kraftwagen auf Grund der kgl. Verordnung vom 2. Juni 1922 (S. F. S. Nr. 260), abgeändert durch die kgl. Verordnungen vom: 20. Juni 1930 (S. F. S. Nr. 286), 9. Juni 1933 (S. F. S. Nr. 281) besteuert. Die Steuer beträgt für das Kalenderjahr:

a) für Kraftwagen mit Gummireifen 14 Kronen für 100 kg

des Dienstgewichtes, vermindert um 600 kg, mindestens 60 Kronen;

b) für Kraftwagen mit Reifen aus anderen Stoffen als Gummi 50 Kronen für je 100 kg Dienstgewicht des Wagens;

c) für Anhänger nach dem berechneten Gewichte der Höchstlast oder der Höchstzahl der Fahrgäste, bei einem Höchstgewicht von:

1. weniger als 500 kg 30 Kronen,
2. 500 bis 800 kg 60 Kronen,
3. von 800 kg und darüber 100 Kronen.

II. Steuer auf Kraftwagengummireifen.

Durch die kgl. Verordnung vom 2. Juni 1922 (S. F. S. Nr. 261), abgeändert durch die kgl. Verordnung vom 29. April 1932 (S. F. S. Nr. 88) wurde für eingeführte oder im Inland erzeugte Vollgummireifen sowie Luftschläuche und Mäntel eine Steuer von 3,50 Kronen je Kilogramm eingeführt.

III. Treibmittelsteuer.

Für eingeführtes und im Inland erzeugtes Benzin und für Motorsprit ist eine Steuer zu entrichten, welche nach der kgl. Verordnung vom 3. Mai 1929 (S. F. S. Nr. 62), abgeändert durch kgl. Verordnung vom 29. April 1932 (S. F. S. Nr. 86) beträgt:

1. für Benzin für den Liter 10 Öre,
2. für Motorsprit für den Liter 6 Öre.

Die Steuer auf Motorsprit wird jedoch nach der kgl. Verordnung vom 7. Juni 1934 (S. F. S. Nr. 231) erst vom 1. Juli 1937 eingehoben werden.

Für Petroleum (Brennöl), welches zum Betriebe von Kraftwagen verwendet wird, wird auf Grund der kgl. Verordnung vom 3. Mai 1935 (S. F. S. Nr. 142) eine Steuer von 7 Öre je Liter eingehoben.

IV. Benzinzoll.

Der Benzinzoll beträgt nach Nr. 174 des Zolltarifes vom 4. Oktober 1929 (S. F. S. Nr. 316) 10 Öre für 100 Liter.

V. Zwang zum Ankauf von Motorsprit.

Durch die kgl. Verordnung vom 7. Juni 1934 (S. F. S. Nr. 230) werden die Einführer und Erzeuger von Benzin zum Ankaufe von Motorsprit in einem Ausmaße verpflichtet, welches zu dem eingeführten bzw. ausgelieferten Benzin in einem bestimmten Verhältnis steht. Dieses Verhältnis wird durch kgl. Erlaß festgesetzt und beträgt gegenwärtig auf Grund des Erlasses vom 20. Dezember 1935 (S. F. S. Nr. 622) 2,9%.

16. Schweiz.

A. Verkehrsvorschriften.

Die gesetzlichen Grundlagen.

a) Bundesgesetz betreffend den Postverkehr (Postverkehrsgesetz) vom 2. Oktober 1924; Eidg. Gesetzsammlung 1925, G.S.S. 329.

b) Vollziehungsverordnung I zum Bundesgesetz betreffend den Postverkehr (Postverkehrsgesetz) vom 8. Juni 1925 (Postordnung), G. S. S. 353.

c) Postkonzession A. Verordnung über die Konzession von Unternehmungen für die Beförderung von Personen und deren Gepäck mit Kraftwagen (Kraftwagenfahrordnung) vom 8. Februar 1916, G. S. S. 21.

d) Postkonzession B. (B. R. B. vom 19. März 1929 über die Erteilung von Konzessionen für regelmäßige Autofarten nach Bedarf, G. S., S. 83.)

e) Bundesgesetz über den Motorfahrzeug-Fahrräderverkehr vom 15. März 1932, G. S. S. 513.

f) Vollziehungsverordnung zum Bundesgesetz über den Motorfahrzeug- und Fahrradverkehr vom 25. November 1932, G. G., S. 715.

I. Personenfahrten.

Die Postverwaltung hat auf Grund des Art. 1, Punkt 1, a, des Postverkehrsgesetzes vom 2. Oktober 1924, das ausschließliche Recht, Reisende mit regelmäßigen Fahrten zu befördern, soweit dies nicht durch andere Bundesgesetze eingeschränkt ist. Regelmäßige Fahrten sind nach § 1 der Vollziehungsverordnung I (Postordnung) Fahrten, die in bestimmten Zeiträumen, zu einer bestimmten Tages- oder Nachtzeit zwischen den nämlichen Orten wiederholt werden, auch wenn kein Fahrplan veröffentlicht ist, die Fahrzeiten nicht eingehalten werden oder die Fahrpreise nicht im voraus festgesetzt sind. Die Post besitzt daher ein Transportmonopol zur Beförderung von Reisenden in regelmäßigen Fahrten auf Straßen. Sie übt dieses Monopol einerseits durch eigene Linien, anderseits durch die Konzessionierung von privaten Linien aus. Gegenwärtig betreibt sie 400 Linien, davon 100 mit eigenem Wagenpark und eigenem Personal, während sie 300 Linien im Konzessionswege an Privatunternehmer vergeben hat, welche die Transporte mit eigenem Wagenpark durchführen.[1])

Für die Erteilung der Konzessionen sind zwei Vollziehungsverordnungen erlassen worden, nämlich die Postkonzession A (Verordnung über die Konzessionierung von Unternehmungen für die Beförderung von Personen und deren Gepäck mit Kraftwagen (Kraftwagenverordnung) vom 8. Februar 1916 (G.S. 1916, S. 21) und die Postkonzession B (Bundesratsbeschluß über die Erteilung von Konzessionen für regelmäßige Autofahrten nach Bedarf vom 19. März 1929 (G. S. 1929, S. 83). Die Postkonzession A regelt die Konzessionierung von Kraftwagenunternehmungen, welche die regelmäßige und periodische Beförderung von Personen auf Grund eines Fahrplanes und eines Tarifes besorgen, die Postkonzession B sieht zweierlei Konzessionen vor, nämlich die Konzession B, 1 für regelmäßige Fahrten, durch die die Reisenden wieder an den Ausgangspunkt zurückgeführt werden, sogenannte Rundfahrten, und die Konzession B, 2 für regelmäßige Fahrten, durch die die Reisenden nicht zum Ausgangspunkt zurückgeführt werden, sogenannte Reisefahrten. Konzessionspflichtig sind Fahrten, deren Ausführung während mehr als 14 Tagen und wenigstens einmal wöchentlich nach dem gleichen Reiseziel beabsichtigt ist. Regelmäßigkeit besteht auch dann, wenn die Fahrten nicht an den gleichen Wochentagen wiederholt werden. Der Begriff „regelmäßige Fahrt" ist, wie man sieht, sehr weit ausgedehnt. Es unterliegen daher der Konzessionierung nicht nur die eigentlichen ständigen Linien, sondern auch die Rundfahrten und Reisefahrten, selbst wenn sie nur durch etwas mehr als 14 Tage und wenigstens einmal wöchentlich ausgeführt werden.

1. Die Bestimmungen über die Konzessionserteilung nach A.

a) Konzessionsbehörde.

Zur Erteilung von Konzessionen für regelmäßige Fahrten ist das Postdepartement, welches das Sekretariat des schweize-

---

[1]) Gesetzliche Maßnahmen und Beschränkungen. Referat, erstattet von

rischen Eisenbahndepartements, die Kantonsregierungen und Lokalbehörden vorher zu hören hat, zuständig.

b) Dauer der Konzession.

Die Konzession wird, wenn nicht besondere Verhältnisse die Festsetzung einer anderen Dauer rechtfertigen, jeweilen auf zehn Jahre erteilt.

c) Fahrtordnung, Fahrpreise.

Nach Art. 52 unterliegen die Fahrpläne der Genehmigung der Oberpostdirektion. Die Personen- und Gepäckstaxen bedürfen gleichfalls der Genehmigung der Oberpostdirektion (Art. 12, Postkonzession A).

d) Beförderung der Postsendungen.

Die konzessionierten Unternehmungen sind verpflichtet, auf Verlangen der Postverwaltung Postsendungen mit allen fahrplanmäßigen Kursen zu befördern. Ebenso ist das Begleitpersonal unentgeltlich zu befördern (Art. 17 und 18, Postkonzession A).

e) Pflicht zur Auskunftserteilung.

Die konzessionierten Unternehmungen haben der Oberpostdirektion den Geschäftsbericht samt Jahresrechnung und Bilanz jährlich vorzulegen und das erforderliche statistische Material einzusenden (Art. 29, Konzession A).

f) Haft- und Versicherungspflicht.

Nach Art. 11 haftet der Inhaber einer konzessionierten Kraftwagenunternehmung nach den Bestimmungen des Bundesgesetzes vom 28. März 1905, betreffend die Haftpflicht der Eisenbahnen, Dampfschiffunternehmungen und Post bei Tötung und Verletzung von Personen. Er ist auch verpflichtet, die Reisenden und das Personal bei einer schweizerischen Anstalt gegen Unfall zu versichern und die bezüglichen Verträge der Oberpostdirektion zur Einsicht vorzulegen.

g) Konzessionsgebühren.

Auf Grund des Bundesgesetzes vom 18. Juni 1914, betreffend die Gebühren für Konzessionen von Transportanstalten, werden nachstehende Gebühren erhoben: für die Erteilung einer Konzession 250 Franken Grundtaxe neben einem Zuschlag von

---

Charles Dechevrens auf dem Internationalen Kongreß der Kraftverkehrswirtschaft Berlin, S. 6.

25 Franken für jeden Kilometer der Luftentfernung von der Anfangs- bis zur Endstation jeder einzelnen Linie (Art. 9, Konzession A).

2. Bestimmungen für die Konzessionserteilung nach B.

a) Konzessionsbehörde.

Die Konzession wird auf Antrag der Oberpostdirektion vom eidgenössischen Post- und Eisenbahndepartement erteilt.

b) Dauer der Konzession.

Die Konzession gilt nur für das laufende Kalenderjahr (§ 3, Konzession B).

c) Fahrplan.

Der Fahrplan ist zwar anläßlich des Gesuches bekanntzugeben, doch ist der Konzessionär zur regelmäßigen Ausführung der Fahrten nicht verpflichtet (§ 1, Konzession B).

d) Haftpflicht und Versicherung.

Die konzessionierten Unternehmungen sind dem Bundesgesetz betreffend die Haftpflicht der Eisenbahn- und Schiffahrtsunternehmungen und der Post unterstellt. Sie haben sich bei einer in der Schweiz zugelassenen Versicherungsgesellschaft versichern zu lassen und den Vertrag von Konzessionserteilung zur Einsicht vorzulegen (§ 7, Konzession B).

e) Konzessionsgebühren.

Die jährliche Konzessionsgebühr beträgt für Rundreisefahrten für wöchentlich eine Fahrt und einen Reiseweg bis 125 km 25 Franken, für Reisewege von über 125 bis 250 km 50 Franken und für je weitere 250 km oder einen Bruchteil 25 Franken mehr.

Für Reisefahrten beträgt die Konzessionsgebühr für wöchentlich eine Fahrt und einen Reiseweg bis 125 km 50 Franken, für Reisewege von über 125 bis 250 km 100 Franken und für je weitere 250 km oder einen Bruchteil 50 Franken mehr.

Werden wöchentlich mehr als eine Fahrt ausgeführt, so ist für jede weitere Fahrt die gleiche Gebühr wie vorstehend zu entrichten (§ 8, Konzession B).

3. Zusammenarbeit zwischen Eisenbahn und Post.

Durch die vorstehend genannte Regelung des regelmäßigen Personen-Kraftwagenverkehres sind alle Voraussetzungen für eine Zusammenarbeit mit der Eisenbahn gegeben. Die Kraftwagenlinien der Postverwaltung und der konzessionierten Kraftwagenunternehmungen bedienen in der Hauptsache Gegenden, die abseits der Eisenbahn liegen oder sie stellen willkommene Querverbindungen zwischen Eisenbahnstationen her. Diese regelmäßigen Kraftwagenlinien besitzen fast durchwegs den Charakter von Zubringerlinien, so daß sich auf diesem Verkehrsgebiete der öffentlichen Personenbeförderung beide Verkehrsmittel auf natürliche Weise ergänzen.

Das Zusammenwirken wurde, soweit es sich um Linien der Postverwaltung handelt, noch durch die Einrichtung der direkten Abfertigung ergänzt. Heute besteht die direkte Abfertigung nicht nur im Gepäck- und Expreßgutverkehr, sondern auch im Personenverkehr zwischen allen größeren schweizerischen Bahnstationen und gegen 200 Postautostationen (Höhenkurorten), d. h. es können direkte Billette von der Bahnstation bis zur Postautomobilstation und umgekehrt gelöst werden und es kann das Gepäck direkt aufgegeben werden. Gerade die direkte Gepäckabfertigung ist aber für den Reisenden eine große Annehmlichkeit, da er sich bei Übergang von der Bahn auf die Post oder umgekehrt um das Gepäck überhaupt nicht zu kümmern braucht.

II. Kraftwagengüterverkehr.

1. Geltende Regelung.

a) Konzessionszwang.

Die Schweiz kannte bisher keinen Konzessionszwang für den Kraftwagengüterverkehr. Dieser Verkehr war nur den Bestimmungen des Bundesgesetzes über den Motorfahrzeug- und Fahrradverkehr vom 15. März 1932 und der Vollziehungsverordnung hierzu vom 25. November 1932 unterworfen, welche Bestimmungen enthalten, welche auf den Güterverkehr bis zu einem gewissen Punkte einschränkend wirken können und daher im nachstehenden dargestellt werden.

b) Höchstgewicht.

Nach Art. 23 des Gesetzes darf das Gesamtgewicht eines beladenen Motorwagens 11 t nicht übersteigen. Für Spezialwagen kann jedoch der Bundesrat Ausnahmen bis zum Höchstgewicht von 13 t zulassen. Für Dreiachser beträgt nach Art. 10 der Vollziehungsverordnung das Gesamtgewicht 13 t. Für Anhängerzüge beträgt das Höchstgesamtgewicht: a) wenn der Zugwagen ein schwerer Lastwagen ist, 16 t; b) wenn er ein Traktor ist,

14 t. Das Höchstgewicht des Sattelschleppers beträgt 11 t (Art. 65 Vollziehungsverordnung).

c) Geschwindigkeit.

Für schwere Motorwagen mit Luft- oder Luftkammerreifen beträgt die Höchstgeschwindigkeit außerorts 45, innerorts 30 km/St., für Sattelschlepper außerorts 40, innerorts 25 km/St. Für Motorwagen mit Vollgummireifen ist eine Höchstgeschwindigkeit von 20 km/St. festgesetzt (Art. 43 Vollziehungsverordnung). Für Anhänger- oder Schleppzüge setzt Art. 44 der Vollziehungsverordnung die nachstehenden Höchtgeschwindigkeiten fest:

a) für Anhängerzüge mit Luft- oder Kammerreifen außerorts 35, innerorts 25 km/St., wenn der Anhänger vom Führersitz des Zugwagens gebremst werden kann, sonst außerorts und innerorts 25 km/St.;

b) für Anhängerzüge, die nicht oder zum Teil mit Luft- oder Kammerreifen versehen sind, 15 km/St.;

c) für Motorkarrenzüge 10 km/St.

d) Haftpflicht, Versicherung.

Der Halter eines Motorfahrzeuges ist für den durch den Betrieb desselben verursachten Schaden haftbar (Art. 37). Er hat eine Haftpflichtversicherung abzuschließen (Art. 48). Die Versicherungssumme beträgt für den Motorwagen mindestens 50.000 Franken für eine verunfallte Person. Für das Unfallereignis beträgt die Versicherungssumme bei einem Motorwagen mindestens 100.000 Franken (Art. 52).

2. Maßnahmen der Bahn gegen die Konkurrenzierung durch den Kraftwagenverkehr.

a) Begünstigte Tarife.

Als tarifarische Abwehrmaßnahme haben die schweizerischen Eisenbahnen zu Beginn des Jahres 1927 mit Zustimmung des Eisenbahndepartements beschlossen, vom 1. April 1927 an im schweizerischen Verkehr bis auf Widerruf Güter aller Art in Eil- und gewöhnlicher Fracht zu denjenigen Frachtsätzen (Zu- und Abfuhr, sowie Nebengebühren inbegriffen) zu befördern, die sich bei einer wirtschaftlichen Kraftwagenbeförderung ergeben, sofern:

α) der Verfrachter die von der Eisenbahn verlangten Nachweise darüber erbringt, daß es für ihn ohne Gewährung dieser

Frachtsätze vorteilhafter ist, die fraglichen Güter mit Kraftwagen zu befördern und daß er hierzu auch in der Lage ist;

β) bei Einhaltung dieser Frachtsätze der Eisenbahn über die von ihr bestimmten Selbstkosten hinaus noch ein ihrer Leistung angemessener Gewinn verbleibt;

γ) der Verfrachter sich verpflichtet, der Eisenbahn jährlich eine in jedem Falle zu vereinbarende Mindestgütermenge zur Beförderung zu übergeben;

δ) der Verfrachter ganz oder in einem mit der Eisenbahn zu vereinbarenden Umfang auf die Beförderung mit Kraftwagen verzichtet.

b) Gründung der schweizerischen Expreß A. G. (Sesa).

Die Leitung der Schweizerischen Bundesbahnen hat außerdem in der Absicht, ein planmäßiges Zusammenarbeiten zwischen Lastkraftwagen und Eisenbahn vorzubereiten, im Jahre 1926 zusammen mit den Privatbahnen und gewissen Kreisen der Verkehrsinteressenten die Schweizerische Expreß A. G. (Sesa) gegründet. Zweck dieser Gesellschaft ist nach den Statuten die Unterstützung von Bestrebungen zur Verbesserung des Personen- und Güterverkehres der Schweiz sowie der Betrieb von Geschäften aller Art, die mit dem Transport von Personen und Gütern in irgendeinem Zusammenhang stehen. Außer den Bundesbahnen haben sich 39 Privatbahnen am Unternehmen beteiligt. Im Verwaltungsrate sitzen die Delegierten der wirtschaftlichen Spitzenverbände und die Vertreter des Speditionsgewerbes und der Rollfuhrunternehmungen. Diese Gesellschaft hat ihre Hauptaufgabe darin gefunden, den Zu- und Abfahrtsdienst der Bahnen sowie den Haus-zu-Haus-Dienst zu organisieren. Sie hat dafür keine eigenen Einrichtungen getroffen, sondern mit bestehenden Kraftwagenverkehrsunternehmungen Verträge abgeschlossen, so daß diese als Agenturen der Sesa wirken. Am 1. Februar 1927 waren bereits 95 Sesa-Agenturen errichtet, welche für die Bedienung von 104 Bahnstationen und 124 Ortschaften sorgten. Am 1. Juni 1930 sind insgesamt 258 Bahnstationen und 513 Ortschaften bedient worden. Außerdem schuf die Sesa einen Zubringer- und Verteilerdienst im eisenbahnlosen Gebiet, die sogenannte Ferncamionage. Durch diesen Dienst war es möglich, eine Frankodomizillieferung einzurichten.[1])

[1]) Bundesbahn und Automobil, Caveant consules! Herausg. v. d. Generaldirektion d. Schweiz. Bundesbahnen. Bern, November 1930. Kommissionsverlag: A. Franke, A. G., Bern.

3. Beabsichtigte Regelung, durch Übereinkommen zwischen den Eisenbahnen und Kraftfahrzeuginteressenten.

Am 27. Mai 1933 kam es nun zu einer Übereinkunft zwischen den Kraftfahrzeuginteressenten, d. h. der Zentralstelle für die Verteidigung der Automobilinteressen, dem Verband Schweizerischer Motorlastwagenbesitzer, der Chambre Syndicale Suisse de l'industrie de l'Automobile, und den Eisenbahnverwaltungen, d. h. der Generaldirektion der Schweizerischen Bundesbahnen, dem Verband der Schweizerischen Transportanstalten, der Rhätischen Bahn, über die Verkehrsteilung und Zusammenarbeit zwischen Eisenbahn und Motorfahrzeug, welche eine ganz neue Regelung einleitet. Die beiden Parteien haben gleichzeitig gemeinsam einen Vorentwurf eines Bundesgesetzes über die Regelung der Beförderung von Gütern und Tieren mit Motorfahrzeugen auf öffentlichen Straßen ausgearbeitet und der schweizerischen Bundesregierung zur Vorlage empfohlen. Der Bundesrat hat unter Benützung dieses Vorentwurfes den Entwurf eines „Bundesgesetzes über die Regelung der Beförderung von Gütern und Tieren mit Motorfahrzeugen auf öffentlichen Straßen" ausgearbeitet, welchen der Bundesrat der Bundesversammlung mit Botschaft vom 23. Jänner 1934 (Bundesblatt 1934, S. 89) übermittelt hat. Die wichtigsten Bestimmungen dieses Gesetzentwurfes [1]) werden im nachstehenden behandelt.

a) Konzessionspflicht.

Nach Art. 1 bedarf jeder, der gegen Entgelt für andere auf öffentlichen Straßen regelmäßig oder gelegentlich Güter oder Tiere mit Motorfahrzeugen befördern will, einer Konzession. Ausgenommen ist die Beförderung von Gütern und Tieren innerhalb der Gemeindegrenze oder auf Entfernungen von höchstens 10 km Straßenlänge. Erfordert es die Lebensfähigkeit einer Nebenbahn mit Güterbeförderung, kann der Bundesrat diese Entfernungen kürzen. Für den Werkverkehr besteht keine Konzessionspflicht.

b) Konzession N.

Der Entwurf unterscheidet zwischen zwei Konzessionsarten, der Konzession N. (Normalkonzession) und der Konzession S. (Spezialkonzession). Die Konzession N. wird für die Beförde-

[1]) Die Bestimmungen des Entwurfes des Bundesgesetzes über die Regelung der Beförderung von Gütern und Tieren mit Motorfahrzeugen auf öffentlichen Straßen.

rung von Gütern und Tieren in bestimmten Gebieten erteilt, wobei der Verkehr auf einzelne Strecken oder Ortsverbindungen beschränkt werden kann (Art. 4). Für die Konzessionserteilung sollen das Verkehrsbedürfnis und in Verkehrsgebieten mit Eisenbahn- oder Postverbindungen außerdem die in den Art. 14 und 15 des Gesetzes vorgesehene Verkehrsteilung und Zusammenarbeit maßgebend sein. Im Bereiche von Nebenbahnen ist eine Konzession N. einem Dritten nicht zu erteilen, wenn die betreffende Bahnverwaltung selbst dafür sorgt, daß spätestens drei Jahre nach Inkrafttreten des Gesetzes eine ausreichende Haus-Haus-Bedienung vorhanden ist.

c) Konzession S.

Die Konzession S wird Transportunternehmungen erteilt, die sich gewerbsmäßig mit der Beförderung von Umzugsgut, Möbeln oder anderen Gütern (in Ausnahmsfällen auch von Tieren), für die die Beförderung mit Motorfahrzeugen besondere transporttechnische Vorteile bietet, befassen. Die Güter, für deren Beförderung die Konzession S erteilt wird, sind in der Konzessionsurkunde zu erwähnen. Inhaber der Konzession S können auch gleichzeitig Inhaber der Konzession N sein.

d) Konzessionsbehörde.

Konzessionsbehörde ist nach Art. 6 das Post- und Eisenbahndepartement.

e) Mitspracherecht.

Die Konzession N wird nach Anhörung der beteiligten Kantonsregierungen und Eisenbahnverwaltungen sowie der Post und der später zu besprechenden Genossenschaft erteilt.

f) Konzessionsdauer.

Die Konzession N wird in der Regel für die Dauer von zehn Jahren erteilt.

g) Beförderungsbedingungen.

In die Konzessionen können Vorschriften über die Beförderungsbedingungen, namentlich über den Umfang der Beförderungspflicht und der Haftpflicht für das Transportgut, aufgenommen werden.

h) Tarife.

Die Tarife für die an die Stelle der Eisenbahn oder in Verbindung mit ihnen ausgeführten Straßentransporte nach Konzession N werden nach Maßgabe der Eisenbahngesetzgebung von den Eisenbahnen festgesetzt.

Die Tarife für die übrigen Straßentransporte nach Konzession N setzt die Genossenschaft fest.

Alle Tarife sind der in Art. 16 und 17 vorgesehenen Kommission zur Begutachtung und dem eidgenössischen Post- und Eisenbahndepartement zur Genehmigung vorzulegen (Art. 11 des Entwurfes).

i) Postsendungen.

Die gesetzlichen Bestimmungen über die Beförderung von postregalpflichtigen Sendungen bleiben vorbehalten.

Der Konzessionär N ist verpflichtet, auf Verlangen der Postverwaltungen Postsendungen mit allen fahrplanmäßigen Kursen gegen eine angemessene Entschädigung zu befördern; anderseits kann auch die Post im Rahmen der in den Art. 14 und 15 vorgesehenen Verkehrsteilung und Zusammenarbeit mit ihren Verkehrsmitteln für den eigenen Dienstbedarf an der Beförderung von Gütersendungen mitwirken.

j) Weitere Bedingungen.

Soweit in einem bestimmten Verkehrsgebiete eine Verkehrsteilung und Zusammenarbeit zwischen Eisenbahn und Motorlastwagen, gegebenenfalls auch mit der Post angezeigt ist, kann die Konzessionsbehörde den Konzessionären N nach Maßgabe des in Art. 14 erwähnten allgemeinen Verständigungsabkommens oder der bundesrätlichen Verordnung zu diesem Gesetze weitere Bedingungen auferlegen. Sie kann insbesondere verlangen, daß jeder Konzessionär N der in Art. 14, Abs. 2, und Art. 15, lit. e, genannten Genossenschaft beitritt.

k) Konzessionsgebühr.

Nach Art. 7 des Entwurfes ist eine jährliche Konzessionsgebühr zu entrichten, die Fr. 20 für ein Fahrzeug nicht übersteigen darf.

m) Verkehrsteilung und Zusammenarbeit von Eisenbahn und Motorfahrzeug.

Die Art. 14 und 15 des Gesetzentwurfes regeln die Verkehrsteilung und die Zusammenarbeit von Eisenbahn und Motorfahrzeug a) im Falle einer gegenseitigen Verständigung, b) mangels einer solchen. Nach Art. 14 wird das Post- und Eisenbahndepartement die Eisenbahnverwaltungen, die Automobilinteressenten und die Post veranlassen, unter Berücksichtigung der Richtlinien im Art. 15 sich über eine zweckmäßige Zusammenarbeit und Verkehrsteilung im Güter- und Tierverkehr zu verständigen.

Die Verständigung über die Verkehrsteilung und Zusammenarbeit kann sich auch darauf erstrecken, daß die Konzessionäre N einen Teil ihrer Rechte und Pflichten auf eine Genossenschaft übertragen, in der die Interessen von Eisenbahn, Automobil und Verfrachtern angemessen vertreten sein müssen. Das allgemeine Verständigungsabkommen zwischen den Eisenbahnverwaltungen und Automobilinteressenten bedarf der Genehmigung durch den Bundesrat. Eine solche Verständigung ist, wie bereits erwähnt, am 27. Mai 1933 getroffen worden und wird diese im nachstehenden des näherren besprochen werden.

Der Art. 15 des Gesetzentwurfes enthält auf alle Fälle auch Vorschriften, in welcher Weise eine Verkehrsteilung und eine Zusammenarbeit von Eisenbahn und Kraftwagen erfolgen soll, falls es zu einer Verkehrsteilung und Zusamenarbeit durch gegenseitige Verständigung nicht kommen sollte. Das Gesetz sieht in diesem Falle die Regelung durch den Bundesrat vor, wobei die nachstehenden Richtlinien zu beachten sind:

α) Durch die Erteilung von Konzessionen für den Straßenverkehr soll die Haus-Haus-Bedienung gefördert werden.

β) Soweit die Verfrachter nicht ausdrücklich die Beförderung mit der Eisenbahn verlangen und im Bereiche der Nebenbahnen die Voraussetzungen des Art. 4, Abs. 3 des Gesetzes nicht erfüllt sind, d. h. eine durch die Bahnverwaltung selbst geschaffene Haus-Haus-Bedienung nicht vorhanden ist, wird in der Regel die Beförderung von Gütern und Tieren im Nahverkehr, d. h. von Gütern und Tieren, die insgesamt nicht weiter als 30 km zu befördern sind, den Konzessionären N überlassen.

Wenn lebenswichtige Interessen von Nebenbahnen es erfordern, soll die Konzession die Nahverkehrszonen für den Bereich der betreffenden Nebenbahnen auf geringere Entfernungen beschränken.

Im Bereiche von privaten Hauptbahnen kann die Überlassung der Güter- und Tierbeförderung an das Motorfahrzeug je nach den besonderen regionalen Verhältnissen in Abweichung von dieser Richtlinie geregelt werden.

γ) Soweit Güter, deren gesamte Transportlänge mehr als 30 km beträgt, im Zubringer- oder Verteilerdienst oder im Bahnersatzdienst auf der Straße zu befördern sind, wird ihre Beförderung auf den Straßenstrecken mit der im Art. 4, Abs. 3, erwähnten Einschränkung ebenfalls den Konzessionären N überlassen.

δ) Der Güterfernverkehr (in der Regel über 30 km gesamte Transportlänge des Gutes) soll unter den i Art. 2 genannten Einschränkungen und unter Vorbehalt der Konzessionen S den Eisenbahnen überlassen werden und für Konzessionen N nur für Verkehrsstrecken in Betracht fallen, für die eine Abtretung an das Motorfahrzeug aus betriebswirtschaftlichen Gründen der Eisenbahn als angezeigt erscheint, ferner auf Verkehrsstrecken, für die keine Eisenbahnverbindung besteht.

ε) Die Zusammenarbeit der einzelnen Verkehrsmittel soll durch den Zusammenschluß von Vertretern von Eisenbahn, Automobil und Verfrachtern in einer Genossenschaft gefördert werden.

η) Die von der Genossenschaft den Konzessionären N auszurichtenden Transportvergütungen sind so festzusetzen, daß die Transportleistungen der Konzessionäre N angemessen vergütet werden.

n) Verkehrskommission.

Zur Begutachtung und Entscheidung von Fragen der Verkehrsteilung und Zusammenarbeit von Eisenbahn und Motorfahrzeug wird beim Post- und Eisenbahndepartement eine besondere Kommission geschaffen. Die Kommission besteht aus neun oder zwölf Mitgliedern. Es sind ebensoviele Ersatzmänner zu wählen. Je drei oder vier Mitglieder und drei oder vier Ersatzmänner werden von den Eisenbahnverwaltungen und den Automobilinteressenten bestimmt. Der Bundesrat wählt drei oder vier weitere Mitglieder und Ersatzmänner als Vertreter der Verkehrsinteressenten und überdies einen Präsidenten als Verhandlungsleiter. Er genehmigt die Geschäftsordnung der Kommission.

Der Postverwaltung steht das Recht zu, einen Vertreter mit beratender Stimme zu den Sitzungen der Kommission abzuordnen (Art. 16).

Nach Art. 15 des Gesetzentwurfes hat diese Kommission ein weitgehendes Entscheidungsrecht. Sie entscheidet Streitigkeiten aus der Anwendung und Auslegung des Verständigungsabkommens, bestimmt die Güter, die auf Grund der Konzession S befördert werden dürfen, nimmt die Abgrenzung des Nahverkehrs der Nebenbahnen und der privaten Hauptbahnen vor. Ihr ist auch die Auslegung des Begriffes „gesamte Transportlänge des Gutes" in Fällen der Konkurrenz zwischen Automobil und Eisenbahn vorbehalten.

o) Entschädigung nicht berücksichtigter Unternehmer.

Nach Art. 21 des Entwurfes ist derjenige, welcher vor dem 1. Jänner 1933 ausschließlich und zudem über 10 km hinaus regelmäßig Straßentransporte mit Motorfahrzeugen gegen Entgelt für andere ausgeführt hat, jedoch auf Grund der Verkehrsteilung zwischen Eisenbahn und Motorfahrzeug keine Konzession N erhält oder auf eine solche verzichtet, obwohl er die erforderlichen Voraussetzungen erfüllen würde, für den erlittenen Schaden angemessen zu entschädigen. Die näheren Voraussetzungen für die Entschädigungen, deren Ausmaß und das Verfahren für deren Ermittlung, werden in einem besonderen Bundesbeschluß festgelegt werden. Nach dem Motivenbericht wird die Kosten der Entschädigung der Bund zusammen mit den Eisenbahnen tragen. Nach einer Schätzung der Generaldirektion der schweizerischen Bundesbahnen werden in der Schweiz schätzungsweise von 700 Firmen mit 1150 Lastwagen und 440 Anhängern gewerbsmäßig Transporte über 10 km ausgeführt. Die Zahl der infolge Nichterteilung der Konzession auszuscheidenden Wagen schätzt die Generaldirektion mit 300 Wagen.

p) Übereinkunft zwischen Eisenbahnen und Automobilinteressenten.

Wie bereits erwähnt, ist die im Art. 14 des Gesetzentwurfes vorgesehene Verständigung zwischen den Eisenbahnen und Kraftwageninteressenten bereits erfolgt. Das Übereinkommen befolgt bei der Verkehrsteilung die im Art. 15 des Gesetzes normierten Richtlinien. Nach Art. 7 der Übereinkunft werden bei einem Verkehr, wie er im Jahre 1932 vorhanden war, für die von den Konzessionären N zu besorgenden Automobilleistungen ungefähr 500 Motorfahrzeuge und jährlich etwa 12 Millionen Wagenkilometer notwendig sein. Die Einführung der Bahnersatz-, Zubringer- und Verteilerdienste soll von den Eisenbahnen so gefördert werden, daß sie spätestens drei Jahre nach dem Inkrafttreten des Bundesgesetzes die vorgesehene Ausdehnung erhalten.

q) Genossenschaft.

Die Organisation für die Zusammenarbeit soll durch eine Genossenschaft erfolgen. Nach Art. 10 der Übereinkunft sind die Eisenbahnen einverstanden, daß nach Erlaß des neuen Gesetzes die „Sesa“, Schweizerische Expreß A.-G. in Zürich, in eine Genossenschaft (neue Sesa) umgewandelt wird, in der neben den Eisenbahnen auch die Automobilinteressenten und die Verfrachter vertreten sind. Dieser Genossenschaft übertragen die Eisenbahnen die Einrichtung der vorgesehenen Bahnersatz-, Zubringer- und Verteilerdienste. Bei der Gründung der Genossenschaft (neue Sesa) sind die nachstehenden Richtlinien zu beachten:

α) Die Mitgliedschaft im Verwaltungsrate, das Stimmrecht und die Abgabe der Genossenschaftsanteile sind in den Statuten so zu ordnen, daß die schweizerischen Bundesbahnen und die Privatbahnen zusammen (Gruppe E) über die Hälfte, die Konzessionäre N und die übrigen Automobilinteressenten (Gruppe A) einerseits und die Verfrachter (Gruppe V) anderseits über je ein Viertel der genossenschaftlichen Rechte verfügen.

β) Der Anteilschein wird auf Fr. 200 festgesetzt.

γ) Für den jeweiligen Umfang des Genossenschaftskapitals ist die Zahl der auf den Namen lautenden Anteilscheine der Konzessionäre N und der übrigen Automobilinteressenten maßgebend. Von den Konzessionären N erhält jeder mindestens einen Anteilschein. Die übrigen Automobilinteressenten, die nicht Konzessionäre N sind, erhalten zusammen höchstens so viele Anteilscheine wie die Konzessionäre N. Die Zahl der von den anderen Interessentengruppen zu übernehmenden namentlichen Anteilscheine richtet sich nach der Zahl der Anteilscheine der Gruppe A. Jeder Anteilschein gibt Anrecht auf eine Stimme.

δ) Die Anteilscheine sind jährlich mit 4% zu verzinsen.

Hauptaufgaben der Genossenschaft.

Das Tätigkeitsgebiet der Genossenschaft umfaßt im besonderen:

die Aufstellung der Vorschläge für die Abgrenzung des Tätigkeitsgebietes, das für Bewerber von Konzessionen N in Frage kommt,

die Organisation der auf Grund von Konzessionen N durchzuführenden Transporte, und zwar im Einverständnis mit den Eisenbahnen, soweit Verkehrsgebiete mit Eisenbahnverbindungen durch die Straßentransporte berührt werden,

den Abschluß der Verträge über Verkehrsteilung und Zusammenarbeit mit den Eisenbahnen,

den Abschluß der Transportverträge mit den Inhabern von Konzessionen N.

Vergütungen an Konzessionäre.

Den Konzessionären N sind für ihre Betriebsleistungen von der Genossenschaft Vergütungen auszurichten, die in der Regel auf Grund der Wagenkilometer, der Wagentypen und der topographischen Verhältnisse berechnet werden und einen angemessenen Verdienst einschließen sollen.

Fallen oder steigen die Kosten des Motorfahrzeugbetriebes während der Vertragsdauer um mehr als 10%, so werden die Vergütungen neu festgesetzt.

Die Grundsätze für die Berechnung der an die Konzessionäre N auszurichtenden Vergütungen werden zwischen den Eisenbahnen und Automobilinteressenten festgesetzt, bevor das Bundesgesetz in den eidgenössischen Räten behandelt wird. Hiebei soll auf die besonderen Verhältnisse von Bahnen mit schwachem Verkehr Rücksicht genommen werden.

Verrechnung und Verwendung der Einnahmen.

Die Einnahmen aus den Straßentransporten, die an Stelle von Eisenbahnen oder in Verbindung mit ihnen ausgeführt werden, fallen demjenigen Eisenbahnunternehmen zu, das die Kosten dieses Dienstes trägt.

Die Eisenbahnen entschädigen die Genossenschaft für die auf Rechnung der Eisenbahnen durchgeführten Transporte. Die Einnahmen aus den übrigen Straßentransporten, für die die Genossenschaft die Tarife festsetzt, gehen auf Rechnung der Genossenschaft und dienen zur Bestreitung der Transportvergütungen an die Konzessionäre N für die Ausführung der Straßentransporte, die nicht an Stelle von Eisenbahnen oder in Verbindung mit ihnen besorgt werden.

Gegenseitige Unterstützung.

Nach Art. 18 der Übereinkunft werden sich Eisenbahnen und Genossenschaft gegenseitig alle Erleichterung gewähren und alle Maßnahmen ergreifen, um einen wirtschaftlichen Betrieb und eine reibungslose Verkehrsabwicklung zu ermöglichen. Die Eisenbahnen werden der Genossenschaft für die Transporte, die an Stelle der Eisenbahnen oder in Verbindung mit ihnen ausgeführt werden, ihre Güterhallen, Ladeeinrichtungen und technischen Hilfsmittel wie den übrigen Transportaufgabern zur Verfügung stellen. Im Bedarfsfalle stellen die Eisenbahnen der Genossenschaft auch Bureau- und Magazinsräumlichkeiten gegen einen zu vereinbarenden Mietzins zur Verfügung.

r) Schlußbemerkungen.

Nach dem Motivenbericht ist die Regelung des Verhältnisses von Eisenbahn und Automobil eine wesentliche Voraussetzung zur dauernden Sanierung der Finanzlage der Schweizer Bundesbahnen. Die in Aussicht genommene Regelung soll, soweit der Güterverkehr in Betracht kommt, für die Bundesbahnen eine Stabilisierung der Verluste zur Folge haben und der Abwanderung der Ferntransporte auf die Straße ein Ende setzen. Mit der Koordination der Verkehrsmittel würde, was von besonderem Wert ist, eine wesentliche Verbesserung der Verkehrsteilung verbunden sein. Die Haus-Haus-Bedienung würde sich nach den Ausführungen des Motivenberichtes über das ganze Land ausdehnen, rund 4000 Ortschaften erfassen und die heutige Postbedienung durch die Abholung und Zustellung von schweren Stückgütern wertvoll ergänzen.

Dieses Verkehrsteilungsgesetz ist in der Volksabstimmung vom 5. Mai 1935 mit Stimmenmehrheit vom Schweizer Volk verworfen worden. Dieser negative Entscheid war jedoch nach allgemeiner Auffassung nicht auf sachliche Gründe zurückzuführen, sondern war vielmehr der Ausfluß einer innenpolitischen Situation. Das Gedankengut dieses Gesetzesvorschlages wurde dadurch aber nicht vernichtet. Man rechnet sogar in nächster Zeit damit, daß die Grundlagen der in diesem Gesetz vorgesehenen Verkehrsteilung binnen kurzem in etwas veränderter äußerer Form doch zur praktischen Anwendung gelangen werden. Auf die Dauer darf der bestehende Konkurrenzkampf zwischen den beiden Verkehrsmitteln auch in der Schweiz vom Standpunkte der Volkswirtschaft aus nicht ungehemmt bleiben, da dabei zu große Werte der nationalen Wirtschaft der Vernichtung anheimfallen würden.

B. Die Besteuerung der Kraftwagen und des Kraftwagenverkehres.

1. Gebühren und Steuern.

Nach Art. 71 des Gesetzes vom 15. März 1932 ist das Recht der Einhebung von Steuern und Gebühren den Kantonen gewahrt; kantonale Durchgangsgebühren sind jedoch unzulässig.

2. Benzinzoll.

Der Zoll auf Benzin beträgt nach Nr. 1065, b des Zolltarifes (Bundesgesetz vom 10. November 1902) gegenwärtig für 100 kg brutto 20 Franken, wobei ein Viertel des Zollertrages für die Straßenerhaltung verwendet wird.

17. Spanien.

A. Verkehrsvorschriften.

I. Die gesetzlichen Grundlagen.

Der Kraftwagenverkehr in Spanien ist durch die nachstehenden Gesetze geregelt:

1. Die Verordnung des Ministerrates vom 25. September 1934 (Gaceta de Madrid vom 26., 27., 28. September), betreffend das Straßenverkehrsgesetzbuch;

2. die kgl. Verordnung vom 4. Juli 1924 über den Betrieb von öffentlichen Kraftwagendiensten, abgeändert und ergänzt durch die kgl. Verordnungen vom 20. Februar 1926, 22. Februar 1929 und 21. Juni 1929 (G. d. M. vom 22. Juni);

3. das Transportreglement (Reglamento de Transportes) vom 22. Juni 1929 (G. d. M. vom 26. Juni und 2. Juli), ergänzt durch Verordnung des Arbeitsministers vom 26. Juli 1929 (G. d. M. vom 1. August), sowie die Verordnung des Ministeriums für öffentliche Arbeiten vom 3. Juli 1935 (G. d. M. vom 3. Juli), betreffend die vier galizischen Provinzen, im nachstehenden als Vollzugsverordnung bezeichnet;

4. die Verordnung des Ministerrates vom 29. August 1935 (G. d. M. vom 31. August), betreffend die Beförderung von eigenen und fremden Gütern mittels Kraftwagen.

II. Behörden.

Mit der Durchführung der gesetzlichen Bestimmungen über den Kraftwagenverkehr ist in Spanien das Arbeitsministerium (Ministero de Fomento) als oberste Aufsichtsbehörde, ferner die Generaldirektion für Eisenbahnen, Straßenbahnen und Straßentransporte (Direccion General de Ferrocarriles, Tranvias y Transportes por carretera), bzw. deren Verkehrssektion, ferner der Zentraltransportausschuß (Junta Central de Transportes) sowie die Provinz-Transportausschüsse (Juntas provinciales de Transportes) betraut. Sowohl im Zentralausschuß als auch in den Provinzialausschüssen sind neben den Vertretern der Behörden und Wirtschaftskörperschaften auch Abgeordnete der Kraftwagenunternehmungen und der Fremdenverkehrsvereine zu finden. Auch die Eisenbahnen sind vertreten.

III. Einteilung der Kraftwagendienste.

Die spanische Kraftwagengesetzgebung teilt die Kraftwagendienste in regelmäßige Dienste und unregelmäßige ein, wobei vier Klassen, nämlich die Klassen A, B, C und D, zu unterscheiden sind (Art. 2 der Vollzugsverordnung).

Unter die Klasse A fallen die regelmäßigen Personen- und Güterdienste, d. h. jene, die Personen oder Güter oder Personen und Güter auf bestimmten Strecken nach einem bestimmten Fahrplan regelmäßig befördern, wobei im Tage mindestens eine Hinfahrt und eine Rückfahrt stattfindet.

Unter die Klassen B, C und D fallen die unregelmäßigen Kraftwagendienste:

1. in die Klasse B fallen die Personen-, Güter- oder gemischten Dienste, welche zwar auf einer bestimmten Strecke und nach einem bestimmten Fahrplan, jedoch nicht während des ganzen Jahres durchgeführt werden. Hierunter fallen auch Fahrten anläßlich von Wallfahrten, Messen und Märkten, sowie Fahrten in Fremdenverkehrsorten;
2. in die Klasse C fallen Personendienste, die auf vorher nicht bestimmten Strecken und nicht nach einem bestimmten Fahrplan durchgeführt werden, wobei der Wagen von einer Person für eine einzelne Fahrt gemietet wird (Mietwagenverkehr);
3. in die Klasse D fällt der öffentliche Güterverkehr ohne bestimmten Fahrplan und ohne bestimmte Strecke.

IV. Konzession.

1. Konzessionspflicht.

In Spanien unterliegt der gesamte gewerbsmäßige Personen- und Güterverkehr mittels Kraftwagen der Konzessionspflicht. Die Gesuche um Erteilung der Konzession sind bei dem zuständigen Provinzial-Transportausschuß einzureichen. Die Konzession für die unter Klasse A und D fallenden Dienste erteilt die Generaldirektion für Eisenbahnen, Straßenbahnen und Straßentransporte, für die unter die Klasse B und C fallenden Dienste der Präsident des Zentral-Transportausschusses.

2. Dauer der Konzession.

Die Konzessionen für den Betrieb von Kraftwagendiensten werden für höchstens 20 Jahre gewährt (Art. 51 der Vollzugsverordnung).

3. Bedarfsprüfung.

Die spanische Kraftwagengesetzgebung sieht insbesondere für den regelmäßigen Personen- und Güterverkehr eine strenge Bedarfsprüfung vor. Die Gesuche um Konzessionserteilung sind bei den Provinzial-Transportausschüssen einzubringen; diese haben sich bereits über den Bedarf zu äußern. Von ihnen geht das Gesuch an die Generaldirektion für Eisenbahnen, Straßenbahnen und Straßentransporte, die es an den Zentraltransportausschuß weitergibt. Dieser kann das Gesuch, falls er den Bedarf für nicht gegeben ansieht, ablehnen. Hat er aber gegen die Errichtung der Kraftwagenlinie nichts einzuwenden, so sendet er es an die Generaldirektion zurück, welche nunmehr das beantragte Projekt in der Gaceta de Madrid und in den Amtsblättern der beteiligten Provinzen verlautbart. Während 30 Tagen liegt das Projekt zur Einsicht auf; während dieser Frist kann gegen dasselbe Einspruch erhoben werden, ein Vorzugsrecht geltend gemacht werden oder ein neues Projekt von einer anderen Unternehmung vorgelegt werden (Art. 37 der Vollzugsverordnung).

Eisenbahngesellschaften, Straßenbahngesellschaften und Konzessionäre bestehender Linien, deren Strecke mindestens zu einem Viertel mit der neu projektierten Linie zusammenfällt, haben nach Art. 37 und 57 der Vollzugsverordnung das Vorzugsrecht (Derecho de tanteo). Wird dieses Vorzugsrecht nicht in Anspruch genommen oder nicht anerkannt, wurden aber andere Projekte eingebracht, so findet eine öffentliche Ausschreibung statt, bei der dem besten Entwurfe die Konzession erteilt wird (Art. 39 und 40 der Vollzugsverordnung).

4. Kaution.

Bereits bei Einbringung des Gesuches um Konzessionserteilung hat der Unternehmer zur Sicherstellung der in der Konzessionsurkunde übernommenen Verpflichtungen und der allenfalls auferlegten Geldstrafen eine Kaution zu erlegen. Diese beträgt bei regelmäßigen Linien 100 Pesetas für den Kilometer (Art. 33 der Vollzugsverordnung), bei den Diensten nach Klasse B, wenn der Verkehr über einen Monat bis zu sechs Monaten dauern soll, 25 Pesetas für den Kilometer und bei einer längeren Dauer 50 Pesetas für den Kilometer (Art. 83 der Vollzugsverordnung).

5. Fahrpläne und Tarife.

Im Konzessionsgesuche müssen Anfangs- und Endpunkt der Strecke, die Haltestellen, die Mindestzahl der Fahrten, der Fahrpreis für Personen, Gepäck und Güter angegeben werden und unterliegen der Genehmigung. Die in der Konzession angegebenen Tarife sind Höchsttarife und dürfen für den Kilometer in der 1. Klasse nicht mehr als 20, in der 2. Klasse nicht mehr als 16 und in der 3. Klasse nicht mehr als 12 Centimos betragen (Art. 33 der Vollzugsverordnung). Der Fahrpreis für das das Freigepäck übersteigende Gepäck und für Güter ist mit 5 Pesetas je Tonne festgesetzt. Die Verordnung schreibt jedoch nicht drei Klassen vor, sondern es können nur zwei Wagenklassen bestehen, nämlich die 1. und 2., oder die 2. und 3. Ausnahmsweise kann auch eine einzige Wagenklasse bewilligt werden.

Die Gütertarife für die unter die Klasse D fallenden Fahrten müssen nach Warengattungen abgestuft sein, wenigstens aber müssen drei Gütertarifklassen vorhanden sein (Art. 95 der Vollzugsverordnung).

6. Postbeförderung.

Die Konzession von regelmäßigen Verkehrsdiensten, also solche, welche unter die Klasse A fallen, haben die Post unentgeltlich zu befördern. Die Postverwaltung kann bei jeder Fahrt bis zu 20% der Nutzlast für die Fahrpost in Anspruch nehmen. Die Kraftwagenunternehmung hat auch für Beschädigung oder Verlust der Postsendungen zu haften (Art. 67 bis 68 der Vollzugsverordnung).

V. Allgemeine Verkehrsvorschriften.

Die straßenpolizeilichen Vorschriften sind in Spanien im Straßenverkehrsgesetz (Codigo de Circulacion) vom 25. September 1934 (G. d. M. vom 26. bis 28. September) enthalten.

Höchstgeschwindigkeit.

Das Straßenverkehrsgesetz enthält keine Höchstgrenze für Personenkraftwagen. Art. 17 des Gesetzes sagt nur, daß der Fahrer jederzeit Herr des Fahrzeuges sein muß.

Die Höchstgeschwindigkeit der Lastkraftwagen ist jedoch

im Art. 93 des Gesetzes begrenzt, und zwar darf sie bei Lastkraftwagen, deren Gesamtgewicht (mit Ladung) 3500 kg übersteigt, folgende Werte nicht überschreiten:

a) bei einem Gesamtgewicht von 3501 bis 4500 kg 80 km in der Stunde,

b) bei einem Gesamtgewicht von 4501 bis 8000 kg 60 km in der Stunde,

c) bei einem Gesamtgewicht über 8000 kg 40 km in der Stunde.

Bei Fahrzeugen mit Vollgummi- und Metallbereifung darf die Höchstgeschwindigkeit nur die Hälfte der vorstehend angegebenen betragen. Kraftwagenzüge mit mehr als drei Wagen dürfen nicht schneller als 12 km in der Stunde fahren (Art. 256).

VI. Maßnahmen gegen den Wettbewerb „Eisenbahn—Kraftwagen".

Die Maßnahmen, welche die spanische Gesetzgebung gegen den Wettbewerb „Eisenbahn — Kraftwagen" getroffen haben, liegen durchwegs auf dem Gebiete der Besteuerung. Hier kommt die Verordnung des Ministerrates vom 29. August 1935 (G. d. M. vom 31. August 1935) in Betracht, aus deren Motivenbericht zu entnehmen ist, daß die Krise, welche die spanischen Eisenbahnen gegenwärtig durchmachen, zum Teil auch dem ihnen von den Lastkraftwagen bereiteten Wettbewerb zuzuschreiben ist. Die Verordnung soll (gleichfalls nach dem Motivenberichte) den Lastkraftwagenverkehr weder schädigen noch vernichten, sondern durch dessen Besteuerung nur einen billigen Ausgleich gegenüber den erhöhten Kosten des Eisenbahntransportes schaffen. Die in der gleichen Verordnung vorgeschriebene Einhebung einer Bewilligung für den Lastkraftwagenverkehr beabsichtigt keine Verkehrsbeschränkung, sondern soll die Einhebung der Abgaben sicherstellen. Als Abgaben wurden:

1. eine Straßenerhaltungsabgabe für Lastkraftwagen (Canon de conservacion) und

2. eine Transportsteuer (Impuesta de transportes) vorgeschrieben (siehe Abschnitt „B. Die Besteuerung der Kraftwagen und des Kraftwagenverkehres"). Vor der endgültigen Lösung der Wettbewerbsfrage soll jedoch seitens der Regierung ein allgemeiner Transporttag einberufen werden, bei welchem die Interessenten ihre Ansichten vertreten können.[1])

---

[1]) Zur Vorbereitung dieses Transporttages hat die Regierung mit Verordnung des Arbeitsministeriums vom 30. November 1935 (G. d. M. v. 1. Dezember 1935) ein Studienkomitee eingesetzt.

B. Die Besteuerung der Kraftwagen und des Kraftwagenverkehres.

I. Verkehrssteuer.

Die Kraftwagen unterliegen in Spanien auf Grund des Verordnungsgesetzes vom 29. April 1927 und der Durchführungsverordnung hiezu vom 28. Juni 1927 (G. d. M. vom 2. Juli 1927), welche durch die Verordnung vom 22. Juli 1931 (G. d. M. vom 24. Juli 1931) abgeändert wurde, einer Jahresgebühr (Patente Nacional de Circulacion de automoviles).

Diese Gebühr beträgt:

1. Für Luxuswagen und Tourenwagen (Art. 3):
   a) für die ersten 5 Pferdekräfte .... 100 Pesetas,
   b) „ „ weiteren PS von 5—10 PS .... 20 „
   c) „ „ „ „ „ 10—16 „ .... 25 „
   d) „ „ „ „ „ 16—20 „ .... 33 „
   e) „ „ „ „ über 20 PS .... 40 „
2. für Mietwagen mit und ohne Taxameter .. 30 „
3. für Autobusse und Omnibusse (mit einem Zuschlag von 10% bei mehr als 30 Sitzen) 36 „
4. für Lastkraftwagen .... 36 „

Diese Steuer wird auch für die im Werksverkehr verwendeten Kraftwagen eingehoben und unterliegt einer Ermäßigung um 25%, wenn die Kraftwagen mit Luftreifen versehen sind (Art. 10).

II. Straßenerhaltungsabgabe für alle Kraftwagen.

Das Transportreglement zieht den Kraftwagenverkehr zur Straßenerhaltung heran, indem es eine besondere Straßenerhaltungsabgabe (Canon por conservacion de carretteras) festsetzt. Diese Straßenabgabe wird für die Tonne und den Kilometer eingehoben und ist für die verschiedenen Klassen des Kraftwagenverkehres verschieden. Sie beträgt:

1. für die unter die Klasse A fallenden Kraftwagen mindestens $1/2$ Centimo für die Tonne und den Kilometer. Die Zahl der Tonnen wird hiebei in der Weise ermittelt, daß dem Wagengewicht die Hälfte der Nutzlast zuzuschlagen ist, wobei bei Personenwagen jeder Sitzplatz mit 75 kg berechnet wird (Art. 60);
2. für die Klasse B 2 Centimos, wobei die Wegkilometer auf Grund des bewilligten Fahrplanes berechnet werden (Art. 86);

3. für die Klasse C 125 Pesetas für den Wagen und das Jahr (Art. 93) und für die Klasse D siehe Klasse A (Art. 95).

III. Besondere Straßenerhaltungsabgabe und Transportsteuer für Lastkraftwagen.

Auf Grund der Ministerratsverordnung vom 29. August 1935 wird für den Lastkraftwagenverkehr eine besondere Straßenerhaltungsabgabe und überdies eine Transportsteuer eingehoben.

1. Die Straßenerhaltungsabgabe.

Die Straßenerhaltungsabgabe beträgt nach Art. 5 der vorgenannten Verordnung 2 Centimos für die Tonne und den Kilometer, wobei bei Verkehrsbewilligungen für Strecken bis zu 40 km angenommen wird, daß der Wagen täglich mindestens 40 km zurücklegt. Bei Bewilligungen für einen Verkehr auf Strecken über 40 km wird die tägliche Verkehrsleistung mit so viel Kilometer angenommen, als die bewilligte weiteste Strecke Kilometer besitzt. Die Tonnenanzahl wird aber mit zwei Dritteln der Summe aus Wagengewicht und Höchstlast angenommen.

2. Die Transportsteuer.

Die Transportsteuer für den Lastkraftwagenverkehr wurde in Art. 6 der Verordnung mit 2,5 Centimos für die Tonne Fracht und den zurückgelegten Kilometer festgesetzt, wobei angenommen wird, daß der Wagen täglich die in der Bewilligung festgesetzte längste Strecke zurücklegt.

Soll eine größere als in der Bewilligung gestattete Strecke zurückgelegt werden, so ist vorher für jeden einzelnen Fall eine besondere Bewilligung einzuholen und hiefür eine Gebühr zu entrichten, welche bei Lastkraftwagen bis zu 5 Tonnen 25 Centimos für jeden Kilometer mehr und bei Lastkraftwagen über 5 Tonnen 50 Centimos für jeden Kilometer mehr beträgt.

IV. Benzinzoll.

Benzin unterliegt in Spanien nach Nr. 785 des geltenden Zolltarifes einem Benzinzoll von 60 Pesetas in Gold, das sind 143,40 Pesetas in Papier für 100 kg.

18. Tschechoslowakische Republik.

A. Verkehrsvorschriften.

I. Die gesetzlichen Grundlagen.

In der Tschechoslowakischen Republik wird der Kraftwagenverkehr durch nachstehende Gesetze und Verordnungen geregelt:

a) das Gesetz vom 12. April 1935 (A. S. d. G. u. V. Nr. 77) über die Beförderung durch Kraftfahrzeuge und deren Besteuerung;

b) die Regierungsverordnung vom 4. Juli 1935 (A. S. d. G. u. V. Nr. 153) zur Durchführung des Gesetzes über die Beförderung durch Kraftfahrzeuge und deren Besteuerung;

c) Gesetz vom 26. März 1935 (A. S. d. G. u. V. Nr. 81) über den Verkehr von Kraftfahrzeugen;

d) Verordnung zur Durchführung des Gesetzes vom 26. März 1935 über den Verkehr von Kraftfahrzeugen vom 19. Oktober 1935 (A. S. d. G. u. V. Nr. 203).

II. Behörden.

Die Durchführung der Gesetze und Verordnungen über den Kraftwagenverkehr obliegt den Verwaltungsbehörden (Bezirks- und Landesbehörden) und in letzter Instanz dem Ministerium für Industrie, Handel und Gewerbe. Diese Behörden erteilen auch die Konzessionen (§ 22).

Zur Verleihung der Konzession sind nach § 22 zuständig:

1. Für eine regelmäßige Beförderung, die den Verwaltungssprengel einer Bezirksbehörde nicht überschreitet, die Bezirksbehörde, für eine Beförderung, die den Verwaltungssprengel einer Bezirksbehörde, nicht aber einer Landesbehörde überschreitet, die Landesbehörde, und für eine Beförderung, die den Verwaltungssprengel einer Landesbehörde überschreitet, das Ministerium für Industrie, Handel und Gewerbe.

2. Für eine unregelmäßige Beförderung die Bezirksbehörde des Standortes des Gewerbes.

3. Für eine Beförderung über die Staatsgrenze das Ministerium für Industrie, Handel und Gewerbe.

Durch Regierungsverordnung wird beim Ministerium für öffentliche Arbeiten ein besonderer „Beirat für Fragen, betreffend Kraftfahrzeuge" errichtet, dessen Organisation und Wirkungskreis durch Regierungsverordnung geregelt wird. Die Mitgliedschaft in dieser Körperschaft ist ehrenamtlich (§ 79 des Gesetzes vom 26. März 1935).

III. Konzessionspflicht für den gewerbsmäßigen Transport.

Nach § 1 des Gesetzes vom 12. April 1935 ist die gewerbsmäßig mittels Kraftwagen betriebene, regelmäßige oder unregelmäßige Beförderung von Personen oder Lasten ein konzessioniertes Gewerbe. Eine unregelmäßige Lastenbeförderung kann bloß für einen bestimmten territorial abgegrenzten Sprengel bewilligt werden.

1. Ausnahme von der Konzessionspflicht.

Einer Konzession zur Beförderung von Personen oder Lasten bedürfen nach § 2 des Gesetzes nicht:

a) die Unternehmung der tschechoslowakischen Staatsbahnen und die Unternehmung der tschechoslowakischen Post;

b) Luftschiffahrtstransportunternehmungen, soweit es sich um die Beförderung von Personen und Lasten handelt, die sie zum Zwecke des Zu- und Abtransportes ihrer Reisenden oder ihrer Lasten aus der Gemeinde, für die der Flugplatz erbaut ist, auf diesem Flugplatz oder vom Flugplatz betreiben;

c) die Gemeinden für eine regelmäßige Massenbeförderung von Personen in ihrem Gebiete, wenn sich aber die nächste Eisenbahnstation in einer benachbarten Katastralgemeinde befindet, auch zwischen der Gemeinde und dieser Eisenbahnstation; ferner Gemeinden mit mehr als 15.000 Einwohnern nach vorheriger Zustimmung des Eisenbahnministeriums auch in einem Umkreise bis zu höchstens 5 km über ihr Katastralgebiet (betreffend Prag auch in den Gemeinden, die im § 3 des Gesetzes vom 5. Februar 1920, S. d. G. u. V. Nr. 88, über die Errichtung einer staatlichen Regulierungskommission für die Hauptstadt Prag und Umgebung angeführt sind);

d) Privateisenbahnen im eigenen Betriebe nach vorheriger Zustimmung des Eisenbahnministeriums zur Beförderung von

Personen oder Lasten auf ihre Bahnhöfe von den Orten, für die der Bahnhof bestimmt ist, oder umgekehrt;

e) öffentliche Heilanstalten, Korporationen und Einrichtungen für die Beförderung von Kranken und der damit in Zusammenhang stehenden Lasten durch Kraftfahrzeuge, die zu diesem Zwecke besonders eingerichtet sind;

f) ausländische Unternehmer für die unregelmäßige Beförderung von Personen in das Gebiet der Tschechoslowakischen Republik, einschließlich der Fälle von touristischen Rundreisen, bei denen die im Ausland eingestiegenen Personen mit demselben Fahrzeug wieder zurückkehren, sofern weitere Reisende im tschechoslowakischen Staatsgebiet nicht aufgenommen werden;

g) ausländische Unternehmer für die Durchfuhr von Lasten durch das Gebiet der Tschechoslowakischen Republik unter der Bedingung, daß die Gegenseitigkeit gewährleistet ist;

h) ausländische Unternehmer für die Beförderung von Leichen mittels eines zu diesem Zweck besonders eingerichteten Kraftfahrzeuges aus dem Ausland in das Gebiet der Tschechoslowakischen Republik oder über das Gebiet der Tschechoslowakischen Republik in das Gebiet eines fremden Staates;

i) Personen, die Traktoren und ähnliche in Landwirtschaft, Industrie, Handel und Gewerbe verwendete Kraftfahrzeuge besitzen;

j) Personen, die sich nach einem Vertrage mit der Unternehmung „Tschechoslowakische Post" ausschließlich mit der Beförderung von Postsendungen befassen;

k) Personen, die sich nach einem Vertrage mit der Unternehmung „Tschechoslowakische Staatsbahnen" ausschließlich mit der Beförderung von Lasten vom Bahnhofe in die Orte, für die der Bahnhof bestimmt ist, oder umgekehrt befassen.

2. Vorrecht der Eisenbahnen bei Konzessionserteilung.

Nach § 21 steht den Eisenbahnunternehmungen bzw. der Unternehmung „Tschechoslowakische Post" das Vorrecht zur Einführung einer regelmäßigen Beförderung zu.

3. Unzulässigkeit der Konzessionserteilung.

Die Konzession zum Betriebe der Beförderung darf nach § 6 (2) nicht verliehen werden:

a) wenn das Bedürfnis der Bevölkerung die Konzession nicht erheischt,

b) wenn die Einführung der beabsichtigten Beförderung öffentlichen Interessen zuwiderlaufen würde,

c) wenn die beabsichtigte regelmäßige Beförderung das tatsächliche Verkehrsbedürfnis nicht zweckmäßig befriedigt,

d) wenn der Bau- und Erhaltungszustand der Straßen und Wege den Betrieb der beabsichtigten Beförderung auf ihnen nicht zuläßt,

e) wenn Eisenbahnen bzw. die Unternehmung „Tschechoslowakische Post" das Vorrecht beansprucht haben.

4. Bedarfsprüfung.

Bei der Beurteilung des Bedürfnisses der Bevölkerung ist in erster Linie darauf Rücksicht zu nehmen, ob es durch den Eisenbahnverkehr auf Geleisen oder durch andere Verkehrsmittel bereits genügend befriedigt ist (§ 6 des Gesetzes vom 12. April 1935). Bei der regelmäßigen Beförderung wird das Bedürfnis der Bevölkerung im Einvernehmen mit der zuständigen Staatsbahn- und Post- und Telegraphendirektion von der Konzessionsbehörde beurteilt, welche die beteiligten Gemeinden, den bestehenden Genossenschaftsverband und die zuständige Handels- und Gewerbekammer zur Äußerung innerhalb einer Fallfrist von 30 Tagen aufzufordern hat. Kommt zwischen der Konzessionsbehörde und den erwähnten Direktionen keine Einigung zustande, so entscheidet über die Frage des Bedürfnisses der Bevölkerung das Ministerium für Industrie, Handel und Gewerbe im Einvernehmen mit den Ministerien der Eisenbahnen und für Post- und Telegraphenwesen (§ 24).

5. Übertragung der Konzession.

Die Konzession ist nach § 7 eine persönliche Berechtigung, deren Übertragung an eine andere Person, sei es unter Lebenden oder für den Todesfall, unzulässig ist. Das Gewerbe darf in der Regel bloß durch den Inhaber der Konzession betrieben werden; die Konzessionsbehörde kann jedoch aus wichtigen Gründen den Betrieb durch einen Stellvertreter bewilligen.

6. Fahrpläne und Fahrpreise.

Der Konzessionswerber ist verpflichtet, eine Verkehrsordnung zu verfassen, welche die allgemein geltenden Bedingungen für die Beförderung von Personen bzw. Lasten nach den durch Regierungsverordnung festgesetzten Grundsätzen enthalten muß. Bei der Beförderung von Personen ist der Konzessionär außerdem verpflichtet, den von der Konzessionsbehörde genehmigten Tarif einzuhalten (§ 9). Der Bewerber um die Konzession für die regelmäßige Beförderung von Personen ist verpflichtet, einen Fahrplan aufzustellen, dessen Entwurf bereits mit dem Gesuch um Verleihung der Konzession vorzulegen ist. Dieser Fahrplan muß die Abfahrts- und nach Umständen auch die Ankunftszeiten für alle Orte enthalten, an welchen das Fahrzeug regelmäßig anhält. Der Fahrplan unterliegt der Genehmigung (§ 20).

7. Postbeförderung.

Der Konzessionär darf nicht eigenmächtig Sendungen sammeln oder befördern, die dem Postregal unterliegen; er ist aber auf Verlangen der Postverwaltung verpflichtet, Postsendungen gegen eine angemessene Vergütung zu befördern. Über die Höhe der Vergütung sowie über die sonstigen Bedingungen wird zwischen Konzessionär und Postverwaltung ein Vertrag geschlossen. Kommt keine Einigung zustande, entscheidet das Ministerium für Post- und Telegraphenwesen im Einvernehmen mit dem Ministerium für Industrie, Handel und Gewerbe (§ 14).

8. Dauer der Konzession.

Die Konzession darf nur auf eine bestimmte Zeit von höchstens 15 Jahre verliehen werden. Ihre Erneuerung ist jedoch möglich (§ 7).

9. Sicherstellungserlag.

Zur Sicherstellung für die Leistung der im Gesetze vorgesehenen Strafen sowie der Steuern, welche den Kraftwagenverkehr belasten, hat der Konzessionär nach § 13 eine angemessene Sicherheit zu erlegen, die je nach dem Umfang der Berechtigung von der Konzessionsbehörde mit einem Betrage zwischen 500 und 25.000 Kč bemessen wird. Die Sicherheit kann in barem, in Staatspapieren, in Papieren, welche zur Anlage von Waisengeldern geeignet sind oder in einer Bankgarantie bestehen (§ 13 des Gesetzes vom 12. April 1935, siehe Abschnitt I a).

10. Versicherung.

Der Konzessionär ist nach § 8 des Gesetzes vom 12. April 1935 verpflichtet, zur Sicherstellung seiner Verbindlichkeiten, die sich aus der Verantwortlichkeit für den Betrieb der verwendeten Kraftfahrzeuge ergeben, bei einer zum Geschäftsbetriebe in der Tschechoslowakischen Republik zugelassenen Versicherungsanstalt eine Versicherung abzuschließen. Die Regierung bestimmt durch Verordnung die Höhe der Versicherungssumme für jede Art von Kraftfahrzeugen, welche nicht übersteigen darf:

a) für einen Unfall einer Person 100.000 Kč;

b) für den ganzen Versicherungsfall:

α) bei Motorrädern 150.000 Kč;

β) bei Automobilen 350.000 Kč;

γ) bei Autobussen 800.000 Kč;

c) für Sachschäden 50.000 Kč.

Die Mindesthöhe der Versicherungssumme wurde durch § 119 der Verordnung vom 19. Oktober 1935 festgesetzt wie folgt:

1. für den Unfall einer Person mit dem Betrage von 50.000 Kč;

2. für den ganzen Versicherungsfall:

a) bei Motorrädern 100.000 Kč;

b) bei Personen- und Lastenautomobilen 200.000 Kč;

c) bei Autobussen und Motorzügen:

α) mit einer zulässigen Anzahl von Sitz- und Stehplätzen für höchstens 35 Personen 400.000 Kč;

β) mit einer höheren zulässigen Anzahl von Sitz- und Stehplätzen 600.000 Kč;

γ) für Sachschaden 10.000 Kč.

Statt des Abschlusses der Versicherung ist der Erlag einer Kaution möglich (§ 119 der Verordnung vom 25. Oktober 1935).

IV. Vorschriften für den nicht gewerbsmäßig betriebenen Transport von Personen und Gütern (Werksverkehr).

Im IV. Hauptstück des Gesetzes vom 12. April 1935 sind die Vorschriften für die Massenbeförderung von Personen und für die Lastenbeförderung, die nicht gewerbsmäßig betrieben werden, enthalten.

1. Beförderungslizenz.

Zur Massenbeförderung von Personen durch Kraftfahrzeuge und zur Lastenbeförderung durch Kraftfahrzeuge, sofern diese Beförderungen nicht gewerbsmäßig erfolgen, ist mit Ausnahme der besonders angeführten Fälle eine Beförderungslizenz erforderlich (§ 33 des Gesetzes vom 12. April 1935).

Keine Beförderungslizenz brauchen, abgesehen von der eigentlichen Staatsverwaltung:

a) Personen, welche die Beförderung ihrer Arbeitnehmer betreiben, sofern sie dies für den Betrieb ihrer Unternehmung brauchen;

b) Personen, welche Lasten zu eigenen Zwecken befördern:

α) wenn es sich um die Zufuhr von Lasten, die den Gegenstand des Produktions- oder Handelsunternehmens des Beförderers bilden, zu den Abnehmern dieser Lasten handelt, einschließlich der den Absatz dieser Lasten vermittelnden eigenen Unternehmungen (Verkaufsstellen und Verkaufsvereinigungen, an denen der Beförderer beteiligt ist) oder

β) wenn es sich um die Beförderung von zum Gebrauche, zur Verarbeitung oder Verwendung durch den Beförderer bestimmten Lasten oder um die Beförderung der eigenen Waren zum und vom Bahnhofe oder zum und vom Umschlagplatze handelt,

γ) wenn es sich um die Beförderung von zum Verbrauche oder zur Verwendung durch die eigenen Arbeitnehmer des Beförderers bestimmten Lasten handelt;

c) Personen, welche die unregelmäßige Massenbeförderung von Personen aus dem Ausland in das tschechoslowakische Zollgebiet und zurück betreiben;

d) Personen, welche Traktoren und ähnliche in Landwirtschaft, Industrie, Handel und Gewerbe verwendete Kraftfahrzeuge besitzen.

2. Bedarfsprüfung bei der Erteilung der Beförderungslizenz.

Nach § 36 kann die Beförderungslizenz nicht erteilt werden, wenn für die beabsichtigte Beförderung kein Bedürfnis vorhanden ist oder wenn die Einführung der beabsichtigten Beförderung öffentlichen Interessen zuwiderlaufen würde.

V. Allgemeine Verkehrsvorschriften.

1. Breite der Fahrzeuge.

Nach § 4 der Verordnung vom 19. Oktober 1935 müssen die äußeren Dimensionen der Straßen-Kraftfahrzeuge, die Ausrüstung nicht mitgerechnet, derartige sein, daß sie beim Transporte auf der Eisenbahn den kleinsten Dimensionen der Lademaße der tschechoslowakischen Eisenbahnen mit normaler Spurweite entsprechen.

Die Dimensionen der Ladefläche und der Maximalbreite der Lastautomobile mit Lastwagenkarosserie müssen sein, wie folgt:

Bei einer Tragfähigkeit von	Lichte Breite der Ladefläche Minimum	Lichte Länge der Ladefläche Minimum	Breite des Fahrzeuges Maximum
	Millimeter		
1,5 t..............	1800	2750	2000
2 t nnd $2^1/_2$ t....	1800	3000	2100
3 t..............	1800	3000	2200
4 t und mehr....	1900	4000	2500

Die Breite der Autobusse darf höchstens betragen: bei einem Fahrgestelle (Chassis), entsprechend einer Tragfähigkeit von Lastautomobilen von:

1,5 t . . . . 2000 mm,
von 2 t und 2,5 t . . . . 2100 mm,
von 3 t . . . . 2400 mm,
von 4 t und mehr . . . . 2500 mm.

2. Tragfähigkeit.

Nach § 6 der Verordnung vom 19. Oktober 1935, Nr. 203, müssen die Lastautomobile von einer Tragfähigkeit von mehr als 1 t eine der folgenden Tragfähigkeiten besitzen: 1,2 t, 1,5 t, 2 t, 2,5 t, 3 t, 4 t, 5 t und höher, stets je 1000 kg mehr.

3. Geschwindigkeit der Kraftfahrzeuge.

Über die zulässige Geschwindigkeit der Kraftfahrzeuge enthält der § 106 der Verordnung vom 19. Oktober 1935 die nachstehenden Bestimmungen:

In geschlossenen Ortschaften ist eine Fahrgeschwindigkeit bis 35 km in der Stunde zulässig. Außerhalb einer geschlossenen Ortschaft darf die Fahrgeschwindigkeit nicht übersteigen:

35 km in der Stunde bei Kraftfahrzeugen mit mehr als einem Anhängewagen und bei Traktoren,

50 km in der Stunde bei Autobussen, soweit nicht in Einzelfällen eine höhere Geschwindigkeit bewilligt wurde, ferner bei Lastautomobilen, bei Automobilen mit einem Anhängewagen und bei Automobilen mit besonderer Bestimmung.

VI. Zusammenschluß des Post- und Eisenbahnkraftwagenbetriebes.

Mit 1. Jänner 1933 wurde auf Grund einer Vereinbarung zwischen dem Post- und Eisenbahnministerium der gesamte Postautobusbetrieb mit jenem der Staatsbahnen vereinigt und dem Eisenbahnministerium unterstellt. Die Beförderungsbedingungen, die Beförderungspreise, die Fahrpläne und äußeren Bezeichnungen bleiben vorläufig unverändert. Durch die Übernahme der Postautobusse ist die Zahl der Autobusse der Eisenbahnverwaltung auf fast 700 gestiegen.[1])

VII. Abkommen mit der Eisenbahn.

Nach § 63, Abs. 6, treten die erhöhten Steuersätze, welche für die nicht gewerbemäßig betriebene Beförderung festgesetzt sind (siehe Abschnitt B. Die Besteuerung der Kraftwagen und des Kraftwagenverkehres auf S. 265ff.), nicht in Kraft, wenn die steuerpflichtigen Kraftwageneigentümer nachweisen, daß sie mit dem Eisenbahnministerium oder mit dem von diesem ermächtigten Organ ein Abkommen über die Art der Benützung der Fahrzeuge abgeschlossen haben, zu dessen Einhaltung sie verpflichtet sind. Die näheren Bestimmungen über diese Abkommen sind im IX. Hauptstück des Gesetzes vom 12. April 1935 enthalten. Der Zweck der Abkommen soll darnach sein, daß die Person, mit der das Abkommen vereinbart wird, die Benützung der Straßenkraftfahrzeuge so regelt, daß den Eisenbahnen eine solche Beförderung erhalten bleibt, die ihnen mit Rücksicht auf ihr Werttarifsystem auch weiterhin die Erfüllung der Aufgaben ermöglicht, welche von ihnen im Interesse der gesamten Wirtschaft verlangt werden.

Die Eisenbahn ist verpflichtet, Abkommen mit Personen zu vereinbaren, die bereit sind, sich zu verpflichten, ihre Kraftfahrzeuge nicht auf eine größere Entfernung als 30 km zu benützen. Ein Kraftwagentransport, der zum Zwecke der Lastenzufuhr in die nächste Eisenbahnstation behufs Beförderung mit der Eisenbahn oder umgekehrt erfolgt, soll durch die Abkommen nicht beschränkt werden, auch wenn er auf eine größere Entfernung als 30 km erfolgt.

In den Abkommen sind auch jene Ausnahmsfälle zu berücksichtigen, in denen die Benützung des Kraftwagens zur rechtzeitigen Beförderung der Ladung nach einem inländischen Umschlagplatz (zwecks Übergabe der Güter zur Schiffsbeförderung, namentlich behufs Ergänzung der Schiffsladung) notwendig ist.

Bei Vereinbarung der Abkommen ist darauf Bedacht zu nehmen, daß durch die Beschränkung des Kraftverkehres für den Unternehmer, mit dem das Abkommen vereinbart wird,

[1]) Zeitung des Vereines mitteleuropäischer Eisenbahnverwaltungen, 1933, S. 74.

kein wesentlicher materieller Schaden, sei es durch Verlangsamung des Transportes oder durch Erschwerung der Gütermanipulation entstehe.

Es ist darauf zu achten, daß durch die Abkommen die Möglichkeit der raschen Kraftwagen- oder Eisenbahnbeförderung solcher Nahrungs- und Genußmittel unterstützt werde, die zur Versorgung der Markthallen und des Marktes für den täglichen Gebrauch bestimmt sind und die durch eine Verlangsamung der Beförderung an Qualität leiden würden. Bei der Vereinbarung der Abkommen sind ferner die besonderen Bedürfnisse bestimmter Gegenden oder Produktions- und Handelszweige, gegebenenfalls auch die ausnahmsweisen Verhältnisse einzelner Unternehmungen zu berücksichtigen.

Für den Fall der Verletzung des Abkommens wird eine Konventionalstrafe in der Höhe des Dreifachen der Eisenbahnfrachtgebühr vereinbart, um welche die Eisenbahn durch die Verletzung des Abkommens verkürzt wurde.

Die Abkommen sollen auf die Dauer von mindestens ein Jahr abgeschlossen werden.

B. Die Besteuerung der Kraftwagen und des Kraftwagenverkehres.

In der Tschechoslowakischen Republik erfolgt die Besteuerung der Kraftwagen und des Kraftwagenverkehres auf Grund des Gesetzes vom 12. April 1935, welches in seinem VIII. Hauptstück die Bestimmungen über die Kraftfahrzeugsteuer und über die Fahrpreissteuer enthält.

1. Die Kraftwagensteuer.

Nach § 57 des Gesetzes vom 12. April 1935 (A. S. d. G. u. V. Nr. 77) unterliegen Motorfahrzeuge, die zum Verkehr auf öffentlichen Wegen und Plätzen benützt werden und sich nicht auf Schienen bewegen, sowie deren Anhänger, der Kraftwagensteuer. Die Steuer beträgt nach § 63 im Jahre:

1. a) bei Fahrrädern mit Hilfsmotor und einem Zylinderinhalt über 0,1 l, Motorrädern (Motocycles), Motorrädern mit Beiwagen und Motordreirädern zur Personenbeförderung . . . . 130 Kč;

b) bei Personenautomobilen mit einem Zylinderinhalte:
bis zu 1 l . . . . 250 Kč,
von mehr als 1 bis zu 1,5 l . . . . 400 Kč,
„ „ „ 1,5 „ „ 2 l . . . . 600 Kč,

von mehr als 2 bis zu 2,5 l	. . . .	900 Kč,
„ „ „ 2,5 „ „ 3 l	. . . .	1100 Kč,
„ „ „ 3 „ „ 3,5 l	. . . .	1300 Kč,
„ „ „ 3,5 „ „ 4 l	. . . .	1600 Kč,
„ „ „ 4 „ „ 4,5 l	. . . .	1900 Kč,
„ „ „ 4,5 „ „ 5 l	. . . .	2300 Kč,
„ „ „ 5 „ „ 5,5 l	. . . .	2700 Kč,
„ „ „ 5,5 „ „ 6 l	. . . .	3100 Kč,
„ „ „ 6 „ „ 6,5 l	. . . .	3500 Kč,
„ „ „ 6,5 „ „ 7 l	. . . .	4000 Kč,
„ „ „ 7 l	. . . .	4500 Kč;

c) bei Autobussen für je (auch nur angefangene) 100 kg Eigengewicht 35 Kč;

d) bei Motordreirädern zur Beförderung von Lasten 500 Kč;

e) bei Lastautomobilen und sonstigen Lastkraftfahrzeugen für je (auch nur angefangene) 100 kg Eigengewicht und für je (auch nur angefangene) 100 kg Tragfähigkeit Kč 32,50,

bei dreiachsigen Lastautomobilen und sonstigen Lastkraftfahrzeugen mit zwei angetriebenen Achsen wird der Satz um 20% herabgesetzt;

f) bei Traktoren und ähnlichen Kraftfahrzeugen für je (auch nur angefangene) 100 kg Eigengewicht 70 Kč.

2. Erfolgt bei den unter b, c, e, f angeführten inländischen Kraftfahrzeugen der Antrieb durch Elektrizität oder einen anderen Betriebsstoff als durch Mineralöle oder deren Mischung mit Spiritus, so beträgt die Steuer für das Kalenderjahr:

a) bei Personenautomobilen und bei Autobussen für je (auch nur angefangene) 100 kg Eigengewicht 50 Kč;

b) bei Lastkraftwagen und sonstigen Lastkraftfahrzeugen für je (auch nur angefangene) 100 kg Eigengewicht und für je (auch nur angefangene) 100 kg Tragfähigkeit 40 Kč,

bei dreiachsigen Lastautomobilen und anderen Lastkraftfahrzeugen mit zwei angetriebenen Achsen wird dieser Satz um 20% herabgesetzt;

c) bei Traktoren und ähnlichen Kraftfahrzeugen für je (auch nur angefangene) 100 kg Eigengewicht 85 Kč.

3. Bei Anhängewagen von Kraftfahrzeugen beträgt die Steuer für je (auch nur angefangene) 100 kg Tragfähigkeit 70 Kč.

Die vorstehenden Sätze gelten nur für Kraftfahrzeuge, die

mit Luftreifen versehen sind. Bei Kammerreifen erhöht sich die Steuer um 20%, bei Vollgummireifen um 50%.

Handelt es sich nicht um eine gewerbsmäßig betriebene Beförderung, so tritt bei den unter 1, e, und 1, f, sowie 2, b und c, genannten Kraftfahrzeugen und ihren Anhängewagen folgende Steuererhöhung ein:

bei einer Gesamttragfähigkeit über 1500 bis 2500 kg 60%,
bei einer Gesamttragfähigkeit über 2500 bis 5000 kg 100%,
bei einer Gesamttragfähigkeit über 5000 kg . . . . . 200%.

Außer der Fahrzeugsteuer wird noch von den für Erzeugungs-, Verkaufs- oder Prüfungszwecke zugeteilte Evidenzkennzeichen, die nicht an ein bestimmtes Fahrzeug gebunden sind, eine Steuer von jährlich 500 Kč eingehoben.

2. Die Besteuerung des Kraftwagenverkehres.

Die Vorschriften über die Fahrpreissteuer für die Massenbeförderung von Personen sind im 2. Abschnitt des VIII. Hauptstückes des Gesetzes vom 12. April 1935 über die Beförderung durch Kraftfahrzeuge und deren Besteuerung enthalten.

Gegenstand der Fahrpreissteuer ist die durch Autobusse im Gebiete der Tschechoslowakischen Republik entgeltlich betriebene Massenbeförderung von Personen (§ 72).

Die Fahrpreissteuer für die Massenbeförderung von Personen beträgt 20% des Fahrpreises (§ 75).

3. Benzinzoll.

Der Zoll auf Benzin beträgt in der Tschechoslowakei gegenwärtig nach Nr. 177a des Zolltarifes für Benzin von einer Dichte bis zu 790 Grad für 100 kg Reingewicht vertragsmäßig 73 Kronen.

4. Umsatzsteuer.

Außerdem ist Benzin noch durch das Umsatzsteuerpauschale im Ausmaß von 20,25 Kronen für 100 kg Eigengewicht belastet.

5. Spiritusbeimischungszwang.

Nach Art. 1 des Gesetzes vom 7. Juni 1932 (G. S. Nr. 85) über die pflichtmäßige Mischung von Spiritus mit Betriebsstoffen und nach § 1 der Regierungsverordnung vom 13. Juli 1935 (A. S. d. G. u. V. Nr. 154) dürfen die auf dem Gebiete der Tschechoslowakischen Republik gewonnenen und die eingeführten Mineralöle, deren Dichte bei 15° C 810 Grad nicht erreicht, zum Antrieb von Motoren nur nach Mischung mit Spiritus in den freien Verkehr gebracht werden. Das zum Betriebe von Motoren bestimmte Gemisch von Mineralölen einer niedrigeren Dichte als 810 Grad mit Spiritus darf in den freien Verkehr nur in einer solchen Zusammensetzung gebracht werden, daß in 100 Volumteilen des Gemisches 20 Volumteile Äthyl- und Methylalkohol und 80 Volumteile von Mineralölen einer Dichte bis zu 810 Grad enthalten sind. § 2 der Regierungsverordnung vom 22. Juli 1932 (G. S. Nr. 127) bestimmt gleichzeitig einen Höchstverkaufspreis des zur Mischung bestimmten Äthylspiritus bei Lieferung in Kesselwagen mit 325 Kč, bei Lieferung in Fässern mit 355 Kč für den Raumhektoliter franko Station der Mischstelle. Durch Regierungsverordnung vom 26. August 1933 (G. S. Nr. 180) wird der Höchstpreis des Äthylspiritus um 50 Kč erhöht. Der Höchstpreis für Methylspiritus wurde durch die Regierungsverordnung vom 22. Juli 1932 mit 285 Kč festgesetzt.

19. Ungarn.

A. Verkehrsvorschriften.

I. Die gesetzlichen Grundlagen.

Die gesetzlichen Grundlagen für den Kraftwagenverkehr bilden in Ungarn die nachstehenden Gesetze und Verordnungen:

1. Gesetzartikel XII/1922 über die Abänderung des mit Gesetzartikel XVII/1884 inartikulierten Gewerbegesetzes,

2. Gesetzartikel XVI/1930 über die öffentlichen Kraftfahrzeugunternehmen,

3. Verordnung des Handelsministers vom 12. September 1931, Z. 57.000, über die Durchführung des Gesetzartikels XVI/1930 (Rendeletek Tara 1931, S. 1285).

Definition und Einteilung der öffentlichen Kraftfahrzeugunternehmungen.

Im Sinne des Gesetzartikels XVI/1930 gelten als öffentliche Kraftfahrzeugunternehmen Betriebe, welche mit ihren auf öffentlichen Wegen und Plätzen ohne Geleise verkehrenden, durch Maschinenkraft bewegten oder geschleppten Fahrzeugen die Beförderung von Personen, Gepäck, Gütern oder sonstigen Sachen, sei es mit regelmäßigen oder fallweisen oder mit gemischten Fahrten, die sowohl Personen als auch Güter befördern, erwerbsmäßig ausüben und deren Fahrzeuge ihrer Zweckbestimmung entsprechend jedermann in Anspruch nehmen kann (§ 1).

Dem Gesetze unterliegen nach § 2 die nachstehenden öffentlichen Kraftfahrzeugunternehmen:

1. Omnibusunternehmen mit regelmäßigen und fallweisen Fahrten,

2. Unternehmen, welche regelmäßig oder fallweise Güter befördern,

3. Unternehmen, welche sowohl Personen als auch Güter regelmäßig oder fallweise befördern,
4. Krankentransportunternehmungen,
5. Leichentransportunternehmungen.

Dem Gesetze unterliegen nach § 3 nicht:
1. die Beförderung innerhalb eines Stadtgebietes, und zwar
a) die Beförderung durch Spediteure,
b) die Leichenbeförderung der Beerdigungsanstalten, und
2. die Mietkraftwagenunternehmungen.

Das Mietkraftwagengewerbe wurde bereits nach den Bestimmungen des Art. 34, Punkt 23 des Gesetzartikels XII/1922 an eine Konzession gebunden. Sie wird nach § 4 des Gesetzartikels XVI/1930 in Städten mit Munizipalrecht durch den Bürgermeister erteilt.

II. Verkehrsmonopol des Staates und Konzessionserteilung.

Der gesamte regelmäßige Kraftwagenverkehr, also der Personen-, Güter- und gemischte Verkehr, bildet nach § 5 des Gesetzartikels XVI/1930 ein Monopol des Staates, welcher die Ausübung seines Rechtes im Wege von Verträgen Unternehmern überläßt. Aber auch jeder andere, also der unregelmäßige Verkehr, bedarf einer Konzession.

III. Behörden.

Die Konzession wird nach § 5 des Gesetzartikels XVI/1930 im allgemeinen durch den Handelsminister erteilt. Nur in den Fällen, in welchen die Beförderung ausschließlich innerhalb einer Gemeinde stattfinden soll, steht das Recht der Konzessionserteilung dem Bürgermeister bzw. dem Oberstuhlrichter zu.

IV. Konzessionspflicht.

Die erste Bedingung für Erteilung einer Konzession ist das Bedürfnis der allgemeinen Wirtschaft. Liegt für einen Verkehr kein allgemeines Bedürfnis vor, würde durch den geplanten Betrieb für die in Betracht kommende Strecke oder im Verkehrsbereich für ein bestehendes Eisenbahn-, Schiffahrts- oder Kraftwagenunternehmen eine Konkurrenz entstehen, welche nicht im öffentlichen Interesse liegt, so ist die Konzession zu verweigern. Das Bestehen einer Konkurrenz wird jedoch nicht angenommen, wenn bereits vorhandene Verkehrsunternehmungen das berechtigte Verkehrsbedürfnis der Öffentlichkeit nicht befriedigen und diese Unternehmungen den Anforderungen trotz Aufforderung der Aufsichtsbehörde innerhalb einer gestellten Frist nicht entsprechen. Die zur Erteilung der Konzession zuständige Behörde hat jedoch anläßlich der Festlegung der Konzessionsbedingungen die Interessen der Verkehrsanstalten zu berücksichtigen (§ 6, Gesetzartikel XVI/1930).

1. Vorrecht der Eisenbahn- und Schiffahrtsunternehmungen sowie der Postanstalt.

Bei der Erteilung der Konzession für öffentliche Kraftfahrzeugunternehmungen haben gegenüber anderen Bewerbern bzw. untereinander den Vorrang in nachstehender Reihenfolge: die mitinteressierten öffentlichen Eisenbahn- und Schiffahrtsunternehmungen, die kgl. Post, die durch dieselben erhaltenen Anstalten und die mit überwiegender Beteiligung der vorgenannten Institutionen unterhaltenen Unternehmen, ferner die Gemeinden und Städte hinsichtlich der Fahrten auf ihrem Gebiete. Nimmt der Vorzugsberechtigte den Betrieb innerhalb einer ihm von der Behörde bestimmten Frist nicht auf, so verliert er sein Vorzugsrecht und kann gegen die Konzessionserteilung keinen Einspruch erheben (§ 17, Gesetzartikel XVI/1930).

2. Fahrplan und Fahrpreis.

In die Konzession sind Fahrplan und Fahrpreis, allenfalls Höchst- und Mindestfahrpreise aufzunehmen. Ebenso sind der Fahrweg und die Stationen und Halteplätze darin zu bezeichnen. Der Fahrplan und der Tarif können auch während der Konzessionsdauer nach Anhörung des Konzessionärs abgeändert werden. Der Betrieb ist ständig aufrechtzuerhalten (§ 22, Gesetzartikel XVI/1930).

3. Beschränkungen bei unregelmäßigen Fahrten.

Der Handelsminister kann den Betrieb von Unternehmungen, welche Personen, Lasten oder Personen und Lasten unregelmäßig befördern, sobald der Betrieb über die Grenzen einer Gemeinde hinausgeht, derart beschränken, daß die Beförderung nur in einem gewissen Gebiete und auch innerhalb desselben nur in einer bestimmten Richtung oder in einer bestimmten Entfernung von einer Eisenbahn- oder einer regelmäßigen Schiffahrtslinie oder Kraftwagenlinie ausgeübt werden kann (§ 20, Gesetzartikel XVI/1930). Gewöhnlich wird das Gebiet bei Lastkraftwagenfahrten derart bemessen, daß sein Halbmesser 30 bis 40 km beträgt.

4. Postbeförderung.

Die regelmäßigen Kraftwagenlinien sind zur Postbeförderung verpflichtet. Kommt es hinsichtlich der Entschädigung hierfür zwischen Unternehmer und Postverwaltung zu keinem Einvernehmen, so entscheidet der Handelsminister. Der Postbegleitmann ist unentgeltlich zu befördern (§ 34, Gesetzartikel XVI/1930).

5. Versicherung.

Der Konzessionsinhaber eines Kraftfahrzeugunternehmens hat zur Sicherstellung der Schadenersatzpflicht, welche er aus einem Verkehrsunfall zu tragen hat, entweder eine Haftpflichtversicherung bei einer zur Geschäftsführung berechtigten Versicherungsanstalt abzuschließen oder eine Sicherheit in barem oder kautionsfähigen Wertpapieren zu erlegen (§ 39, Gesetzartikel XVI/1930). Der Mindestbetrag, auf den die obligatorische Versicherung zu lauten hat, ist im Falle der Verletzung oder des Todes einer Person 5000 Pengö und im Falle eines Sachschadens 1000 Pengö. Die Summe der obligatorischen Versicherung braucht bei einem Autobus für 10 Fahrgäste sowie anderen Kraftfahrzeugen den Betrag von 20.000 Goldpengö und bei einem Autobus für mehr als 10 Fahrgäste den Betrag von 40.000 Goldpengö nicht überschreiten. Die Sicherstellung beträgt für einen Autobus für nicht mehr als 10 Fahrgäste 10.000 Goldpengö, für einen solchen für mehr als 10 Fahrgäste 25.000 Goldpengö, für andere Kraftwagen 7500 Goldpengö und für Kraftwagen mit Anhängewagen bei Personenbeförderung 30.000 Goldpengö (§§ 36 und 38 der Durchführungsverordnung).

6. Konzessionsdauer.

Die Konzession zum Betriebe von öffentlichen Kraftfahrzeugunternehmungen kann unter Berücksichtigung der Aufwendungen für höchstens 10 Jahre erteilt werden. Sie kann aber von 10 zu 10 Jahren verlängert werden. Konzessionen für staatliche Behörden, Ämter und staatliche Betriebe und Anstalten können auf unbestimmte Zeit erteilt werden (§ 8, Gesetzartikel XVI, 1930).

7. Konzessions- und Kontrollgebühr.

Auf Grund des § 23 des Gesetzartikels XVI/1930 ist für die Konzessionierung und Kontrolle eine Konzessions- und Kontrollgebühr zu entrichten, welche beträgt: im Kalenderjahre:

a) für unregelmäßige Fahrten von dem ersten bewilligten Fahrzeug 30 Goldpengö im Jahre, für jedes weitere 10 Goldpengö,

b) für regelmäßige Kraftfahrlinien von dem ersten bewilligten Kraftfahrzeug 50 Pengö und von jedem weiteren 20 Pengö.

Für Anhängewagen ist weder eine Konzessions- noch Kontrollgebühr zu entrichten (§ 27 der Durchführungsverordnung).

V. Regelung des Wettbewerbes „Eisenbahn und Kraftwagen".

Im Personenverkehr ist das Zusammenarbeiten mit den ungarischen Staatsbahnen dadurch gesichert, daß die wichtigsten Autobuslinien von der im Frühjahr 1927 gegründeten Autobusverkehrsunternehmung der ungarischen Staatsbahnen (MAVART), deren Aktien bis zu 80% im Besitze der ungarischen Staatsbahnen sind, betrieben werden.

Im Laufe des Jahres 1934 haben die ungarischen Staatsbahnen die restlichen bisher im Besitze der Privatbahnen befindlichen 20% Aktien erworben und werden nunmehr die MAVART als Aktiengesellschaft liquidieren. Der Betrieb der MAVART wurde mit dem Kraftwagenbetrieb der Postverwaltung vereinigt und von den ungarischen Staatsbahnen als „Kraftwagenbetrieb der ungarischen Staatsbahnen" vom 1. Jänner 1935 an weitergeführt. Dieser Betrieb beschränkt sich ausschließlich auf den Personenverkehr, während den Lastenverkehr wie bisher die Genossenschaft der Lastkraftwagenunternehmer (MATEOSZ) durchführt.

Die ungarischen Staatsbahnen erhielten nämlich für das ganze Gebiet des Reiches die ausschließliche Konzession zum zwischenörtlichen Lastkraftwagenverkehr unter der Bedingung, daß diese Konzession im Wege einer durch Zusammenschluß der Lastkraftwagenbesitzer zu gründenden Genossenschaft auszuüben sei.

Auf Grund eines Ministerialerlasses haben die Lastkraftwagenbesitzer zur Abwicklung des Lastkraftwagenverkehres die „Zentralgenossenschaft der ungarischen Lastkraftwagen-Verfrachter" (MATEOSZ) gegründet, in welche auch die Staatsbahnen als Kraftwagenbesitzer bzw. deren Autounternehmung, die MAVART, eingetreten sind. Mit dieser Genossenschaft haben die Staatsbahnen einen Betriebsvertrag abgeschlossen, welchem auch die Privatbahnen beigetreten sind.

Zweck dieses Betriebsvertrages ist die gesteigerte Geltendmachung der sowohl an den Eisenbahn- als auch an den Kraftwagenverkehr geknüpften volkswirtschaftlichen Interessen. Die weitere Entwicklung des Lastkraftwagenverkehres soll nicht gehemmt werden, aber auch das in die Eisenbahnen angelegte Nationalvermögen durch unlauteren Wettbewerb nicht geschädigt werden. Durch harmonisches Zusammenarbeiten soll der Eisenbahnverkehr nicht nur erhalten, sondern noch gesteigert werden.

Die einheitliche Leitung des Kraftwagenverkehres auf Grund des Betriebsvertrages wird von einem aus je drei Delegierten der Eisenbahn und der Genossenschaft bestehenden Verwaltungsausschusse besorgt.

Das Gebiet des Landes wurde in sieben Verkehrsgebiete geteilt. Im Hauptorte eines jeden Bezirkes, der gleichzeitig auch Sitz einer Eisenbahnbetriebsleitung ist, wurden Gebietsverwaltungen errichtet. Diese leiten den Kraftwagenverkehr auf Grund der ihnen vom zentralen Verwaltungsausschusse erteilten Weisungen. Als Grundlage ihrer Tätigkeit dient der vom Verwaltungsausschuß aufgestellte Betriebsplan, die Geschäftsordnung und die Vollzugsanweisungen.

Güter, die nach Orten über die Gebietsgrenze hinaus bestimmt sind, ist die Genossenschaft verpflichtet, in den in den Gebieten hierzu ausersehenen Gütersammelstationen zur Weiterbeförderung der Eisenbahn zu übergeben. Für diese Transporte erhält die Genossenschaft aus den Frachtgebühren verhältnismäßigen Anteil. Die Gütersammelstationen wurden zu dem Zweck bestimmt, damit aus den dort eingelieferten Sendungen die Beförderung in gut ausgenützten Sammelwaggons erfolgen kann.

Falls die Eisenbahn einzelne Stationen oder Strecken infolge des geringen Verkehres einstellt, ist die Genossenschaft verpflichtet, auf Wunsch der Eisenbahnen die Besorgung ihres Güterverkehres zu übernehmen. Bezüglich der Verkehrsübernahme sind besondere Vereinbarungen zu treffen.

Es ist Grundsatz, daß die Genossenschaft den Eisenbahnen ihren bereits bestehenden Verkehr nicht entziehen darf, es obliegt ihr sogar die Pflicht, den auf die Straßen abgelenkten wieder zurückzuführen. Für diese Leistung erhält die Genossenschaft eine Verkehrswerbungsprovision.

Die Rechtmäßigkeit und vertragsmäßige Abwicklung der Verfrachtung durch die Genossenschaft kontrollieren die Betriebsleitungen der Staatsbahnen und die Stationen.

An die Genossenschaft haben sich bisher bereits gegen 500 Unternehmer und Unternehmungen angeschlossen.

In Hinkunft können gemeinnützige Lastkraftwagenbeförderungen nur im Geiste des Vertrages durchgeführt werden. Die Frachtunternehmer können zwar selbständig, jedoch nur als Beauftragte der Genossenschaft, im Rahmen derselben und nur den Bestimmungen des Vertrages entsprechende Transporte übernehmen. Die Verantwortung für den Betrieb trägt die Genossenschaft. Die Genossenschaft ist für ihre Mitglieder verantwortlich. Die Mitglieder dürfen außerhalb der Genossenschaft keine Transporte übernehmen.

Sowohl die Genossenschaft als auch die Eisenbahn haben eine Tarifpolitik zu befolgen, die zur erfolgreichen Bekämpfung der außerhalb der Genossenschaft stehenden Transportmittel und des illegitimen Kraftwagenverkehres geeignet ist. Die Genossenschaft hat Mindestfrachtsätze festzusetzen, welche der Genehmigung der Aufsichtsbehörde bedürfen. Unter diesen dürfen keine Transporte ausgeführt werden. Es wurden die nachstehenden Mindestfrachtsätze festgestellt:

bei Wagen mit einem Ladegewicht von

1,5 t	für 1000 kg und km	0,40	Goldpengö
2 t		0,3375	,,
2,5 t		0,30	,,
3 t		0,28	,,
4 t		0,25	,,
5 t		0,22	,,

Im Falle der Benutzung eines Anhängers ist noch ein 50%iger Preiszuschlag anzurechnen. Derselbe kann auch bei besonders schwierigen Bodenverhältnissen angerechnet werden.

Zur Kontrolle der vertragsmäßigen Abwicklung der Verfrachtungen ist die Genossenschaft verpflichtet, für jede Fahrt eine die Gebietsgrenzen enthaltende Landkarte sowie eine von der MAVART bescheinigte Legitimation, ferner ein die Verkehrs- und Wareneinschränkungen beinhaltendes Ergänzungsblatt ständig beizugeben. Außerdem ist für jede Fahrt ein Stundenpaß und über jeden Transport ein besonderes Frachtdokument auszufertigen.

Zur weiteren Kontrolle erhalten die einzelnen Gebiete für ihre Kraftwagen Täfelchen von verschiedener Form und Farbe.

Die Mitglieder des Verbandes können innerhalb ihres Gebietes im allgemeinen frei befördern. In einzelnen Verkehrsrichtungen wurde jedoch die Beförderung bestimmter Waren aus Eisenbahninteressen untersagt. Dagegen hat die Eisenbahn die Beförderung mancher Güter ohne Rücksicht auf die Gebietsgrenzen gestattet.

Die Eisenbahn übergibt auf Ansuchen der Genossenschaft einzelne zur Bahnbeförderung mit Frachtbrief übernommene Sendungen, die auf der Eisenbahn aus betriebstechnischen Gründen nicht wirtschaftlich befördert werden können, der Genossenschaft zur Beförderung. Vorläufig werden nur Güter, die auf den Budapester Bahnhöfen zur Aufgabe gelangen, in beschränktem Ausmaß den Kraftwagen überlassen. Der Vertrag zwischen den Bahnen und der Genossenschaft wurde vorläufig auf drei Jahre geschlossen, kann aber auch bereits früher mit halbjähriger Kündigung gelöst werden.[1])

B. Die Besteuerung der Kraftwagen und des Kraftwagenverkehres.

I. Wegsteuer.

In Ungarn sind die Straßenkraftfahrzeuge auf Grund des Gesetzartikels VI vom Jahre 1928 betreffend Besteuerung von Straßenkraftfahrzeugen zu Zwecken der öffentlichen Wege einer Steuer unterworfen. § 3 des Gesetzes gibt die Sätze an, innerhalb welcher die Steuer im Verordnungswege festgesetzt werden kann. Diese Sätze sind:

1. für Personenkraftfahrzeuge zwischen 15 und 30 Pengö je 1 Steuer-PS,
2. für Autobusse, Lastkraftwagen und Traktoren für je 100 kg des Eigengewichtes zwischen 12 und 30 Pengö, und
3. für Anhänger für je 100 kg des Eigengewichtes zwischen 5 und 20 Pengö.

Nach § 11 können die mit der Beförderung von Personen und Waren gewerbsmäßig sich befassenden Kraftfahrzeuge auch mit dem besonderen Beitrag zu den Kosten der Straßenerhaltung, der den Straßenbehörden zukommt, belastet werden.

Nach der Verordnung des Finanzministers vom 25. Juni 1934, Z. 104.000 (Budapesti Közlöny Nr. 145), beträgt gegenwärtig die Wegsteuer:

---

[1]) Dr. Bogsch: „Regelung des Wettbewerbes zwischen Eisenbahn und Lastkraftwagen in Ungarn“ in „Zeitung des Vereines mitteleuropäischer Eisenbahnverwaltungen“, 1933, S. 919.

1. für Personenkraftwagen bei einem Zylinderinhalt bis zu 1 Liter 40 Pengö, bis zu 2 Liter 80 Pengö, bis zu 3 Liter 160 Pengö, bis zu 4 Liter 400 Pengö, bis zu 5 Liter 560 Pengö, bis zu 6 Liter 720 Pengö, bis zu 7 Liter 920 Pengö, bis zu 8 Liter 1120 Pengö, bis zu 9 Liter 1320 Pengö und bis zu 10 Liter 1520 Pengö;

2. bei Autobussen für je 100 kg ihres Eigengewichtes 6 Pengö und für höhere Gewichte im gleichen Verhältnis mehr;

3. bei Lastkraftwagen und luftbereiften Zugmaschinen des öffentlichen Verkehres für je 100 kg ihres Eigengewichtes 8 Pengö und für höhere Gewichte im gleichen Verhältnis mehr;

4. bei Lastkraftwagen und luftbereiften Zugmaschinen des privaten Verkehres für je 100 kg ihres Eigengewichtes 12 Pengö und für höhere Gewichte im gleichen Verhältsnis mehr;

5. bei Lastkraftwagen und Zugmaschinen (mit Vollgummireifen) des öffentlichen Verkehres für je 100 kg ihres Eigengewichtes 11,20 Pengö und für höhere Gewichte im gleichen Verhältnis mehr;

6. bei Lastkraftwagen und Zugmaschinen (mit Vollgummireifen) des öffentlichen Verkehres für je 100 kg ihres Eigengewichtes 16,80 Pengö und für höhere Gewichte im gleichen Verhältnis mehr.

II. Luxussteuer.

Auf Grund der Finanzministerialverordnung vom 29. Juni 1934, Z. 105.000, unterliegen Personenkraftwagen von mehr als 14 Steuerpferdekräften, deren Verkaufspreis 10.000 Pengö übersteigt, sowohl bei der Einfuhr als auch beim Verkauf im Inlande der Luxussteuer im Ausmaße von 10% des Wertes. Lastkraftwagen und Autobusse unterliegen dieser Steuer nicht. Der Steuer unterliegen auch Kraftfahrzeugmotoren, deren Steuerpferdekraft mehr als 14 beträgt, ferner Untergestelle mit Motor von mehr als 14 Steuerpferdekräften und Karosserien im Werte von mehr als 5000 Pengö, Scheinwerfer und Suchlampen bei einem Verkaufspreis von über 40 Pengö und Lampen mit einem Verkaufspreis von mehr als 20 Pengö. Radreifen gelten nicht als Luxusgegenstände und unterliegen daher der Luxussteuer nicht.

III. Umsatzsteuer.

Für alle Kraftwagen, auf denen bei der Einfuhr keine Luxussteuer eingehoben wird, ist die Warenumsatzsteuer im Ausmaße von 7% des Wertes einzuheben.

IV. Benzinzoll und Umsatzsteuer auf Benzin.

Auf Grund der Verordnung vom 4. Juni 1935, Z. 5750 (Budapesti Közlöny Nr. 127), sind Benzin, Gasöl und andere Mineralöle zum Motorenantrieb zollfrei.

Die Warenumsatzsteuer beträgt bei Benzin 6% vom Werte, vermehrt um den Zoll. Außerdem ist $^1/_2$% v. W. plus Zoll für die Einfuhrbewilligung zu entrichten.

V. Staatliche Gewinnbeteiligung.

Außerdem unterliegt Benzin sowohl bei der Ausbringung aus der inländischen Fabrik als auch bei der Einfuhr einer Steuer unter dem Titel der staatlichen Gewinnbeteiligung. Dieselbe beträgt auf Grund der Finanzministerialverordnung vom 30. Juni 1934, Z. 101.481 (B. K. Nr. 146), bei Benzin, dessen Dichte bei 12^0 C weniger als 735 Grad beträgt, 34 Pengö, und bei Benzin, dessen Dichte 735 Grad oder mehr beträgt, 15 Pengö. Gasöl unterliegt gleichfalls einer staatlichen Gewinnbeteiligung von 15 Pengö.

Liste der ÖKW-Veröffentlichungen.

Bis 15. Februar 1936 sind erschienen:

1. **„Rationalisierung und Weltwirtschaft.“** — Aufbau und Ordnung der Weltwirtschaft — von Ernst Streeruwitz. (Geschäftsführender Vorsitzender des Österreichischen Kuratoriums für Wirtschaftlichkeit, Präsident der Wiener Handelskammer, gewesener Bundeskanzler der Republik Österreich.)

   Inhalt: An Hand reichen statistischen Materiales werden die Grundzüge der Rationalisierung vom Standpunkt künftiger Weltgemeinschaft behandelt. Die 4 Hauptstücke des Buches befassen sich mit der Begriffsabgrenzung, den Subjekten, den Objekten und Methoden der Rationalisierung; im letzten Hauptstück werden insbesondere die innere Organisation der Großwirtschaft (Kartelle, Trusts, Konzerne, Interessengemeinschaften und besondere Formen der Großorganisation) sowie die internationale Arbeitsteilung und Kooperation (das Menschenproblem, die Güterwirtschaft, das Geld- und Währungswesen und die politische Ordnung) im Sinne der arbeitsteiligen Weltwirtschaft der Zukunft behandelt.

   559 (XIX und 540) Normseiten (Format Önorm A 5) mit 37 Abbildungen, 3 Tafeln und 3 Beilagen.

   Verlag Julius Springer, Wien 1931. Preis: Broschiert S 24.50 (RM 14.40), gebunden S 28.— (RM 16.50).

2. **„Österreichs zukünftige Energiewirtschaft.“** Von Generaldirektor a. D. Ziv.-Ing. Richard Hofbauer.

   Inhalt: Die Energievorräte Österreichs, der Bedarf Österreichs an elektrischer Energie, die Verwertung der Energievorräte Österreichs, die künftige Energieverteilung, Organisationsprobleme der österreichischen Energiewirtschaft, Richtlinien für die Durchführung des Planes.

   87 Normseiten (Format Önorm A 5) mit 2 Tafeln und einer energiewirtschaftlichen Übersichtskarte.

   Verlag Julius Springer, Wien 1930. Preis S 4.80.

3. **„Die wirtschaftlichen Grundlagen der Donauschiffahrt.“** Von Generaldirektor Hofrat Ludwig Wertheimer.

   Inhalt: Das geopolitische Milieu der Donauschiffahrt, die Friedensschlüsse und die Donauschiffahrt, die Voraussetzungen der

Donauschiffahrt, der Schiffahrtsbetrieb auf der Donau, die österreichische Schiffahrt, Möglichkeiten der Hebung der Donauschiffahrt.

60 Normseiten (Format Önorm A 5) mit 7 Tabellen, einer vierfarbigen Donaukarte und einem Güterfahrplan der Betriebsgemeinschaft auf der Donau.

Verlag Julius Springer, Wien 1930. Preis S 3.80.

4. **„Die österreichische Donau im mitteleuropäischen Binnenschiffahrtsnetz."** Von Sektionschef a. D. Ing. Otto Schneller.

Inhalt: Wirtschaftlichkeitsbestrebungen und Wasserwege, Wasserwege in Österreich und Deutschland, Notwendigkeit von einheitlichen Schiffsabmessungen für das mitteleuropäische Wasserstraßennetz, Durchzugswasserstraßen, Zusammenfassung, Beschlüsse des ÖKW-Donauausschusses.

31 Normseiten (Format Önorm A 5) mit einer Tabelle, 3 Längenprofilkarten und einer vierfarbigen Übersichtskarte über „Die Wasserstraßen Mitteleuropas".

Industrieverlag Spaeth & Linde, Wien 1930. Preis S 2.80.

5. **„Die technischen Grundlagen der Donauschiffahrt."** Von Hofrat Hochschulprofessor Rudolf Halter.

Inhalt: Allgemeine Beschreibung der Donau, Detailbeschreibung der einzelnen Donaustrecken: die Donau in Bayern, die österreichische Donaustrecke Passau—Devin, die vormals ungarische Donau Devin—Moldova-veche, die Kataraktenstrecke Moldova-veche—Turnu Severin, der untere Donauabschnitt Turnu Severin bis Sulina, die Donaumündung, Fahrwasserbezeichnung und -beleuchtung, die Donauhäfen, Beschlüsse des ÖKW-Donauausschusses.

68 Normseiten (Format Önorm A 5) mit 10 Tabellen, 4 Bildern und 4 Tafeln (Übersicht des Donaulaufes, generelles Längenprofil der Donau von Ulm bis zur Mündung, synoptische Darstellung der Sohle der österreichischen Donau, Längenprofil des Donauweges Baziaş—Eisernes Tor).

Verlag Julius Springer, Wien 1931. Preis S 7.65 (RM 4.50).

6. **„Stand der österreichischen Normung Juni 1930."** Verfasser: Österreichischer Normenausschuß für Industrie und Gewerbe (ÖNA)

Inhalt: Allgemeine Normen, Bauwesen, Berg- und Hüttenwesen, Chemische Industrie, Elektrotechnik, Feuerschutzwesen, Krankenhauswesen, Landwirtschaft, Maschinenbau, Verkehrswesen, Sonstige Normen.

39 Seiten (Format Önorm A 5).

Selbstverlag des Kuratoriums, 1930. Preis S 1.—.

7. „**Entwicklung und Rationalisierung der österreichischen Landwirtschaft.**“

Mit folgenden Beiträgen: Überblick über Lage und Probleme der österreichischen Landwirtschaft (Hofrat Dr. Winter), Viehwirtschaft (Prof. Dr. Stampfl), Pflanzenbau (Dr. Müller), Wein-, Obst- und Gemüsebau (Hofrat Löschnig), Technik in der Landwirtschaft (Dir. Ing. Greil), die Landarbeiterfrage (Dr. Stoiber), Österreichs landwirtschaftliche Genossenschaften (Dr. Lekusch), das landwirtschaftliche Unterrichtswesen (Dr. Steden), die Rationalisierung des Betriebes in der Landwirtschaft (Dr.-Ing. Strobl), 242 Normseiten (Format Önorm A 5) mit 50 Tabellen.

Agrarverlag, Wien 1931. Preis S 7.—.

8. „**Fortschritte im Hochbau.**“ Von Priv.-Doz. Ing. Dr. techn. Sepp Heidinger, Graz.

Inhalt: Wissenschaftliche Grundlagen (Wärmeschutz, Schallschutz), Bauteile und Baustoffe (tragende Wände, Skelettwände, Kaminausbildung, Außenputz, Zwischenwände, Decken, Fenster und Türen), Erfahrungen mit neuen Bauweisen (Wirtschaftlichkeit, Wärme- und Schallschutz), Baubetrieb in Deutschland (Organisation der Baustellen, Werkzeuge, Schalungen, Gerüste, Baumaschinen), Gemeinschaftsarbeit, Vergleich der Baukosten in Deutschland und Österreich.

127 Normseiten (Format Önorm A 5) mit 14 Tabellen u. 108 Bildern.

Verlag Julius Springer, Wien 1931. Preis S 9.60 (RM 5.65).

9. „**Warum bauen wir so teuer?**“ Untersuchungsbericht des ÖKW-Bauausschusses, erstattet von Priv.-Doz. Ing. Dr. techn. Sepp Heidinger, Graz.

Inhalt: Bauausführung vor und nach dem Kriege, Gesetzgebung als Kostenursache (Entgelt nach § 1154b abGB., Gesetz über den achtstündigen Arbeitstag, Arbeiterurlaubsgesetz, Arbeitslosenversicherung, Produktionssteuern usf.), Kosten der menschlichen Arbeit (Lohnkosten, Soziallohn, Erzeugungskosten der Arbeitsstunde, deren Verhältnis zum Barlohn, Lohnsteigerungen von 1893 bis 1912), Baustoffpreise, Einfluß außerbetrieblicher Verhältnisse auf Baukosten (von der Bauabsicht bis zur Bauvergebung, Kreis der Beschäftigten bei Bauausführung), Einführung in die Arbeitswissenschaft (Physiologie der menschlichen Arbeit, Grundsätze wissenschaftlicher Betriebsführung im Bauwesen, Gliederung der Bauausführung, Einteilung der Arbeitszeit, Ergebnisse von Zeitaufnahmen), Kostenvorrechnung (Zusammensetzung der Baukosten, Grundbegriffe der Kostenrechnung, der Gewinn, die Preisberechnung, Arbeitsvorbereitung der Kostenvorrechnung, Beispiel zur Kostenvorrechnung und Preisberechnung), Arbeitsvorbereitung der Bauausführung (Vorbereitungsarbeiten, laufende Arbeiten, der Betriebsplan), Kostennachrechnung, Verlustquellen der Bauausführung im staatlichen und Bauherrnkreise und bei der Bauunternehmung, Schlußfolgerungen.

217 Normseiten (Format Önorm A 5) mit 38 Abbildungen und 63 Tabellen.

Verlag Julius Springer, Wien 1934. Preis S 12.60 (RM 7.40).

10. „Der Austausch von Betriebserfahrungen." Ziele und Methoden der österreichischen Arbeitsgemeinschaft für Erfahrungsaustausch von Dr. Hellmuth Boller, Wien.

Inhalt: Das amerikanische Vorbild, Leitgedanken und psychologische Voraussetzungen, der Aufbau des Erfahrungsaustausches in Österreich, Struktur, Organisation und Arbeitsgebiet der Erfahrungsaustausch-Gruppen, Methoden und Ergebnisse des Erfahrungsaustausches in Österreich (1928—1931), statistische Übersicht, Anhang (Bericht der Untergruppe für Lohnverrechnung über Lohnerfassung und Lohnverrechnung bis zur Auszahlung an den Arbeiter, praktische Auswertung des Erfahrungsaustausches).

71 Normseiten (Format Önorm A 5) mit 12 Abbildungen (Formularen).

Verlag Julius Springer, Wien 1931. Preis S 4.60 (RM 2.70).

11. „Rationalisierung im Krankenkassenwesen." Bearbeitet vom ÖKW - Arbeitsausschuß „Rationalisierung im Krankenkassen- und Versicherungswesen".

Mit folgenden Beiträgen: Mängel des österreichischen Sozialversicherungswesens (Dr. Bermann), Krankenversicherung der Arbeiter (Dir.-Stellv. Huppert), Rationalisierung des Krankenkassen und Versicherungswesens (Ing. Jordan), Krankenversicherung der öffentlichen Angestellten (Gen.-Dir. Dr. Korschinek), Allgemeine ärztliche Gesichtspunkte zur Rationalisierung der österreichischen Krankenversicherung (Med.-Rat Dr. med. Lill), Kritik an der sozialen Krankenversicherung und ihren derzeitigen Systemen (Dr. med. Lipiner), Gedanken zur Reform der Sozialversicherung (Dr. Mathis), Konzentration in der Angestelltenversicherung, Anvertrautes Gut und Überkonsum in der Sozialversicherung (Zentralinspektor Mühlberger), Kritik an der Krankenversicherungsanstalt der Bundesangestellten (Hofrat Nechwalsky), Kritische Betrachtungen zur österreichischen Sozialversicherung (Hofrat Dr. Palla), Reform der Sozialversicherung (Dr. Schneider), Kritik und Vorschläge zum Angestelltenversicherungsgesetz 1928 (Dir. Sponner), die Krankenversicherung sowie Unfall- und Invalidenversicherung der Land- und Forstarbeiter (Zentralkommission der christlichen Gewerkschaften Österreichs), Beitrags- und Versicherungsaufwand in der österreichischen Sozialversicherung im Jahre 1930 (Sekt.-Chef Schromm).

Zusammenfassender Bericht über das Ergebnis der Beratungen des Ausschusses mit den Resolutionen über Krankengeld, Arzthilfe, Heilmittel, Erweiterte Heilfürsorge, Leistungen aus außerordentlichen Fonds, Ambulatorien, Einkommensgrenze, Bagatellschäden und Schadensversicherung, Einbau des Spargedankens, Verwaltung.

336 Normseiten (Format Önorm A 5).

Verlag Julius Springer, Wien 1932. Preis S 12.— (RM 7.20).

12. „Rationalisierung für den Handel.“ Normung der Geschäftsvordrucke. Unter Mitwirkung des Österreichischen Normenausschusses bearbeitet von Prof. Dr. E. Paneth.

Inhalt: Textteil: Welche Faktoren sind bei der Normung der Geschäftsvordrucke zu berücksichtigen? Der Inhalt der Vordrucke (Vermerke, Vordrucksformen, Klauseln), die Raumnutzung (Kopf, Textteil, Schlußteil und besondere Kennzeichen), das Format, die Papiersorte, die Verwendung verschiedener Farben, Normgeschäftsvordrucke und geschäftliche Praxis.

Die Mustersammlung der Normgeschäftsvordrucke für den Handel enthält nebst den Önormen A 1001 „Papierformate“ und A 1005 „Briefhüllen“ folgende Vordrucke:

a) für Warenverkehr: Bestellschein, Lieferschein, Wareneingangsschein, Konsignations-Lieferschein und -Rücklieferschein, Rückwaren-Lieferschein und -Übernahmsschein, Konsignations-Rückübernahmsschein, Reparatur-Lieferschein und -Übernahmsschein, Leihwaren-Quittung, Lager-Anforderungsschein und -Abfuhrschein, Abschreibungsschein;

b) für Geldverkehr: Empfangsbestätigung und Kassenbericht;

c) für allgemeine Betriebsverwaltung: Brief-, Rechnungs- und Konsignationsrechnungsblätter sowie Fortsetzungsblätter, Gutschrifts- und Konsignationsgutschrifts-Anzeige, Belastungs- und Konsignationsbelastungs-Anzeige, Lohnliste, Gehaltsliste und Stellenbewerbung.

31 Normseiten (Format Önorm A 4) mit 49 Beilagen, darunter 47 Normvordrucken.

Verlag Julius Springer, Wien 1932. Preis S 5.80 (RM 3.40).

14. „Der Aufbau des österreichischen Siedlungswerkes.“ Gesamtbericht des ÖKW-Ausschusses „Innenkolonisation“ über die Untersuchungen für den systematischen Aufbau des österreichischen Siedlungswerkes.

Inhalt: Allgemeine Gesichtspunkte für den Aufbau des Siedlungswerkes: Begriffsabgrenzung, Bedeutung der Siedlungsbewegung für die Wirtschaftspolitik der Gegenwart, wirtschaftsstatistische Grundlagen.

Der Aufbau der Siedlungsstelle: Die Siedlungstypen, das Siedlungsland, die Siedlungsbauten, die Arbeitsorganisation für den Siedlungsaufbau.

Die Siedlungsorganisation: Finanzierung, Aufbau und Rechtsform des Siedlungsträgers, Schulung und Auswahl der Siedler, Beratung der Siedler.

Die gesetzlichen Maßnahmen zur Siedlungsförderung:

1. Im Deutschen Reich, Bulgarien, Dänemark, Estland, Italien, Jugoslawien, Polen, Rumänien, Schweden, in der Tschechoslowakischen Republik und in Ungarn.
2. Derzeitige gesetzliche Maßnahmen zur Siedlungsförderung in Österreich.
3. Künftige Möglichkeiten einer öffentlich- und privatrechtlichen Siedlungsförderung in Österreich.

Praktische Beispiele aus der bisherigen Siedlungstätigkeit in Österreich: Durchführung von Anliegersiedlungen durch das Landwirtschaftsministerium, Errichtung von Stadtrand- und Primitivsiedlungen.

Richtlinien für den Aufbau des österreichischen Siedlungswerkes: Aufgabe und elementare Voraussetzungen des Siedlungsaufbaues, Siedlungsträger, Auswahl, Schulung und Beratung der Siedler, Bedingungen für Siedlungsförderung und organisatorische Durchführung des Siedlungsaufbaues.

192 Normseiten (Format Önorm A 5) mit 10 Tabellen, 51 Textabbildungen, darunter 4 Grundrißskizzen von Siedlungshäusern; ferner mit einem Entwurf eines Erhebungsbogens für die Auswahl von Siedlern (Abdruck aus RKW-Veröffentlichung, Schulung und Auswahl von Siedlern, Beuthverlag, Berlin 1932).

Verlag Julius Springer, Wien 1933. Preis S 8.50 (RM 5.—).

16. „I. Internationale Alpenwertungsfahrt mit Ersatzbrennstoffen.“ Gesamtbericht des Österreichischen Kuratoriums für Wirtschaftlichkeit.

Inhalt: Organisation. (Förderer und Veranstalter, Leitung der Gesamtaktion, Internationale Fahrtleitung, Internationales Organisationskomitee, technische Kommissäre, Sportkommissäre, sonstige Organe der Fahrtleitung.)

A. Einleitung. (Die Vorarbeiten, die Ausschreibung, Treibstoff und Konkurrenzfahrzeuge, das Wertungsverfahren.)

B. Die Durchführung der internationalen Wertungsfahrt. (Die nationalen Zufahrten, die internationale Rundfahrt, die nationalen Rückfahrten.)

C. Die Ergebnisse der Wertung:

I. Die Einzelwertungen. (Startfähigkeit, Fahrfähigkeit, Beschleunigungsvermögen, Geschmeidigkeit, Betriebsunterbrechungen, Mittlere Geschwindigkeit, Treibstoffverbrauch, Steigfähigkeit, Zuverlässigkeit, Wartung.)

II. Gesamtwertung.

III. Tabellen.

107 Normseiten (Format Önorm A 5) mit 24 Diagrammen, 15 Tabellen und 61 Abbildungen, darunter 1 zweifärbige Übersichtskarte über die internationale Fahrtstrecke.

Verlag Julius Springer, Wien 1935. Preis S 17.— (RM 10.—).

17. „Die österreichische Kohle". Gesamtbericht des ÖKW-Ausschußes zur „Förderung des Absatzes von Inlandskohle".

Inhalt: I. Der österreichische Kohlenbergbau:

A. Der Kohlenvorrat. B. Die Kohlenbergbaue. C. Die Leistungsfähigkeit des österreichischen Kohlenbergbaues. D. Die Eigenschaften der wichtigsten österreichischen Kohlen (Kohlenkataster).

II. Selbstkosten, Preisbildung, Absatzverhältnisse:

A. Allgemeines.

B. Derzeitige Verhältnisse am Inlandsmarkt (Die wichtigsten Verbrauchergruppen. Arten des Verkaufes. Das Kohlenhandelsmonopol. Deckung des Wärmebedarfes Österreichs durch In- und Auslandskohle und Preisbildung).

C. Selbstkosten der Inlandskohle (Allgemeines. Betriebsselbstkosten. Anlagekosten und Verwaltungskosten. Abgaben an öffentliche Körperschaften und Konsumsteuern).

D. Einfluß der Frachten und Verteilungskosten auf den Absatz der Inlandskohle.

III. Maßnahmen zur Hebung des Absatzes von Inlandskohle:

A. Maßnahmen der Regierungen zur Förderung des Absatzes von Inlandskohle (Maßnahmen in Belgien, Bulgarien, Deutschland, England, Frankreich, Griechenland, Holland, Italien, Jugoslawien, Litauen, Polen, Portugal, Rumänien, Sowjetrußland, Schweiz, Spanien, Tschechoslowakei, Türkei, Ungarn. Maßnahmen in Österreich und Wirkung der Maßnahmen in Österreich).

B. Verwaltungstechnische Maßnahmen (Steigerung des Absatzes im Hausbrand und in der Industrie. Beschränkung der Kohleneinfuhr. Maßnahmen gegen die Ausbreitung der Ölfeuerung. Schaffung eines Kohlenkatasters für alle in Österreich verbrauchten Kohlen).

C. Maßnahmen der österreichischen Kohlenbergbaue (Selbstkostensenkung. Veredelung der Kohle).

D. Tarif- und Transportmaßnahmen.

IV. Anträge des Ausschusses zur Förderung des Absatzes von inländischer Kohle.

163 Normseiten (Format Önorm A 5) mit 2 Übersichtskarten der österreichischen Kohlenproduktion 1932 und 1933, 3 Diagrammtafeln und 24 Tabellen.

Verlag Julius Springer, Wien 1934. Preis S 9.60 (RM 5.60).

18. „Das österreichische Holz." Gesamtbericht des ÖKW-Arbeitsausschusses „Forst- und Holzwirtschaft".

Inhalt:

A. Allgemeiner Teil (Organisation, Einleitung).

B. Grundlagen zu den Vorschlägen für die Förderung der österreichischen Forst- und Holzwirtschaft.

I. Holzerzeugung: Umtriebszeit, Bestandesbegründung, Bodenverbesserungs-, Düngungs- und Streufragen, Bestandeserziehung, Erhöhung der Holzmassenerzeugung.

II. Holzernte: Arbeitsorganisation und Überprüfung, Auswahl, Benützung und Instandhaltung der Werkzeuge, Hilfsmaschinen.

III. Holzbringung: Ries- und Drahtseilförderanlagen, Schienenhängebahnen, Straßen und Wege, Waldbahnen, Bringung am Wasser, Einrichtung der Holzbringung, Aufschließung von Klein- und Mittelwaldbesitzen.

IV. Holzverwertung: Holz für Hausbrand und Industriefeuerungen, Holz als Treibstoff für Explosionsmotoren (Holzgas, Holz zur Gewinnung von flüssigen Treibstoffen), Holzverkohlung, Holzkohle und Holzkohlenpreßlinge, Verwendung von Holz im Hoch- und Tiefbau, Holzschutz und Holzveredlung.

V. Holzschutz.

VI. Holzforschung.

C. Vorschläge des ÖKW-Ausschusses für Forst- und Holzwirtschaft: Allgemeine Vorschläge. Besondere Vorschläge zur Holzerzeugung, -ernte, -bringung, -verwertung, Holzpropaganda und Holzforschung.

D. Anmerkungen. (Literaturnachweis.)

180 Normseiten (Format Önorm A 5) mit 15 Tafeln (Tabellen) und 79 Abbildungen.

Verlag Julius Springer, Wien 1935. Preis S 15.30 (RM 9.—).

19. „Eisenbahn und Kraftwagen." Gesamtbericht zum Problem der Arbeitsteilung und Zusammenarbeit von Eisenbahn und Kraftwagen.

Inhalt:

Allgemeiner Teil (Vorwort, Organisation, Einleitung).

I. Hauptstück:

Allgemeine Grundlagen zur Klärung des Wettbewerbsproblems „Eisenbahn—Kraftwagen".

1. Die gesamtwirtschaftlichen Grundlagen des Wettbewerbsproblems.
2. Die jetzige Lage im Wettbewerb „Eisenbahn—Kraftwagen".
3. Der beginnende Wettbewerb zwischen den verschiedenen Zweigen im Kraftfahrwesen.
4. Kritik des gegenwärtigen Zustandes.
5. Voraussetzungen für die gesamtwirtschaftliche Behandlung des Wettbewerbes „Eisenbahn—Kraftwagen".

II. Hauptstück:

Richtlinien für eine Neuordnung des österreichischen Eisenbahn- und Kraftfahrverkehres.

1. Abschnitt: Allgemeine Richtlinien.
2. Abschnitt: Anwendung der Richtlinien auf österr. Verhältnisse.

I. Regelung im Kraftwagenverkehr.

A. Obere Grenze der Transportlänge im Kraftfahrverkehr.

B. Grundlagen für ein gesetzliches Eingreifen (öffentlicher Kraftfahrverkehr für Personen- und Sachenbeförderung, Werksverkehr).

II. Regelung im Eisenbahnverkehr.

III. Regelung der Zusammenarbeit zwischen Eisenbahn- und Kraftfahrverkehr.

3. Abschnitt: Erläuterungen zu den Richtlinien.

III. Hauptstück:

Die Kraftfahrgesetzgebung in Europa.

Öffentlich-rechtliche Grundlagen zur Regelung des Wettbewerbes „Eisenbahn—Kraftwagen“:

Verkehrsvorschriften und Besteuerung in Österreich, Belgien, Bulgarien, Dänemark, im Deutschen Reich, in Frankreich, Großbritannien, Italien, Jugoslawien, in den Niederlanden, in Norwegen, Polen, Portugal, Rumänien, Schweden, in der Schweiz, in Spanien, in der Tschechoslowakei und in Ungarn.

285 Normseiten (Format Önorm A 5) mit einer vierfarbigen Karte der österr. Konzessionsgebiete und einem Verzeichnis der „Konzessionsgebiete und zugehörigen Verkehrsgebiete“ (Maschen).